# 海洋环境与载荷(第二版)

朱红钧　高　岳　宋金泽　编著

科学出版社
北　京

## 内 容 简 介

本书紧密围绕海洋生产作业面临的物理环境及其载荷展开，重点介绍海风、波浪、潮汐、海流、海冰的概念、形成原因、运移规律及它们作用在海洋工程结构物上的载荷，对海洋环境及载荷进行系统的归纳总结，从理论知识和工程应用两个层面进行深入剖析，旨在全面提升学生对海洋环境及其载荷的理解和认识。

本书可供相关应用领域的本科生、研究生、工程技术人员以及从事海洋工程装备结构设计与安全运营研究的科技人员参考。

**图书在版编目(CIP)数据**

海洋环境与载荷 / 朱红钧, 高岳, 宋金泽编著. 2 版. --北京：科学出版社, 2025. 1. -- ISBN 978-7-03-080793-9

Ⅰ. X21

中国国家版本馆 CIP 数据核字第 2024Y5E004 号

责任编辑：罗 莉 / 责任校对：彭 映
责任印制：罗 科 / 封面设计：墨创文化

科学出版社出版
北京东黄城根北街16 号
邮政编码：100717
http://www.sciencep.com

成都锦瑞印刷有限责任公司 印刷
科学出版社发行 各地新华书店经销

*

2020 年 1 月第 一 版 开本：787×1092 1/16
2025 年 1 月第 二 版 印张：14 3/4
2025 年 1 月第二次印刷 字数：347 000

**定价：59.00 元**

（如有印装质量问题，我社负责调换）

# 前　　言

本书是国家级一流本科课程“海洋环境与载荷”的配套教材，是对原《海洋工程环境与安全保障》(ISBN：978-7-03-063582-2)教材的继承与拓展。原教材自 2020 年 1 月由科学出版社出版以来，被多所高校相关专业使用，反响良好。原教材涵盖“海洋环境与载荷”(外部物理环境影响)和“深水油气流动保障”(内部流动环境影响)两大知识模块。

为更好地反映“海洋环境与载荷”和“深水油气流动保障”两个方面的新近发展，适应海洋强国、能源强国和“双碳”目标对课程改革与建设的需要，经广泛征求意见，决定将原教材修订升级为《海洋环境与载荷(第二版)》与《深水油气流动保障》两本教材。其中，《海洋环境与载荷(第二版)》继承原教材版次，完整保留并深化了原教材的“海洋环境与载荷”核心内容(第 1～8 章)；《深水油气流动保障》是在原教材中“深水油气流动保障”内容(第 9～14)基础上增加最新的工程实践内容，独立成书，实现知识体系专业化、精细化重构。两本教材的调整优化，更能精准对接因学科深度分化与工程实践需求而调整专业课程及人才培养方案的教学需求。

本教材在保持原教材体例和风格的基础上，新增“双碳”目标下海洋新能源工程环境挑战等前沿内容，补充海洋工程结构物、海洋环境与载荷分析方法、涡激振动及抑制装置的最新发展：在 1.2.1 节中增加“奋斗者”号载人潜水器等相关内容，在 1.2.2 节中增加“海基一号”“海基二号”深水导管架平台等相关内容，在 1.5.2 节中增加“大数据分析法”的内容，在 6.1.1 节增加“普朗特”的简介，在 6.2.4 节增加“深海一号”钢悬链线型立管的介绍，在 6.2.5 节增加编者团队设计的一些专利装置图片，增加 6.1.5 节“涡激振动的研究现状”，强化理论建模与工程应用的深度融合。另外，本书更新了相关规范内容，运用新近发布的规范进行描述，对各章节内容进行了更新和完善，新增了相应的图表。

本书秉持“厚基础、强实践、重创新”的理念，致力于助力海洋工程领域人才培养与科技创新，具有以下核心特色。①系统性：紧密围绕海洋生产作业面临的物理环境及其载荷展开，重点介绍海风、波浪、潮汐、海流、海冰的概念、形成原因、运移规律及它们作用在海洋工程结构物上的载荷，对海洋环境及载荷进行系统的归纳总结，从理论知识和工程应用两个层面进行深入剖析，旨在全面提升学生对海洋环境及其载荷的理解和认识。②前沿性：在介绍海洋环境与载荷基础知识的同时，注重引入海洋工程中的前沿技术、科学研究与工程规范。教材使学生能够接触到前沿科技动态，了解国家的技术需求和发展方向，有助于学生更好地了解工程需求，为他们的职业发展奠定坚实的基础。③高阶性：在融入最新前沿的同时，内容涉及深入的理论研究和广泛的工程应用，详细介绍该领域研究的方法及研究工具，旨在培养学生的科研素养和科研创新思维，有助于提升学生的综合素质和创新能力，为他们在海洋能源开发领域取得卓越成就奠定基础。

根据实际情况，本教材编撰工作在保留原教材编写者的同时，吸收了部分承担该课程教学的教师参与。其中，第 1～6 章由朱红钧修订，第 7 章由高岳修订，第 8 章由宋金泽修订。全书仍由主编朱红钧负责修订统稿。

本教材得到国家自然科学基金面上项目“严重段塞内流与非线性剪切外流夹击下的柔性立管多场多相耦合振动机理研究”(51979238)、国家自然科学基金青年科学基金“段塞内流与剪切外流共同作用下柔性立管振动响应实验研究”(11502220)、四川省杰出青年科学基金“混氢输送管道非线性耦合动力学行为与流固耦合机制研究”(2023NSFSC1953)、四川省杰出青年科学基金(培育项目)“多场耦合作用下海洋管柱振动特性研究”(2017JQ0055)的资助，西南石油大学海洋工程流动安全与控制实验室的研究生参与了书中图表的整理和文字校对工作，在此一并表示感谢。

编者向本书所有引用文献的学者表示衷心的感谢。限于编者水平，书中难免存在不足之处，恳请读者予以批评指正，以便下次修订完善。

# 目　录

# 第1章 绪　论

海洋资源主要包括矿物资源、化学资源、生物资源和动力资源四类，其中矿物资源包含石油、煤、可燃冰、铁、铝矾土、锰、铜等，化学资源包括氯、钠、镁、硫、碘、铀、金、镍、淡水等，生物资源主要指可加工为食品、药品的动植物资源，动力资源则包括海洋风能、潮汐能、波浪能、海流能等可再生能源。不管开发利用何种海洋资源，都不可避免地依赖或依托海洋工程结构物，如开发深水油气的浮式平台、捕获深远海风能的浮式风机、海上光伏的漂浮式平台、海洋渔场的网箱、营造海洋生物栖息环境的人工鱼礁等(包丛喜，2002)。海洋工程结构物是否安全稳定直接关系海洋资源的开发成效和海洋生态环境的保护，了解海洋工程结构物所处的内外物理环境是辨别与诊断其能否短期和长期安全服役的前提。

## 1.1 海 洋 概 况

地球表面被陆地分隔但彼此连通的广大水域称为海洋，其总面积约为 $3.6\times10^8km^2$，约占地球表面积的 71%。海洋中含有超过 $13.5\times10^8km^3$ 的水，约占地球总水量(体积)的97%。海洋既是陆地水的主要供给源泉，又是陆地水的汇聚场所。根据海洋的形态、水文和物理性质不同，可以将海洋分为海和洋两部分。

(1)海，在洋的边缘，是大洋的附属部分。海的面积约占海洋的 11%，海的水深与洋相比较浅，平均深度从几米到 2～3km。海紧邻大陆，海水的温度、盐度、颜色和透明度，受大陆、河流、气候和季节的影响，有明显的变化。夏季海水变暖，冬季水温降低。在大河入海的地方，或多雨的季节，海水的盐度会降低。受陆地影响，河流挟带泥沙入海，近岸海水相对浑浊，海水透明度低。海没有自己独立的潮汐与海流。根据被大陆孤立的程度和周围环境的不同，海可分为地中海、边缘海和内海。地中海又称陆间海，是指位于几个大陆间的海，如南美洲、北美洲间的加勒比海。边缘海是指位于大陆边缘，一面以大陆为界，另一面以岛屿与大洋分开的海，如我国的黄海、东海和南海等。内海是指伸入陆地内部，海水水文特征受陆地影响显著的海，如我国的渤海。

(2)洋，是海洋的中心部分，是海洋的主体。世界大洋的总面积约占海洋面积的89%。大洋水深一般在 3km 以上，最深处超过 1 万 m。大洋离陆地遥远，不受陆地的影响，水色蔚蓝，透明度大，水中杂质少，水温和盐度变化不大。每个大洋都有自己独特的洋流和潮汐系统。世界上共有 4 个大洋，即太平洋、大西洋、印度洋和北冰洋。

### 1.1.1 海水基本的物化性质

海洋中约 96.5%的体积由水占据，其余为大量的无机盐类、矿物质和溶解气等。迄今已经测量和估计出的海水中的化学元素有 80 余种。海水运动可使不同区域中海水主要化学成分含量的差别减小到最低程度，因此海水主要化学成分之间的浓度比基本上是恒定的，这种规律称为海水组成的恒定性。海水能调节全球气候，影响陆地上的生态平衡。这些都与海水的物理、化学性质有关。

#### 1.1.1.1 海水的盐度和氯度

海水盐度是海水含盐量的一个标度，是指海水中全部溶解固体的质量与海水质量之比，通常以每千克海水中所含溶解固体的质量表示。人们用盐度来表示海水中盐类物质的质量分数。世界大洋的平均盐度为 35‰。

海水盐度是海水重要特性之一。海水盐度、温度及压力是研究海水的物理过程和化学过程的基本参数。海洋中发生的许多现象和过程，常与盐度的分布和变化有关，因此对海洋中盐度的分布及其变化规律的研究，在海洋科学中占有重要的地位。

19 世纪末期，欧洲一些国家召开了国际海洋会议，为了统一观测资料，成立了专家小组，研究了海水的盐度、氯度和密度等有关问题。这个小组在克努森的领导下，提出了一种测定盐度的方法，即取一定量的海水样品，加盐酸酸化后，再加氯水，蒸干后继续升温，最后在 480℃条件下烘干至恒重，称量剩余的盐分。根据这种测定方法，将海水盐度定义为：1kg 海水中的溴和碘全部被等当量的氯置换，而且所有的碳酸盐都转换成氧化物、有机物全部被氧化后，其所含的无机盐的质量，以符号“$S$‰”表示，单位为 g/kg。这一定义在国际上得到了广泛承认和普遍应用。

然而，这种测定方法的操作繁杂，需要较长的时间，不适用于海洋调查。由于海水主要的溶解固体含量是稳定的，因此可以利用其中一种元素盐度作为衡量其他元素盐度的标准。在海水的溶解固体中，氯离子的质量分数大约为 55%，含量大且较易准确测定，因此可以根据氯度来确定盐度。将氯度定义为：1kg 海水中，以氯置换溴和碘后氯离子的总质量，符号为“Cl‰”，单位为 g/kg。

于是，克努森等从北海、波罗的海、红海等海区采集了 9 个表层水样，测定了它们的盐度和氯度，从这些数据归纳出盐度（$S$‰）和氯度（Cl‰）的经验关系式为

$$S‰=0.030+1.805\times \mathrm{Cl}‰ \tag{1-1}$$

这样就可以通过测定海水样品的氯度，按式（1-1）计算出盐度。此法使用了 65 年。但是，这一关系式是建立在海水组成恒比规律的基础上，这是不严格的，况且当时所取的水样，多数为波罗的海表层水，难以代表整个大洋水的规律。实际上，关系式中的常数项 0.030，不符合大洋海水盐度变化的实际情况。1950 年以后，电导盐度计的研究和发展使盐度的测定方法得到简化，精密度也得到提高，比测定氯度后计算盐度的方法更加准确和方便。因此，联合国教育、科学及文化组织（United Nations Educational Scientific and Cultural Organization，UNESCO）、国际海洋考察理事会（International

Council for the Exploration of the Sea，ICES）、海洋研究科学委员会（Scientific Committee on Oceanic Research，SCOR）和国际海洋物理科学协会（International Association for the Physical Sciences of the Ocean，IAPSO）四个国际组织联合发起，于 1962 年 5 月召开会议，成立了海水状态方程式联合小组。此小组于 1963 年第二次会议上改名为“海洋学常用表和标准联合专家小组”（Joint Panel on Oceanographic Tables and Standards，JPOTS）。经过多次讨论和研究，为了保持历史资料的统一性，将盐度公式改为

$$S‰=1.8065\times Cl‰ \tag{1-2}$$

后来，考克斯等对采自各大洋和海区的 135 个水样（深度在 100m 以内）的氯度进行了准确的测定，按上述公式换算成盐度，并测定了电导比 $R15$，得到 $S‰$与 $R15$ 关系的多项式：

$$\begin{aligned} S‰ = &-0.08996 + 28.2970(R15) + 12.80832(R15)^2 - 10.67869(R15)^3 \\ &+ 5.98624(R15)^4 - 1.32311(R15)^5 \end{aligned} \tag{1-3}$$

式中，$R15$ 为 1atm[①]和 15℃条件下海水样品与标准海水电导率的比值。1969 年，JPOTS 推荐将该多项式定义为海水盐度。同年，UNESCO 和英国海洋研究所出版了《国际海洋用表》，其中的盐度数据，就是采用上述测定电导率后换算成盐度的方法获得。

世界大洋中海水的盐度一般为 33‰～37‰，平均盐度为 35‰，但不同的大洋或同一大洋的不同时刻和不同地点，海水的盐度是不一样的。海水的盐度主要受以下三个方面的影响：

(1) 降水量和蒸发量的对比关系：蒸发使海水浓缩，降水使海水稀释，降水量大于蒸发量时，盐度降低。

(2) 河流的影响：海域附近有河流汇入时，盐度降低。

(3) 洋流的影响：在同纬度的海区，暖流流经的海区盐度较高，寒流流经的海区盐度较低。

世界上盐度最高的海区是红海，盐度大于 40‰；盐度最低的是波罗的海，盐度小于 10‰。在南纬 40°与北纬 40°之间，赤道带附近盐度最低，而两个副热带高压带盐度最高。深层和底层海水的盐度一般为 34.6‰～35.0‰，变幅很小。

#### 1.1.1.2 海水的温度、密度和透明度

##### 1. 海水的温度

海水温度是反映海水热量收支状况的一个物理量。太阳辐射是海水最主要的热量来源，照射在海洋上的太阳辐射能中只有 8%左右返回大气，其余则被海水吸收。海洋表层吸收太阳热能后，可通过热传导和海水运动传播至深处。另外，大气的辐射、水汽的凝结、高于海水温度的降水、大陆径流以及地壳内部放出的热能，也是海水的热量来源。海水热量损失以海面蒸发为主，海面向空气的辐射和海面与冷空气的对流热交换也可使海水消耗热量。

---

① 1atm=$1.01325\times10^5$Pa。

世界海洋的水温变化一般为-2～30℃，其中年平均水温超过20℃的区域占整个海洋面积的一半以上。海水温度有日、月、年、多年等周期性变化和无规律的变化。海水温度的季节变化主要取决于太阳辐射的季节变化，季风和洋流对水温也有一定的影响。北半球大洋中最低温度出现在冬季(2～3月)，最高温度出现在夏季(8～9月)，温带海洋水温季节变化最为明显。经直接观测表明：海水温度日变化很小，最低水温通常出现在4～8时，最高水温出现在14～16时，日温差不超过0.4℃，只有0～30m的深度才能体现出温度的日变化。而体现海水温度年变化的水深可达350m左右，且在该处有一恒温层。随深度的继续增加，水温逐渐下降(深度每增加1000m，水温下降1～2℃)，在水深3000～4000m处，水温达到-1～2℃。

海水表层平均温度通常为-1.7～30.0℃，年平均温度约为17.4℃。最高水温出现在赤道以北，称为热赤道。水温从热赤道向两极逐渐降低。由于陆地集中在北半球，故北半球海水等温线分布不规则，而南半球等温线近似平行于纬线。同时，北半球水温略高于南半球同纬度水温。不同温度性质的洋流交汇处，海水温度梯度大，等温线特别密集。

海水温度是海洋水文状况中最重要的因子之一，常作为研究水团性质、描述水团运动的基本指标。研究海水温度的时空分布及变化规律，不仅是海洋学的重要内容，而且对气象、航海、捕捞业和水声等学科也很重要。

#### 2. 海水的密度

海水的密度是指单位体积的海水的质量，其单位是$g/cm^3$或$kg/m^3$。通常，海水密度为1022～1028$kg/m^3$。习惯上，还常用海水的比重来反映海水密度，即指1atm下，海水的密度与水温为3.98℃的蒸馏水的密度之比。

海水的密度是温度、盐度和压力的函数。温度升高时密度减小，盐度增大时密度增大，但是不同海区有不同的结果。波罗的海的盐度最低，海水密度也最低，红海盐度最高，海水密度也最大。在大河出海口处海水盐度甚至接近淡水，密度较小，但也可能因为河水裹挟泥沙使得海水密度增大。某些地区海底还存在可燃冰，因其不稳定，可分解产生甲烷，致使海水中出现大量气泡而密度显著减小。

海水的密度状况，是决定海流运动最重要的因子之一。因此，得知海水的密度状况是研究海流运动的前提。

#### 3. 海水的透明度

很多人观察到的海面是蔚蓝色的，因此认为海水是蓝色的。其实，海水和淡水一样，都是无色透明的。由于人眼能看到的可见光的波长各不相同，它们被海水吸收、反射和散射的程度也不同。其中，波长较长的红光、橙光、黄光的穿透力较强，它们射入海水后，随着海水深度的增加，逐渐被吸收。一般而言，海水深度超过100m时，这三种光基本就被海水吸收了。波长较短的蓝光、紫光和部分绿光穿透力弱，遇到海水容易发生反射和散射，这样就使海水看起来呈蓝色。浮游生物也会吸收和反射太阳光，故含丰富生物的海水和生物较少的海水颜色不同。沿岸海水多呈绿色、黄色和棕色，这便与其所含生物丰富和河水带来泥沙有关。

所谓海水透明度，是指用直径为 30cm 的白色圆板，在阳光不能直接照射的地方垂直沉入水中，直至看不见的深度。海水颜色、悬浮物质、浮游生物、海水涡动、入海径流，甚至天空的云量都对透明度有影响。通常，越靠近大陆，透明度越低；越靠近大洋中部，透明度越高。大西洋中部因生长有大量马尾藻，海洋表层缺乏上涌海水带来的营养盐分，浮游生物极少，因而颜色最蓝且透明度最大，约为 66.5m，而我国黄海的透明度只有 3～15m。

### 1.1.2　海洋资源、能源及开发

海洋中有着丰富的资源与能源。在当今全球资源和能源日益缩减、粮食供应紧张的情况下，开发利用海洋中丰富的资源和能源已是历史发展的必然趋势。目前，人类开发利用的海洋资源主要有海洋矿产资源、海洋生物资源、海洋化学资源和海洋能源四类。

#### 1.1.2.1　海洋矿产资源

用“聚宝盆”来形容海洋再贴切不过。单就矿产资源来说，其种类之繁多，含量之丰富，令人咋舌。在地球上已发现的百余种元素中，有 80 余种在海洋中存在，其中可提取的有 60 余种，这些丰富的矿产资源以不同的形式存在于海洋中，按矿床成因和赋存状况可分为三种：

(1) 砂矿，主要来源于陆上的岩矿碎屑，经河流、海水(包括海流与潮汐)、冰川和风的搬运与分选，最后在海滨或陆架区的最宜地段沉积富集而成，如砂金、砂铂、金刚石、砂锡、砂铁矿，以及钛铁石与锆石、金红石与独居石等共生复合型砂矿。

(2) 海底自生矿产，由化学、生物和热液作用等在海洋内生成的自然矿物，可直接形成或经过富集后形成，如磷灰石、海绿石、重晶石、海底锰结核及海底多金属热液矿(以锌、铜为主)。

(3) 海底固结岩中的矿产，大多属于陆上矿床向海下的延伸，如海底油气资源、硫矿及煤等，在海洋矿产资源中，以海底油气资源、海底锰结核及海滨复合型砂矿最具经济价值。

据估计，海洋含有黄金 550 万 t、银 5500 万 t、钡 27 亿 t、铀 40 亿 t、锌 70 亿 t、钼 137 亿 t、锂 2470 亿 t、钙 560 万亿 t、镁 1767 万亿 t 等。其中，海底锰结核是以锰和铁的氧化物及氢氧化物为主要组分，富含锰、铜、镍、钴等多种元素。据估计，世界大洋海底锰结核的总储量达 30000 亿 t，仅太平洋就有 17000 亿 t，其中含锰 4000 亿 t、镍 164 亿 t、铜 88 亿 t、钴 58 亿 t。深海锰结核主要分布于太平洋，其次是大西洋和印度洋水深超过 3000m 的深海底部，以太平洋中部 6°30′～20°00′N 和 110°～180°W 海区最为富集。

世界 96% 的锆石和 90% 的金红石产自海滨砂矿。复合型砂矿多分布于澳大利亚、印度、斯里兰卡、巴西及美国沿岸。金刚石砂矿主要产于非洲南部纳米比亚、南非和安哥拉沿岸，砂锡矿主要分布于缅甸经泰国、马来西亚至印度尼西亚的沿岸海域。

另据估计，全世界含油气远景的海洋沉积盆地约有 7800 万 $km^2$，大体与陆地相当。水深 300m 以内海底潜在的石油、天然气总储量为 2356 亿 t。世界近海海底已探明的石油可采储量为 220 亿 t，天然气储量为 17 万亿 $m^3$，分别占世界储量的 24%和 23%，主要分布于浅海大陆架区，如波斯湾、委内瑞拉湾、马拉开波湖、帕里亚湾、北海、墨西哥湾及西非沿岸浅海区，而且大陆坡与大陆隆也具有良好的油气远景。

我国近海水深小于 200m 的大陆架面积有 100 多万 $km^2$，其中含油气远景的沉积盆地有 7 个，即渤海、南黄海、东海、台湾、珠江口、莺歌海及北部湾盆地，总面积约为 70 万 $km^2$，并相继在渤海、北部湾、莺歌海和珠江口等区域获得工业油流。在辽东半岛、山东半岛、广东和台湾沿岸有丰富的海滨砂矿，主要有金、钛铁矿、磁铁矿、锆石、独居石和金红石等。

#### 1.1.2.2 海洋生物资源

海洋中有 20 多万种生物，其中动物有 18 万种(包括 16000 多种鱼类)。在远古时代，人类就已开始捕捞和采集海产品。现今，渔具、渔船、探鱼技术的改进，大大提高了人类的海洋捕捞能力，使人类的海洋捕捞活动已从近海扩展到世界各个海域。海洋生物资源(鱼、虾、贝、藻等)可直接捕捞供食用和药用，也可通过养殖、增殖等途径实现可持续利用。

海洋渔业资源主要集中在沿海大陆架海域，这里阳光集中，生物光合作用强，入海河流带来丰富的营养盐类，因而浮游生物繁盛。这些浮游生物是鱼类的饵料，它们在海洋中分布很不均匀，一般在温带海区比较多。因为温带地区季节变化显著，冬季表层海水和底部海水发生交换时，上泛的底部海水含有丰富的营养盐类(这些营养盐类来自海洋中腐烂的生物遗体)。饵料丰富的地方通常是渔场所在地。因此，尽管大陆架水域只占海洋总面积的 7.5%，渔获量却占世界海洋总渔获量的 90%以上。

世界主要渔业国都分布在温带地区，这些温带国家鱼产品消费量高，市场需求大。我国在充分利用近海渔场和浅海滩涂大力发展海洋捕捞和海水增殖、养殖业的同时，远洋捕捞也获得了较大的发展。

#### 1.1.2.3 海洋化学资源

海水中含有大量可用矿物质和可利用的化学元素。目前，海洋化学资源开发达到工业规模的有食盐、镁、溴、淡水等。随着科学技术的发展，丰富的海洋化学资源将更广泛地造福人类。

海水可以直接作为工业冷却水源，还可以作为取之不尽的淡化水源。随着淡水资源的减少和污染程度的加剧，发展海水淡化技术，向海洋“要”淡水，是解决世界淡水不足问题的重要途径之一。

#### 1.1.2.4 海洋能源

浩瀚的大海，不仅蕴藏着丰富的矿产资源，更有取之不尽、用之不竭的海洋能源。它既不同于海底所储存的煤、石油、天然气等矿产资源，也不同于溶于水中的铀、镁、锂、重水等化学资源。它有自己独特的方式与形态，是以潮汐、波浪、海流、温度差、盐度差等方式蕴含的动能、势能、热能、物理化学能等能源。这是一种“再生性能源”，不易枯竭，也几乎不会造成污染。

潮汐能是潮汐运动时产生的能量，是人类利用最早的海洋动力资源。我国在唐朝时，沿海地区就出现了利用潮汐来推磨的小作坊。11～12 世纪，英、法等国也出现了潮汐磨坊。到了 20 世纪，潮汐能的开发利用达到了高峰，人们开始懂得利用海水上涨下落的潮汐能来发电。据估计，全世界的海洋潮汐能有二十多亿千瓦，每年可发电 12400 万亿 kW。世界上第一个潮汐发电厂位于法国英吉利海峡的朗斯河河口，年供电量达 5.44 亿 kW。一些专家断言，未来无污染的廉价能源是永恒的潮汐，而另一些专家则着眼于普遍存在的、浮泛在全球潮汐之上的波浪。

波浪能主要是由风的作用引起的海水沿水平方向周期性运动的动能。波浪能是巨大的，一个巨浪就可以把 13t 重的岩石抛出 20m 高，一个波高为 5m、波长为 100m 的海浪，在 1m 长的波峰片上就具有 3120kW 的能量，由此可以想象整个海洋的波浪所具有的能量该是多么惊人。据计算，全球海洋的波浪能达 700 亿 kW，可供开发利用的为 20 亿～30 亿 kW，每年发电量可达 9 万亿 kW。

除了潮汐能与波浪能，海流遍布大洋，纵横交错，所以海流蕴藏的能量也是可观的。例如，世界上最大的暖流——墨西哥洋流，在流经北欧时每 1km 提供的热量大约相当于燃烧 600t 煤的热量。据估算，世界上可利用的海流能约为 0.5 亿 kW，而且利用海流发电并不复杂。

海洋温差能，又叫海洋热能。由于海水是一种热容量很大的物质，海洋的体积又如此之大，所以海水容纳的热量是巨大的。这些热能 99.99%来自太阳辐射，另外还有地球内部向海水放出的热量、海水中放射性物质的放热、海流摩擦产生的热以及其他天体的辐射能。因此，海水热能随着海域位置的不同而差别较大。海洋热能是电能的来源之一，可转换为 20 亿 kW 的电能。但 1881 年法国科学家德尔松石首次大胆提出海水发电的设想竟被埋没了近半个世纪，直到 1926 年，他的学生克劳德才实现了老师的夙愿。

此外，在江河入海口，淡水与海水之间还存在着盐度差能。全世界可利用的盐度差能约为 26 亿 kW，其能量甚至比温度差能还要大。盐度差能发电原理实际上是利用浓溶液扩散到稀溶液中释放出的能量来发电。

由此可见，海洋中蕴藏着巨大的能量，只要海水不枯竭，其能量就生生不息。作为可再生的绿色能源，海洋能源已引起了人们越来越多的关注与研究利用。

### 1.1.3　我国近海

我国海域面积辽阔，跨越温带、亚热带和热带。我国海域由北而南依次划分为渤海、黄海、东海和南海。四个海域是根据地理位置、地理轮廓、物理海洋学特征、地质地貌、地质构造、生物区系、生态系统等因素的差异而划定的。

#### 1.1.3.1 渤海

渤海是一个半封闭的内海，地处我国大陆东部北端。它一面临海，三面环陆，北、西、南三面分别为辽宁、河北和天津、山东，东面经渤海海峡与黄海相通，辽东半岛的老铁山角与山东半岛北岸的蓬莱角间的连线即为渤海与黄海的分界线。辽东半岛和山东半岛犹如伸出的双臂将其合抱，构成北京的海上门户。放眼眺望，渤海形如一个东北—西南向微倾的葫芦，侧卧于华北大地，其底部两侧即为莱州湾和渤海湾，顶部为辽东湾。

渤海海域面积为 77284km$^2$，大陆海岸线长 2668km，平均水深约 18m，最大水深为 85m，水深 20m 以内的浅海面积占一半以上。渤海地处北温带，多年平均气温为 10.7℃，年降水量为 500～600mm，海水盐度约为 30‰。由于地理位置偏北，冬季季风出现最早，受寒潮侵袭，故每年均有不同程度的结冰现象。

渤海水质肥沃，营养盐含量高，饵料生物十分丰富，浮游植物年生产量达 1.4 亿 t，鱼类年生产量达 49 万 t。渤海是黄-渤海渔业的摇篮，是多种鱼、虾、蟹、贝类繁殖和栖息生长的良好场所，故有“聚宝盆”之称。

渤海石油和天然气资源十分丰富，整个渤海地区就是一个巨大的含油构造，主要为断块型油气藏，其浅水优势使它成为目前我国开发规模和力度最大的海上油田。

#### 1.1.3.2 黄海

黄海位于我国大陆和朝鲜半岛之间，北接我国辽宁省和朝鲜的平安北道、黄海南道，与渤海沟通，南与东海相连，西濒山东和江苏，东邻朝鲜半岛西岸，为半封闭性浅海。

我国山东半岛伸入黄海之中，其东端成山角与朝鲜半岛长山串之间的连线，将黄海分为南、北两部分。北黄海是指山东半岛、辽东半岛和朝鲜半岛之间的半封闭海域，海域面积约为 7.1 万 km$^2$，平均水深 38m，最大水深在白翎岛西南侧，为 86m。长江口至济州岛连线以北，北黄海以南的海域，称南黄海，总面积为 31 万 km$^2$，南黄海的平均水深为 46m，最大水深在济州岛北侧，为 140m。黄海面积约为 38 万 km$^2$，平均深度为 44m。黄海的水温年变化小于渤海，为 15～24℃，黄海海水的盐度也比较低，为 32‰。黄海北部常常受冬季季风的影响，在冬季受寒潮侵袭后，每年有不同程度的结冰现象。黄海水面自北向南逐渐开阔，故风速自北向南逐渐增大，南黄海受台风影响较北黄海显著。

南黄海盆地有巨厚的中、新生代沉积，具有很好的油气资源远景。其他矿产资源主要有滨海砂矿，现已进行开采。山东半岛近岸区还发现有丰富的金刚石矿床。

#### 1.1.3.3 东海

东海是我国岛屿最多的海域，整个海区位于 23°00′～33°10′N、117°11′～131°00′E。

东海的面积是 70 多万 km$^2$，平均水深超过 300m，多为水深 200m 以内的大陆架(约占总面积的 2/3)，最深处在接近冲绳岛西侧的海槽，约为 2700m。

我国流入东海、长度超过百公里的河流有 40 多条，其中长江、钱塘江、瓯江、闽江等四大水系是注入东海的主要江河。因而，东海成为我国近海营养盐比较丰富的水域，其盐度在 34‰以上。因东海位于亚热带，年平均水温为 20～24℃，年温差为 7～9℃。东海是边缘海，直接受太平洋风场的影响，台风活动频繁。

东海大陆架区沉积巨厚，生、储、盖组合发育良好，油气资源丰富，前景广阔。

#### 1.1.3.4　南海

南海是亚洲三大边缘海之一，其南部的曾母暗沙，为我国领土的最南端。南海面积约为 350 万 $km^2$，约等于渤海、黄海和东海总面积的 3 倍，其平均深度为 1212m，最深处达 5559m。

南海是我国近海中最深、最大的海，也是仅次于珊瑚海和阿拉伯海的世界第三大陆缘海。南海位居太平洋和印度洋之间的航运要冲，在经济、军事上都具有重要的意义。

注入南海的河流主要分布于北部，有珠江、红河、湄公河、湄南河等。由于这些河的含沙量较少，所以海阔水深的南海总是呈现碧绿色或深蓝色。南海地处低纬度地域，是我国近海中气候最暖的海域。南海海水表层水温高(25～28℃)，年温差小(3～4℃)。南海盐度为 35‰，潮差为 2m。

数据显示，南海海域有含油气构造 200 多个，油气田大约有 180 个，油气储量约为 230 亿～300 亿 t，相当于全球储量的 12%，约占我国石油总资源量的 1/3。仅仅在南海的曾母盆地、沙巴盆地和万安盆地的石油总储量，就将近 200 亿 t。这个区域里一半的石油、天然气储量，分布在我国所主张管辖的海域之内。同样，西沙群岛、中沙群岛的水下阶地也有上千米的新生代沉积物被覆，这些沉积物与我国北部湾、海南岛的新生代沉积物有密切的联系，因此也很有希望成为海底石油和天然气产地。

#### 1.1.3.5　海岸线和海岸带

海岸线指陆地与海洋的交界线，一般分为岛屿海岸线和大陆海岸线。它是发展优良港口的先决条件。曲折的海岸线极有利于发展海上交通运输。海岸线一般指海潮时高潮所到达的界线，但海岸线并不是一条线。因为海水昼夜不停地反复涨落，海平面与陆地交接线也在不停地升降改变。假定每时每刻海水与陆地的交接线都能留下鲜明的颜色，那么一昼夜间的海岸线痕迹是具有一定宽度的一个沿海岸延伸的条带。

海岸带则是海岸线向内陆或海延伸一定宽度的地带。目前国内外对海岸带的含义和宽度还没有统一的概念，特别是对其宽度认识的差别很大。联合国有关组织认为海岸带宽度向海一侧可以达到大陆架的外缘。我国在进行海岸带调查时，规定调查范围为：由海岸线向陆地方向延伸 10km 左右，向海洋延伸至水深 10～15m 等深线处；在河口地区，向陆地延伸至潮区界，向海洋延伸至浑水线或淡水舌。

海岸线和海岸带是地球生物圈、水圈、岩石圈和大气圈的交汇区。在四圈的共同作用下，各种活动极为活跃，并有其独特的资源和环境条件。与其他区域相比，该区域是高生产力区，其生产力比外海和陆地高得多，加之又具有易于开发利用的区域优势，所以海岸线和海岸带的拥有量是沿海国家海洋资源评估的重要指标。

我国海岸线曲折、漫长。大陆海岸线北起鸭绿江口，南至北仑河口，全长 1.84 万 km。在世界沿海国家中，我国是海岸线较长的国家之一。由于我国海岸线长，泥沙质平原海岸比例较大，所以海岸带面积宽阔，达 28.82 万 $km^2$，其中陆地面积为 10.91 万 $km^2$，潮间带滩涂面积为 2.08 万 $km^2$，浅海海域面积为 15.83 万 $km^2$。因此，我国海岸线和海岸带的资源是优越的。

#### 1.1.3.6 海洋岛屿

岛屿是指四面环水并在高潮时高于水面的自然形成的陆地区域，它既是海洋的基本地理要素，也是海区的重要资源对象，同时，它还具有特殊的军事价值。

我国共有大小岛屿 7100 多座，岛屿海岸线总长超过 1.4 万 km，总面积超过 8 万 $km^2$。岛屿面积相差很大，其中台湾岛最大，海南岛次之。位于台湾岛东北海面上的钓鱼岛、赤尾屿，是我国海域最东的岛屿。我国主要的群岛有 11 个，由北向南依次是：长山群岛、庙岛群岛、舟山群岛、钓鱼岛群岛及其附属岛屿、南日群岛、万山群岛、川山群岛、东沙群岛、西沙群岛、中沙群岛和南沙群岛。另外还有 45 个列岛（指其按弧形或链状分布的岛屿），如内外长山列岛、嵊泗列岛、南澎列岛、七州列岛等。东海岛屿数量约占总数的 60%，南海约占 30%，黄海、渤海约占 10%。

#### 1.1.3.7 入海径流和海湾

注入海洋的江河，不仅给海洋带来大量淡水，也带来大量的沉积物、营养盐和各类污染物质，是影响海域资源与环境的重要因素。流入四大海域的河流比较多，较大的江河主要分布在我国国内。我国主要入海河流有 14 条。进入四大海域的 12 条重要江河（辽河、滦河、海河、黄河、鸭绿江、淮河、长江、钱塘江、闽江、瓯江、韩江和珠江）流域的面积达 403.8 万 $km^2$，每年入海的径流量约为 17000 亿 $m^3$，其中长江径流最大，约占 57%，珠江次之，约占 20%，其他依次为闽江（3.55%）、黄河（3.3%）、钱塘江（2.7%）等。

海湾是一片三面环陆的海洋，另一面为海，有 U 形及圆弧形等形状，通常以湾口附近两个对应海角的连线作为海湾最外部的分界线。海湾是建设港口、发展海上交通、开展海水增养殖和制盐等的良好场所。在我国，面积超过 10$km^2$ 的海湾有 150 多个，面积为 5$km^2$ 以上的海湾约有 200 个，较大的有辽东湾、渤海湾、莱州湾、胶州湾、海州湾、杭州湾、象山湾、三门湾、兴化湾和钦州湾等。

#### 1.1.3.8 海峡与外缘通道

海峡是指两块陆地之间连接两个海或洋的较狭窄水道，一般深度较大，水流较急。海峡的地理位置特别重要，不仅是交通要道、航运枢纽，而且历来是兵家必争之地。因此，人们常称之为“海上走廊”“黄金水道”。

我国的海峡主要有三个。渤海海峡，位于山东和辽东半岛之间，宽约 104km，庙岛群岛分布其间，它是渤海及其沿海各港口进出的通道。台湾海峡，位于福建和台湾两省之间，是沟通东海和南海的“走廊”，北宽 170km，南宽 293km，全长 311km，平均水深 60m。琼州海峡位于雷州半岛和海南岛之间，是进出北部湾的主要通道之一，海峡全长 100～110km，宽 22～37km，平均水深 44m，最深处达 160m。

我国海域进出大洋的通道，在黄海和东海主要有通往日本海的朝鲜海峡、吐噶喇海峡、冲绳海峡以及冲绳的与那国岛和我国台湾马石鼻之间的广阔水道。在南海，除北部和西部为连续的大陆外，周边其他区域均为群岛包围，许多岛屿之间都有可进出的海峡和水道，从而形成南海一定的开敞性和沟通太平洋和印度洋的区位价值。东北部的巴士海峡和巴林塘海峡、东部的民都洛海峡和巴拉巴吉海峡连通太平洋，南部的卡里马塔海峡和加斯帕海峡沟通爪哇海，西南部的马六甲海峡和新加坡海峡通往印度洋，这些海峡和其地理位置使得南海具有国际性咽喉要道的战略地位。

## 1.2 海洋工程概况

海洋工程(ocean engineering)是指以开发、利用、保护、恢复海洋资源为目的，并且工程主体位于海岸线向海一侧的新建、改建、扩建工程，具体包括：围填海、海上堤坝工程，人工岛、海上和海底物资储藏设施、跨海桥梁、海底隧道工程，海底管道、海底电(光)缆工程，海洋矿产资源勘探开发及其附属工程，海上潮汐电站、波浪电站、温差电站等海洋能源开发利用工程，大型海水养殖场、人工鱼礁工程，盐田、海水淡化等海水综合利用工程，海上娱乐及运动、景观开发工程，以及国家海洋主管部门会同国务院环境保护主管部门规定的其他海洋工程等。

海洋工程按其距离陆地的远近可分为海岸工程、近海工程和深海工程三类。海岸工程自古以来就很受重视，主要包括海岸防护工程、围海工程、海港工程、河口治理工程、海上疏浚工程、沿海渔业设施工程、环境保护设施工程等。近海工程在 20 世纪中叶以来发展很快，主要包括在大陆架较浅水域的海上平台、人工岛等的建设与运维。深海工程包括深潜器、深水浮式设施、深水采矿设施等的建设与运维。

海洋工程始于为海岸带开发服务的海岸工程。地中海沿岸国家在公元前 1000 年就已开始航海和筑港。我国早在公元前 306～公元前 200 年就在沿海一带建设港口，东汉(公元 25～220 年)时开始在东南沿海兴建海岸防护工程。荷兰在中世纪初期也开始建造海堤，并进而围垦海涂，与海争地。长期以来，随着航海事业的发展和生产建设需要的增长，海岸工程得到了很大的发展，但“海岸工程”这个术语到 20 世纪 50 年代才首次出现，随着海洋工程水文学、海岸动力学和海岸动力地貌学以及其他有关学科的形成和发展，海岸工程学也逐步成为一门系统的技术学科。

从 20 世纪后半期开始，世界人口和经济迅速膨胀，对能源的需求量也急剧增加，随着大陆架海域的石油与天然气开采，以及海洋资源开发和空间利用规模不断扩大，与之相适应的近海工程成为近 30 年来发展最迅速的工程之一。其主要标志是出现了钻探与开采油气的海上平台，作业范围已由水深 10m 以内的近岸水域扩展到水深 1500m 的水域。海底采矿由近岸浅海向较深的海域发展，现已能在水深 6000 多米的大洋进行钻探，在水深 4000 多米的洋底采集锰结核。海洋潜水技术发展也很快，载人潜水器下潜深度可达

10000m 及以上，还出现了可进行潜水作业的海洋机器人。因而，大陆架水域的近海工程和深海水域的深海工程均已远远超出海岸工程的范围，所应用的基础科学和工程技术也超出了传统海岸工程学的范畴，从而丰富了海洋工程的范畴。

### 1.2.1 海洋工程结构物类型

海洋工程结构物的形式很多，它们可以是建于海床之上的永久建筑物，可以是自由浮动的，也可以是固定系泊的(与某种系船装置连接，这种装置与海床或附近的陆地连接)。常用的海洋工程结构物有重力式建筑物、透空式建筑物和浮式结构物。

重力式建筑物适用于海岸带及近岸浅海水域，如海堤、护岸、突堤、码头、防波堤、人工岛等，以土、石、混凝土等材料筑成斜坡式、直墙式或混成式的结构。图 1.1、图 1.2 为重力式建筑物案例，分别为日本横滨港的人工海岸和荷兰围海造田大坝。

图 1.1 日本横滨港的人工海岸

图 1.2 荷兰围海造田大坝

透空式建筑物适用于软土地基的浅海，也可用于水深较深的水域，如高桩码头(图 1.3)、岛式码头、浅水海上平台等。其中，海上平台用钢材、钢筋混凝土等建成，可以是固定式的，也可以是活动式的。

图 1.3　高桩码头下部结构

突堤、码头既有实体式的，也有透空式的，如图 1.4 所示。突堤与码头的区别一般在于突堤伸入水中，与岸线垂直，而码头则一般与岸线平行，与陆地邻接。如图 1.5 所示为一座重力式现代化集装箱码头。

浮式结构物主要适用于水深较深的海域，如钻井船、浮船式平台、半潜式平台等，可以作为石油和天然气勘探开采平台、浮式储油库、浮式炼油厂、浮式电站、浮式飞机场及浮式海水淡化装置等。

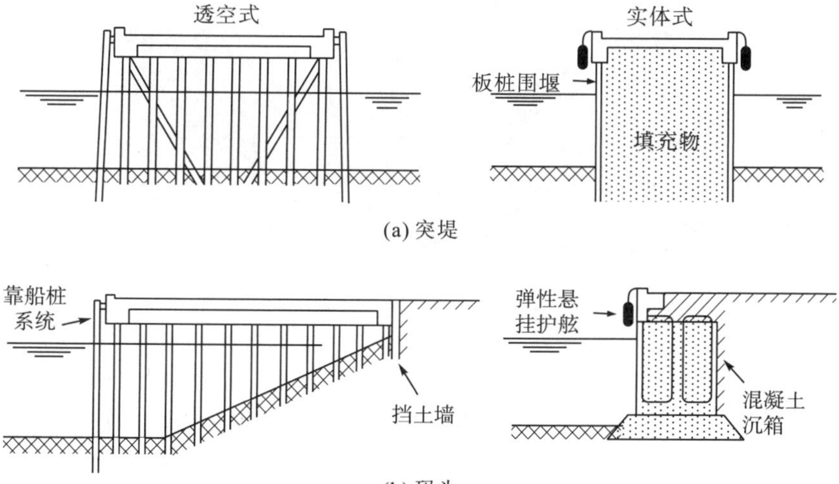


图 1.4　典型的突堤和码头截面形状

图 1.5 重力式现代化集装箱码头

除了上述类型，还有具有水下观察和作业能力的活动潜水装置，即潜水器。它主要用来执行水下考察、海底勘探、海底开发和打捞、救生等任务，并可以作为潜水员活动的水下作业基地。图 1.6 为我国“蛟龙”号载人潜水器，它是我国第一台自行设计、自主集成研制的深海载人潜水器，设计潜水深度为 7000m。2010 年 8 月，“蛟龙”号载人潜水器 3000m 级海试取得成功，最大下潜深度达到 3759m。2011 年 7 月 31 日，“蛟龙”号载人潜水器到达深度 5188m。2012 年 6 月 27 日，“蛟龙”号载人潜水器 7000m 级海试最大下潜深度达 7062m，再创我国载人深潜纪录。

图 1.6 “蛟龙”号载人潜水器

继“蛟龙”号之后，我国于 2016 年立项研发万米载人潜水器“奋斗者”号(图 1.7)。2020 年 10 月 27 日，“奋斗者”号在马里亚纳海沟成功下潜突破 1 万米达到 10058m，创造了我国载人深潜的新纪录。11 月 10 日 8 时 12 分，“奋斗者”号在马里亚纳海沟成功坐底，坐底深度 10909m，刷新了我国载人深潜的新纪录。

图 1.7　“奋斗者”号载人潜水器

## 1.2.2　海洋平台

海洋平台是为海上钻井、采油、集运、观测、施工等活动提供生产和生活设施的构筑物，是开发、开采油气资源的关键结构物。海洋平台的类型及发展简介如下。

海洋平台按其结构特性和工作状态可分为固定式、活动式和半固定式三大类。固定式海洋平台的下部由桩、扩大基脚或其他构造直接支承并固着于海底，按支承情况分为桩基式和重力式两种。活动式海洋平台浮于水中或支承于海底，能从一个井位移至另一个井位，按支承情况可分为着底式和浮动式两类。半固定式海洋平台既能固定在深水中，又具有可移性，张力腿式平台就属于此类。

海上的第一口油井是 1897 年在美国加利福尼亚州西海岸钻成的，当时采用的是固定式木质结构平台，该平台距离海岸线不过 150m。随后，为了保证平台的强度和使用安全，人们在木质平台的基础上发展了钢质固定式平台。第一个钢质固定式平台为路易斯安那州建造的钢质导管架平台(Kerr-McGee Platform A)，离海岸约 8km，水深 4.3m(盖斯维特 J，1992)。钢质固定式平台主要为桩基式，包括导管架型平台和塔架型平台。

导管架型平台是在软土地基上应用较多的一种桩基平台，由上部结构(即平台甲板)和基础结构组成，如图 1.8 所示。上部结构一般由上下层平台甲板和层间桁架或立柱构成，甲板上布置成套钻采装置及辅助工具，动力装置，泥浆循环净化设备，人员的工作、生活设施和直升机升降台等，平台甲板的尺寸由使用工艺确定。基础结构(即下部结构)包括导管架和桩，桩支承全部载荷并固定平台位置，桩数、桩长度和桩径由海底地质条件及载荷决定。导管架立柱的直径取决于桩径，其水平支承的层数根据立柱长细比的要求而定。在有冰块漂流的海区，应尽量在水线区域(潮差段)减少或不设支承，以免冰块堆积。对深海平台，还需要进行结构动力分析。结构应有足够的刚度以防止严重振动，保证安全操作，并应考虑防腐蚀及防海洋生物附着等问题。导管架焊接管结点的设计非常重要，有些平台就是由于管结点的破坏而失事。管结点是一个空间结点，应力分布复杂，近年来，学者们应用谱分析技术分析管结点的应力，取得了较好的效果。导管架由导管(即立柱)和导管间的水平杆和斜杆焊接组成，钢桩沿导管打入海底。打桩完毕后，在两者的环形空隙内用水泥浆等胶结材料固结，使桩与导管架形成整体，以承受巨大的竖向和水平载荷。若桩的承载能力不能满足要求，可在立柱之间和角立柱的周围增设钢桩。这种平台施工时一般先在陆地上预制导管架，再用驳船拖运就位进行安装，通过调节压舱水使驳船倾斜，然后用卷扬机将导管架送入水中，由其自身浮力悬浮在水中，再向导管架立柱内灌水，同时用起重船把导管架竖立就位于海底井址，再将桩逐段连续打入海底土层固定。用于深海的导管架高度很高，整体运输困难，可分段制造，分段下水连接而成。

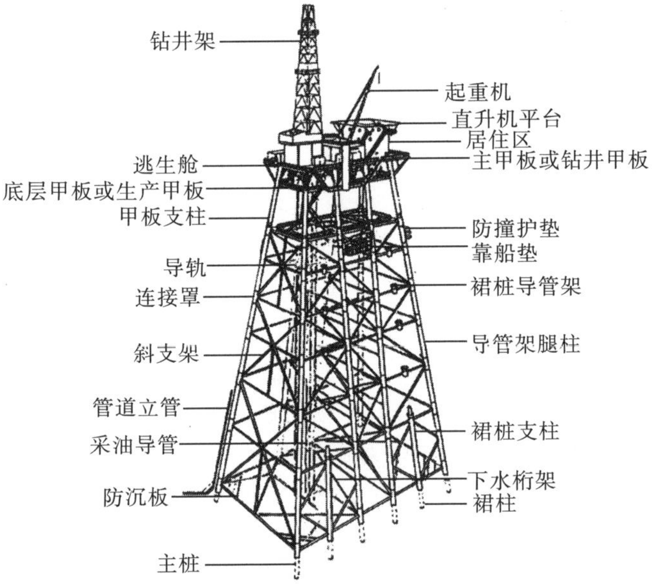


图 1.8　导管架型平台

图 1.9 是我国自主设计建造的深水导管架平台“海基一号”，标志着我国在超大型海洋油气平台导管架设计建造技术上取得新突破，开创了我国中深海油气资源开发的新模式。2022 年 10 月 3 日，“海基一号”投产。图 1.10 为“海基二号”，是截至目前我国自主设计建造的亚洲第一深水导管架平台，是首次在水深超过 300m 的海域设计、建造的固定式海洋平台，高度 428m、重量超 5 万 t。

塔架型平台是另一种适于软土地基的桩基平台，由腿柱(通常直径达 6m)、水平杆、斜杆及大梁(圆形或箱形)组成。为减小挡水面积，桩均设置在腿柱内，排成圆形，桩顶与腿柱焊接，空隙内灌入水泥浆，以防止薄壁腿柱发生局部压屈，并使桩固定在腿柱下端。施工时将塔架侧放并拖运就位，注入压舱水，使塔架直立，然后打桩，最后安装平台甲板。在自然条件恶劣且水深合适的海域，目前多采用导管架和塔架的组合方式。

图 1.9　海基一号

图 1.10　海基二号

由于钢质平台在海水中存在严重的腐蚀问题，为了解决这一问题，人们又发展了重力式混凝土平台。它是依靠自身重量维持稳定的固定式海洋平台，主要由上部结构、腿柱和基础三部分组成，如图 1.11 所示。基础又分整体式和分离式两种。整体式基础一般是由若干圆筒形的舱室组成的大沉垫，沉垫也可采用平板分舱的蜂窝式结构，其侧表面可做成多波形或平板形。分离式基础用若干个分离的舱室做基础，它对地基适应性强，受力明确，抗动力性能好，腿柱间距大，在拖航及下沉作业时较安全。整体式基础多建造在密实的砂土上，避免建在松散砂或较厚的软土地基上。分离式基础由于基础面积视地质条件而定，立柱的间距随水深而变，故对地基和水深的适应性很强，可用于地质条件较差的场合。重力式混凝土平台的施工分两个阶段，前一阶段在干坞中进行，后一阶段在近岸可避风浪的水域进行。施工程序是：在干坞中建造基础下部，至预定高度后向干坞中灌水，把已建成的基础下部连同起重设备一起浮运至能避风浪的水域，并牢牢系泊，继续建造基础的上部及立柱，直至混凝土工程全部完成，再向基础内部灌水，使平台下沉；然后将预制的平台甲板构件用驳船运到立柱上，使基础排水，稍稍起浮，直至立柱恰好顶在平台甲板的预定位置；最后把立柱与平台甲板牢固地连在一起，形成平台。重力式混凝土平台设计时应防止基础舱壁失稳或压坏。当基础兼做储油罐时，应考虑由于内外温差所产生的温度应力。另外，平台要有足够的整体稳定性。基础下边可设有插入地基的群板，防止基础底座沿海底滑动，且结构的倾斜度、总沉降量及动力效应都要求不超过限值。

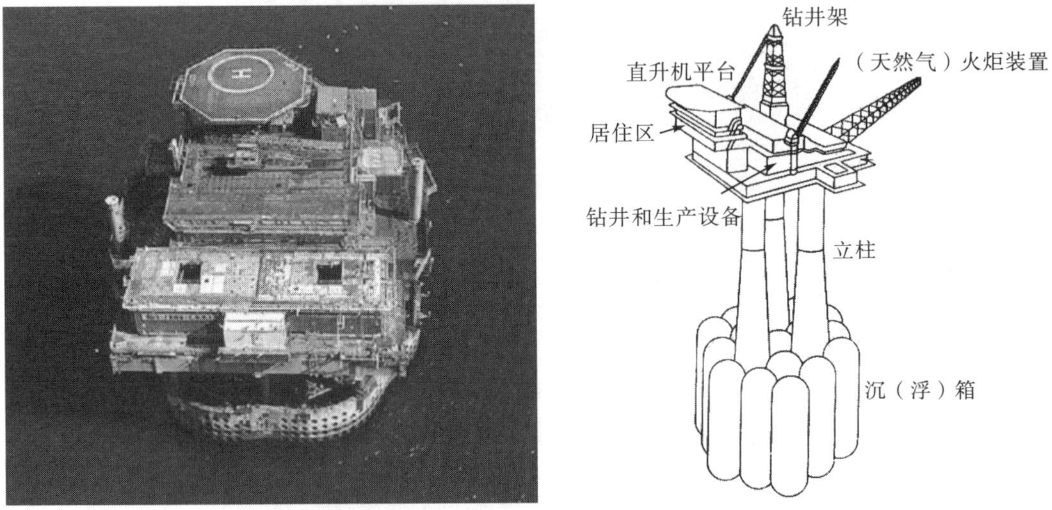


图 1.11 重力式混凝土平台

在海洋石油勘探和开发的过程中，人们意识到在能够从一个地方移动到另一个地方的移动式平台上钻井，比在一个固定式平台上钻井快捷、经济，于是活动式平台应运而生。最初发展的是坐底式平台，如图 1.12 所示，它是着底式平台的一种，由钻井驳船发展而成，由沉垫、立柱和平台甲板三部分组成，适用于水深为 5～30m 且海底比较平坦的区域。沉垫可以是整体式，也可以是分离式。向沉垫内灌水，平台即下沉坐落在海底，把水排出，平台就能浮起，故这种平台又有沉浮式平台之称，要求沉得下、坐得稳、浮得起。

图 1.12 坐底式平台

后来，人们又根据海上作业要求研制了自升式平台，它也是着底式平台的一种，由一个驳船式船体和若干能升降并能起支撑作用的桩腿组成，船体有足够的浮力以运载钻井设备和给养到达工作地点。作业时平台被桩腿支撑并抬升到海面以上。转移时，把桩腿拔起，驳船式船体下降而浮于水面，即可拖运到另一地点，如图 1.13 所示。

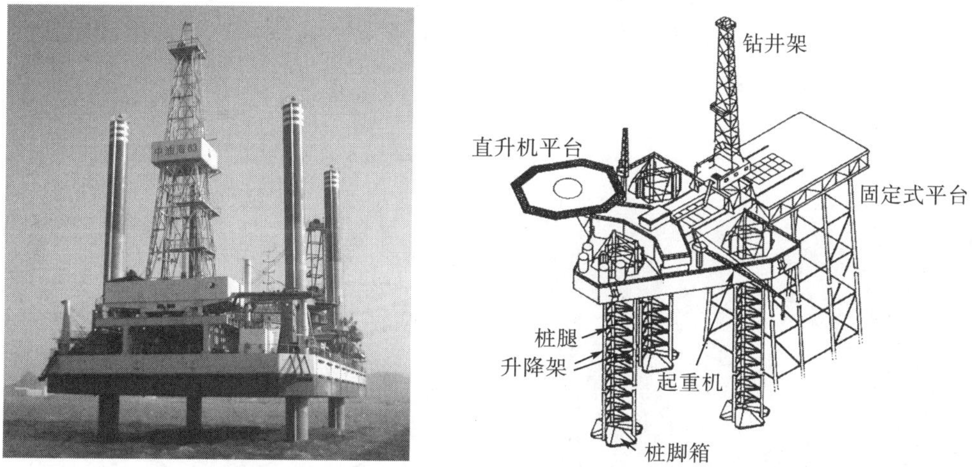


图 1.13　自升式平台

人们意识到通过浮式钻井和将井口放到海底可以克服自升式平台所受的水深限制，为此研制了浮式钻井船和半潜式平台，它们都属于浮动式平台。浮式钻井船把钻井设备安装在船体上，靠锚系或动力定位，在漂浮的状态下钻井，如图 1.14 所示。浮式钻井船和半潜式平台一般都有自航能力，可在几百米或上千米水深的海域工作，由于其对风浪极为敏感，当风力超过 7～8 级，波高超过 3～4m 时就要停止作业。

图 1.14　浮式钻井船

半潜式平台主要由上部结构、下潜体、立柱及斜撑组成，下潜体有靴式、矩形驳船船体式、条形浮筒式，其外形与坐底式平台相似，上部结构装设全部钻井机械、平台操作设备以及物资储备和生活设施(图 1.15)。它是一个由顶板、底板、侧壁和若干纵横仓壁组成的空间箱形结构，水密性较高，能提供较大的浮力，作业时下潜体灌入压舱水使其潜入水下一定深度，靠锚缆或动力定位。拖航时排出压舱水，使下潜体浮在水面。在浅水区作业时可使下潜体坐落在海底，类似坐底式平台。它既可在较深的海域工作，又能较好地适应恶劣的海况。

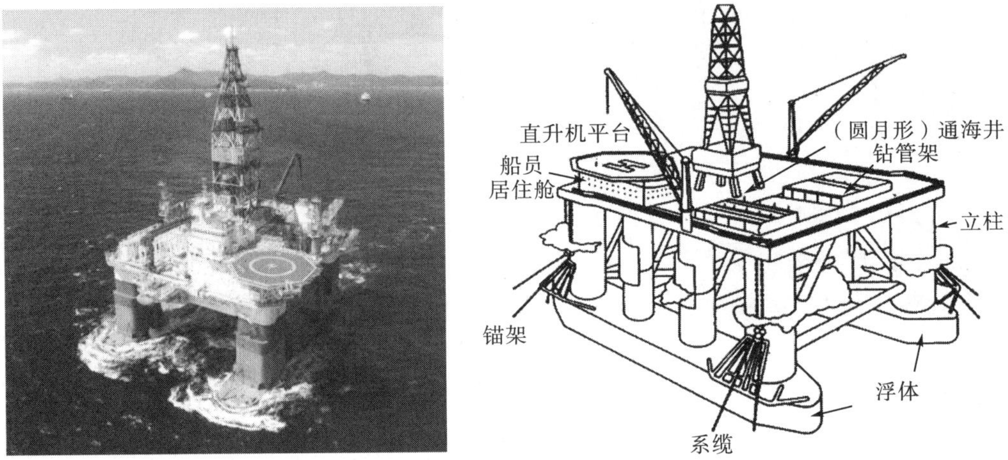


图 1.15　半潜式平台

开发深水油气时，坐底式平台不能满足要求；自升式平台虽然使用水深较大，但不经济；浮式钻井船可适用于较大水深，然而受海况的影响，其开工率很低；而半潜式平台既可在很深的海域工作，又较能适应恶劣的海况，有良好的运动特性。因此，半潜式平台是目前深水钻采的主要装置。2021 年，由我国自主设计建造的、全球首座 10 万吨级深水半潜式生产储油平台——“深海一号”(图 1.16)生产平台投入使用，用于开发我国首个 1500m 深水自营大气田——陵水 17-2 气田，标志着我国从装备技术到勘探开发能力全面实现从 300m 到 1500m 超深水的跨越。

随着科学技术的发展，在上述平台的基础上，近年来又研制出了半固定式平台，包括张力腿式平台和拉索塔式平台。张力腿式平台上部结构是浮体，通过收紧锚固在海底的缆索，使浮体的吃水深度比静平衡状态大一些，浮力大于浮体重力，剩余浮力由缆索的张力来平衡，如图 1.17 所示。当平台受到扰动时，缆索张力改变而产生弹性变形，因此平台只产生微量位移。缆索可竖向或斜向布置。对于深水海域，如果采用固定平台，则造价随水深增大而剧增，海上安装工程也趋于困难，相应配备的工程船舶均需要大型化，而张力腿式平台仅需要加长缆索，对造价影响不大，这种平台在工作完成后可浮运到其他地点。施工时，整座平台在工厂建造，工作地点定位明确，适用于开采周期较短的深水小型油田。

图 1.16　深海一号

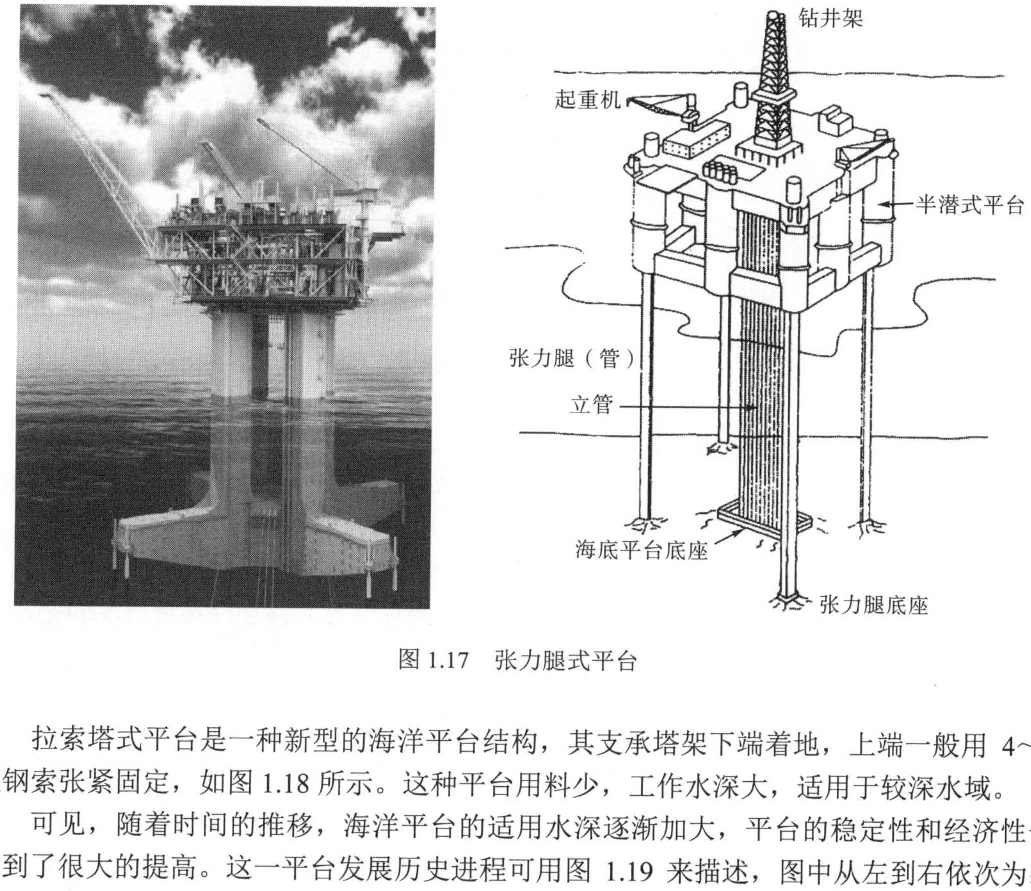


图 1.17　张力腿式平台

拉索塔式平台是一种新型的海洋平台结构，其支承塔架下端着地，上端一般用 4～8 根钢索张紧固定，如图 1.18 所示。这种平台用料少，工作水深大，适用于较深水域。

可见，随着时间的推移，海洋平台的适用水深逐渐加大，平台的稳定性和经济性也得到了很大的提高。这一平台发展历史进程可用图 1.19 来描述，图中从左到右依次为：导管架型平台(①)、自升式平台(②)、半潜式平台(③)、浮式钻井船(④)和张力腿式平台(⑤)。

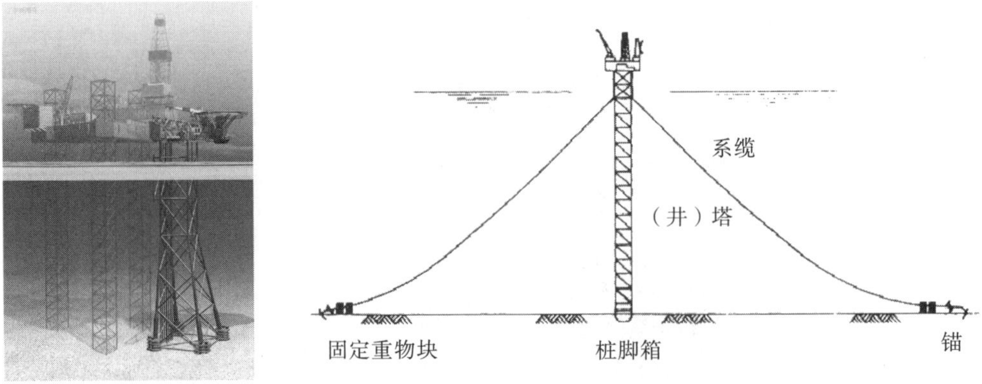


图 1.18 拉索塔式平台

图 1.19 海洋平台的发展

然而，海洋平台的建造十分复杂，技术要求很高，设计建造周期比一般船舶长。它相当于把陆地上四五个大工厂紧缩重叠地放置在一个面积不过四五千平方米的平台上(成千上万的各种设备按工程系统叠放在平台甲板上)，因此建造与安装平台的技术涉及机械、造船、电子、冶金、石油等多方面。另外，海洋平台需要日复一日经受海水的腐蚀，风、浪、流的冲击，保持正常生产二三十年，所以掌握海洋物理环境情况和精确计算物理环境引起的载荷是安全设计海洋平台的重要前提。

## 1.3 海洋工程结构物的外部环境

海洋工程结构物身处海洋，其外部环境是由海洋物理、化学、生物等综合而成的环境。其中，海洋物理环境对海洋工程结构的影响大而直接，包括风、波浪、海流、海冰、水位升降、海水温度梯度、地震及海啸等；海洋化学环境主要指海水腐蚀；海洋生物环境主要指海洋生物附着(图 1.20)。这些海洋环境因素在物理、力学、化学、生物等方面影响着海洋工程结构物的安全，是海洋工程构筑物在设计、施工、安装、运维等环节中必须考虑的外在条件，关系海洋工程结构的安全服役。

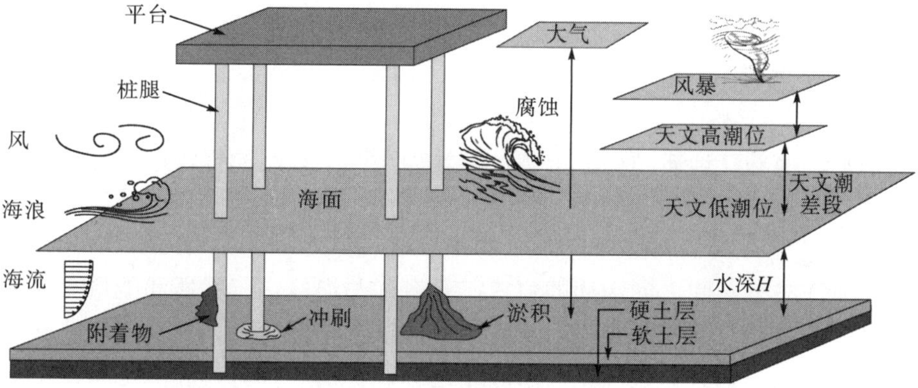


图 1.20　海洋工程结构物所处的主要外部环境示意图

## 1.3.1　常规海洋物理环境

海洋工程所涉及的环境范畴相当广泛，如气象学中的气温、气压、风等因素，海洋水文中的海浪、潮汐、海流、海啸、风暴潮、海冰等现象，海岸地理地貌及海底地基的本构特征及力学性能，海底泥沙的运移、海岸的变迁等，都属于海洋工程的物理环境。另外，海洋结构物的腐蚀现象属于海洋工程的化学环境，结构物水下部分的海洋生物附着现象则属于海洋生物学的研究范畴。

海洋工程结构物是一些长期设置或系泊于某特定海域、能从事生产作业的装置或结构物。它们与运输船舶的差别在于后者遇恶劣天气可以驶离现场以躲避狂风恶浪的袭击，但是海洋工程结构物必须停留在海中。对于每年仅可能出现数天的恶劣天气，生产平台可以暂停生产作业，但结构物必须保持基本的安全。所以能否准确地预报海上水文、气象等环境条件的强度、出现的概率以及所诱导的载荷，对海洋结构物的安全服役至关重要。

常见的海洋物理环境引起的载荷主要有：风载荷、波浪载荷、海流载荷、海冰载荷与潮汐作用。来自大气层的风给海洋工程结构物带来风载荷，它与气压、气温、降水等构成海洋上空气象条件，通过海气界面作用于海洋。波浪载荷和海流载荷分别由海浪和海流的运动所引起，波浪载荷又受到风的作用，海流载荷还受到海底地形的影响。高纬度海区需要考虑海冰对结构物的冲击作用，即海冰载荷。严重的冰情会使海上平台被海冰推翻，如 1969 年，我国渤海“海二井”钻井平台被海冰推倒。潮汐作用主要体现在水面高程变化改变了海洋工程结构物的受力。

此外，有些处于风暴潮、海啸易发海域的海洋工程结构物需要考虑风暴潮与海啸的极端海况影响，它们与海水的温度、盐度、密度等构成海洋水文环境要素。世界上船舶与平台等被大风浪推倒沉没的事件曾有发生，如 1979 年 11 月，我国“渤海 2 号”在寒潮大浪袭击下于渤海沉没，1982 年在加拿大近海油田发生了世界上最大的半潜式钻井平台“海上徘徊者”的翻沉事件，1983 年 10 月，美国阿科石油公司“爪哇海”号钻井船遭遇 16 号台风引起的 8.5m 高的狂浪袭击而在南海沉没。除此之外，在地震多发地带，还需要考虑地震的影响。

## 1.3.2 海底地形特征

海底地形、地貌、地质结构、土壤特性等为海洋工程结构提供地理地质条件，不稳定的海床将影响海洋平台的安全性，因此在海洋平台设计过程中需要开展必要的地质地理调查。

海底是海洋与岩石圈之间沟通的窗口，是海洋与海底进行物质和能量交换的场所。随着科学技术的进步与发展，人类对海底地貌的认识不断深入，目前已经能够用仪器对海底地貌进行连续扫描并记录下来。海底是地球表面的一部分，和陆地一样不是完全平坦的，也有雄伟的海底山脉，深邃的海沟，辽阔的海底平原等(图 1.21)。根据海底地形的基本特征，从海岸到大洋中心，依次可将海底地形分为大陆边缘、大洋盆地和大洋中脊三个单元，如图 1.22 所示。

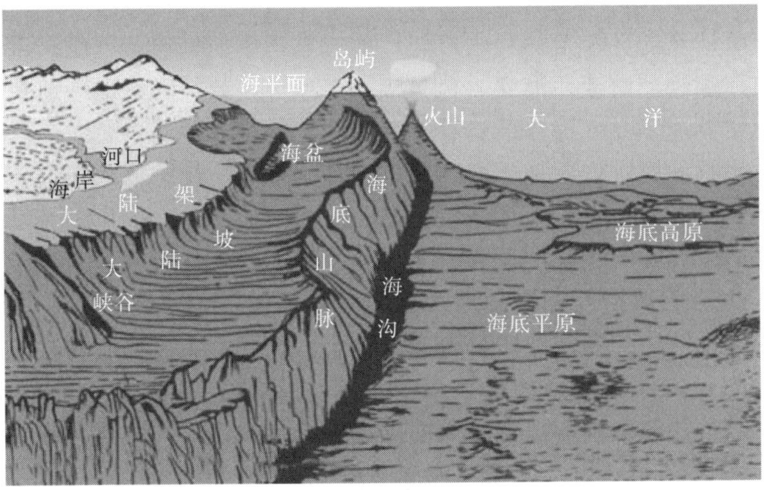


图 1.21 不平坦的海底地形

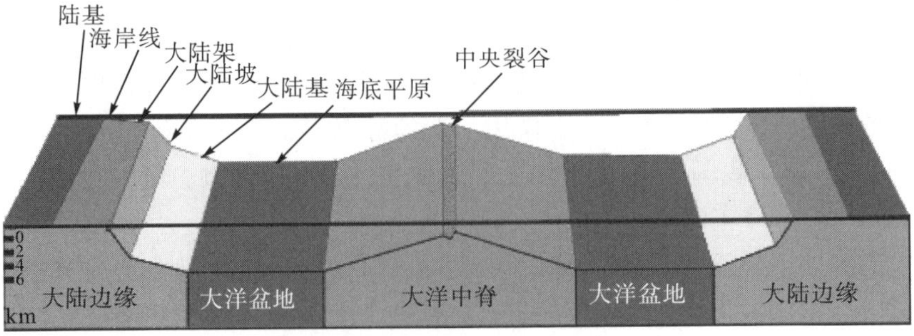


图 1.22 海底地形示意图

### 1.3.2.1　大陆边缘

大陆边缘是大陆表面与大洋底面之间的过渡带。一般由大陆架、大陆坡、大陆隆组成。

#### 1. 大陆架

大陆架是大陆周围浅而平坦的海底。国际上规定从低潮线到-200m(一般为大陆坡出现的位置)之间的地方称为大陆架，即大陆架是大陆周围从低潮线开始一直到向深海倾斜急剧增大的地方之间的海域。大陆架是大陆的自然延伸，坡度一般较小，起伏也不大。世界大陆架总面积超过 2700 万 $km^2$，平均宽度为 75km，约占海洋总面积的 7.5%。大陆架浅海靠近人类的居住地，与人类关系最为密切，大约 90%的渔业资源来自大陆架浅海。

大陆架地形变化很大，可分为负地形、正地形和阶状地形。负地形主要包括海底峡谷及大陆架盆地；正地形包括等轴状浅滩和线状脊；阶状地形包括阶地、断层崖和大陆架坡折带等。大陆架按深度通常分为内陆架和外陆架，但由于各个大陆架的地形差别很大，各海区的分界深度不尽相同，一般为 50～200m。

目前，海洋石油的开发主要集中在大陆架。大陆架一般分为表层、盖层和基底层。表层主要分布着来自大陆的松散沉积物；盖层主要为半固结与固结的沉积岩层；基底层主要为结晶岩石。大陆架是由侵蚀作用、海积作用、陆架地壳的垂直运动和冰期海退作用形成的。

#### 2. 大陆坡

大陆坡是大陆架外缘陡倾部分，主要沉积着陆源物质。水深为 200～2500m，各大洋大陆坡的宽度不一样，从十几千米到几百千米，平均宽度约为 70km。坡度为几度到 20°及以上，平均为 4°。全球大陆坡总面积约为 2870 万 $km^2$，约占海洋总面积的 8%。大陆坡常见的地貌形态有海底峡谷、谷槽和坡谷等。

#### 3. 大陆隆

大陆隆又称大陆裙、大陆基，是大陆坡以外到大洋盆地之间的过渡地带，是浊流和滑塌作用在大陆坡麓形成的沉积(深海扇)，水下冲积堆也属于大陆隆范畴。大陆隆水深为 2500～4000m，宽为 100～1000km，面积约为 1900 万 $km^2$，占洋底总面积的 5%，沉积物厚度可达 5km。

### 1.3.2.2　大洋盆地

大洋盆地分布在大陆边缘和大洋中脊之间，其形状受制于大洋中脊的分布。大洋盆地是海洋的主体，约占海洋总面积的 45%。其中，主要部分是水深为 4000～5000m 的开阔水域，称为深海盆地。深海盆地中最平坦的部分称为深海平原。大洋盆地底部的深海平原是地球上最平坦的区域，其坡度极小，一般小于 1/1000，有的甚至小于 1/10000。深海平原中可见到范围不大的、地形比较突出的孤立高地，称为海山。其中有一类极为突出的海山呈锥状，比周围海底高 1000m 以上，隐没于水下或露出海面，称为海峰。大洋盆地中还有一些比较开阔的隆起区，高差不大，没有火山活动，是构造比较宁静的地区，称为海底高地或海底高原。有些无地震活动的长条隆起区，称为海岭。

由于大洋盆地中没有阳光而且温度极低，所以海底动物非常少，然而此处却蕴藏着极为丰富的锰结核资源，世界各国正在研究和开发这一资源。

#### 1.3.2.3 大洋中脊

大洋中脊是大洋底的山脉或隆起，高出洋底 1000～3000m，宽约 1000km，平均水深 2500m，它们是海底扩张的中心，约占海洋总面积的 32.7%。大洋中脊顶部的水深为 2000～3000m，也有高的地方露出水面而成为岛屿，如大西洋的冰岛等。大陆漂移学说认为，大洋中脊是生成新洋壳的地方，即热地幔物质不断从大洋中脊顶部涌出并不断形成新洋壳，这些新洋壳再不断向两侧推移(图 1.23)。因此，大洋中脊上存在火山和地震活动。

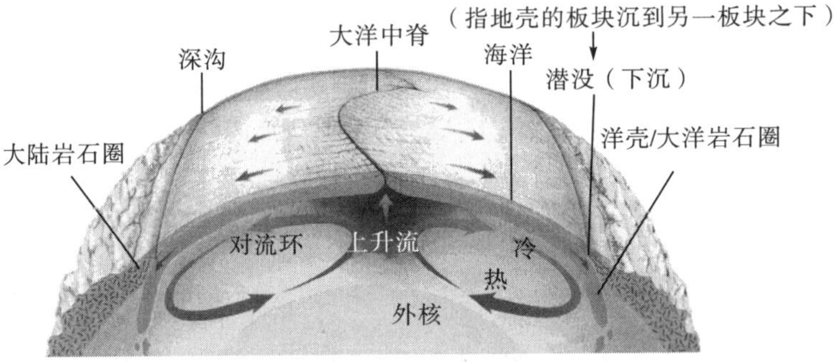


图 1.23 大洋中脊

具有生油条件的海区主要分布在大陆架、大陆坡水域。其中，藏油量最大的为大陆架，其次为大陆坡。此外，在复杂过渡带的海盆与岛弧水域的古近—新近纪沉积盆地，亦具有含油气的良好前景，如我国的莺歌海、北部湾、珠江口就属于这类地质构造。

## 1.4 海洋工程结构物的内部流动环境

水下生产系统、海洋钻采管柱等结构物为油气井采出流体提供了流动通道，高压油气水砂多相流通过水下井口、管汇、跳接管、分离器以及海洋立管时，呈现出复杂的流动形态，并伴随着持续的流固耦合效应，包括流动冲蚀、冲刷腐蚀、流致振动等，一定程度地威胁着水下生产系统及管柱的服役安全。

以海洋柔性立管为例，为了降低海底管道投资与铺设成本，海上邻近油井、气井的产出物通常采用混输的方式经立管输送至处理平台。由于油气比、输量变化、管道尺寸和地形起伏等参数的影响，立管中油气流可能以泡状流、段塞流、环状流等流型存在，其中段塞流因当地相体积分数和压力的脉动，对立管的影响最为突出。段塞流包括水动力段塞流和严重段塞流。如图 1.24 所示，段塞流在曲线状立管(如悬链线型立管)中流动时产生剧烈的压力波动，可能会诱导立管振动。与此同时，海水绕流形成的涡激振动对其服役也构成了极大的安全隐患。因此，海洋柔性立管面临着内部多相流与外部海流的双重流致振动威胁，极易诱发立管的疲劳损伤。随着海洋油气开发向深海推进，立管长径比随开采水深的增加急剧增大，此时的立管犹如一根面条悬挂在海水中，显得“弱不禁风”。一旦振动频率与立管固有频率相近，即会引发共振，导致立管失效甚至断裂，造成巨大的经济损失，且泄漏的油气会对海洋环境产生灾难性的破坏。因此，同步考虑内部流动环境与外部海洋工程环境是安全设计海洋工程结构物的前提。

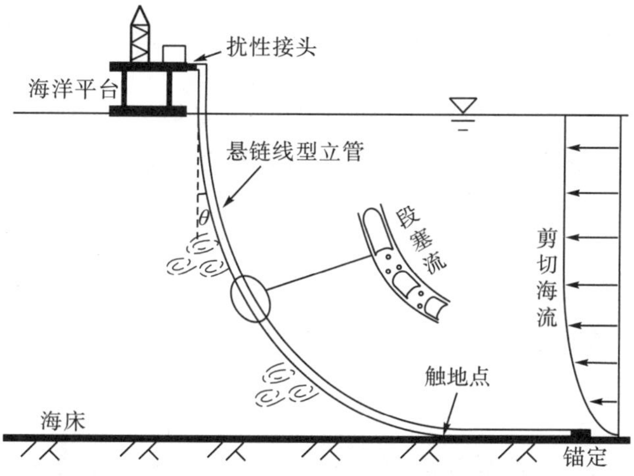


图 1.24　海洋柔性立管服役的内外环境

## 1.5　海洋环境与载荷的研究内容

鉴于海洋工程结构物所处的特殊工作环境，准确预测海洋外部物理环境与内部流动环境对其构成的影响是保障其安全运营的基础。

### 1.5.1　海洋环境与载荷的主要内容

海洋工程建筑物设计时的环境条件可分为工作环境条件和极端环境条件。工作环境条件是指结构物在建造、拖运安装期间或使用期间经常出现的环境条件；极端环境条件是指海洋工程结构物在整个使用年限内，极少出现的环境条件。

例如，某一钢质导管架结构，导管架的水下部分已在陆地船台上焊接成型。首先，要选择合适的季节、日期，将其驳运至指定海域，这就要分析沿途可能遭遇的海况，包括海风的方向与风速、海流的方向及流速对拖运速度的影响，为了避开可能遭遇的不利海况，合理确定导管架驳运的季节和时间(是否需要趁潮离岸等)。然后，在海上组装作业平台的上部结构，必须分析组装期间海上可能遭遇的不利海况、波浪情况、海流大小和方向及海面连续平静天数的相应概率。接着，为了能安全完成钻探作业，应分析相应的波浪、海风及海流情况，以及对该海域的海浪谱及风谱做出分析，以供进一步分析海洋平台在钻探作业时平台结构的动力响应。最后，最关键的是在生产平台工作期内(如 30 年)，要分析可能遇到的极端恶劣的环境条件(如狂风、巨浪)，以作为海洋结构物设计中确定控制载荷的依据。

由此可见，海洋工程物理环境中的风、浪、流、潮、冰等是影响海洋工程结构物的主要环境动力因素，为突出要点，本书将主要讨论它们的形成机理及计算方法。由于海风、海浪、潮汐、海流、海冰等现象都是随时间及空间不规则变化着的随机过程，所以不仅要研究它们与结构物相互作用的短期过程，还要分析它们的多年变化规律(长期分布规律)；不仅要研究单一环境动力要素对结构物的独立作用，还要分析多种环境动力要素对结构物的联合作用。这样才能为结构物设计的优化分析提供合理的环境条件设计参数。另外，在地震活跃的海域建造海洋结构物，还需要考虑地震载荷。因此，本书在第 2～8 章中分别阐述各种海洋物理环境及它们形成的载荷计算方法。

### 1.5.2 分析方法

海洋工程环境与安全保障的分析方法与一般的力学分析方法一样，主要有五种。

#### 1. 理论分析法

理论分析法是指根据海洋环境观测资料、油气井采出流体流动参数等，建立各要素之间的数学、力学关系。由于海洋环境涉及因素多样，因此在实际分析过程中需要进行一定程度的简化，并在数学上做近似处理。因此，理论分析结果与客观实际存在一定的偏离。

#### 2. 现场观测法

现场观测法是研究海洋工程环境最基本的方法，是揭示物理现象、各物理因素之间相互关系的主要途径，也是确定数学、力学公式中经验系数的必要手段。但是现场观测往往需要消耗大量的人力、物力和财力，且有时还存在测量上的困难。

#### 3. 物模实验法

物模实验法是指通过实验模拟重现各种自然现象的方法。由于比尺效应的存在，使得在小比尺下建立的理论关系应用到自然条件中还存在疑问，科技工作者在这方面还在继续探索。

#### 4. 数值模拟法

随着计算机仿真技术的高速发展，数值模拟法已成为解决各种科学问题的常用手段。与物理模型相比，数值模拟可以实现全尺度模拟，避免了比尺效应，且数值模拟不需要消耗大量的资源即可实现多种方案的对比分析，经济高效。即便如此，正确的数值模拟结果是建立在正确的物理现象分析基础上的，否则将失去意义。

### 5. 大数据分析法

大数据分析法是一种用于收集、处理和分析大量数据的方法，其主要目标是挖掘数据中有价值的信息，以帮助决策。在工业 4.0 背景下，大数据分析在海洋工程的科学研究与工程应用中亦发挥着关键作用。

上述方法在实际工程应用中需要相互关联、彼此补充，只有通过多种方式的研究与验证，才能最大程度地预测海洋物理环境、内部多相流动对结构物服役的影响。

## 思考题与习题

1.分析我国海域四海区的海底地形及油气资源分布的主要区别，并解释说明海底地形对资源分布的影响。

2.海洋工程包括哪些?与海洋油气资源开发相关的海洋工程又有哪些?

3.海洋平台有哪些类型?平台类型更新的发展史是怎样的?收集各类型平台的图片，并用文字标注。

4.海洋工程环境与载荷主要包括哪些?列举一例由于环境载荷作用造成的海洋工程事故，并进行分析说明。

5.分析人工智能可以从哪些角度赋能海洋工程环境与载荷的分析、计算。

# 第2章　海风及海风载荷

风是相对于地球表面的空气运动，不管在陆地还是海洋表面，风都普遍存在。然而，海面上的风速通常较快，对海洋工程结构物形成较大的风载荷，这是海洋工程设计和日常运营维护必须考虑的。本章重点介绍风的概念、成因和类型，以及其对结构物产生载荷的计算方法。

## 2.1　大气物理环境

风是大气环境受到太阳辐射、地球自转、地表物理化学特性影响而产生的一种维持大气系统平衡的自然现象。了解大气物理特性是分析风成因的前提。

### 2.1.1　大气状态

表征大气状态的物理量主要有温度、湿度、密度、气压等。

#### 2.1.1.1　温度

大气的温度简称气温，气温是地面气象观测规定高度(通常为 1.25～2.00m，我国为 1.50m)处的空气温度。空气温度记录可以表征一个地方的冷热状况，无论在理论研究上，还是在国防、经济建设的应用上都是不可缺少的。气温直接影响空气密度，它不仅随太阳辐射的变化而发生周期性变化，还随大气的运动发生非周期性的变化。

#### 2.1.1.2　湿度

湿度是表示大气干燥程度的物理量。一定温度下，一定体积空气里含有的水汽越少，则空气越干燥；水汽越多，则空气越潮湿。空气湿度可以用绝对湿度和相对湿度来反映。

绝对湿度是一定体积空气中含有的水蒸气的质量，单位是 $kg/m^3$。绝对湿度的最大值是饱和状态下的最高湿度，即空气能够包含的最大水蒸气的质量，又称饱和绝对湿度。空气湿度随温度而变化，在不同的温度中绝对湿度也不同，因为随着温度的变化，空气的体积发生变化，且绝对湿度越靠近最高湿度，它随温度的变化就越小。

相对湿度是绝对湿度与最高湿度的比值，反映了水蒸气的饱和度。相对湿度为 100%的空气即饱和的空气。随着温度的增高，空气中可以含的水汽就越多，也就是说，在同样多的水蒸气情况下，温度升高，相对湿度就会降低。因此，在提供相对湿度的同时必须提供温度的数据。

#### 2.1.1.3 密度

空气的密度与气温、气压密切相关，在 0℃、1atm 下，空气的密度为 1.293kg/m$^3$，其余条件下的空气密度可按式(2-1)计算。

$$\rho = \rho_{SC} \frac{pT_{SC}}{p_{SC}T} \tag{2-1}$$

式中，$\rho$ 为空气密度，kg/m$^3$；$p$ 为压强，Pa；$T$ 为温度，K；SC 为下标，对应标准状态(0℃、1.01325×10$^5$Pa)。

#### 2.1.1.4 气压

在地球上，空气密度的存在使得空气具有质量，那么它就必然存在着压力。我们将大气作用于地球表面单位面积上的力(即等于单位面积上向上延伸到大气上方真空边界的垂直空气柱的重量)叫作大气压力，简称气压。气压的国际单位是帕斯卡(Pa)，习惯上还常用毫米汞柱(mmHg)表示。由于各国所用的重量和长度单位不同，因而气压单位也不统一，这不便于对全球的气压进行比较分析。因此，国际上统一规定用“百帕”作为气压单位。1 百帕(hPa)=1 毫巴(mbar)≈3/4mmHg。

气压与海拔、大气温度、大气密度等有关，一般随高度升高按指数律递减。气压有年变化和日变化。一年之中，冬季比夏季气压高。一天之中，气压有一个最高值和一个最低值，分别出现在 9～10 时和 15～16 时，还有一个次高值和一个次低值，分别出现在 21～22 时和 3～4 时。气压变化与风、天气等关系密切，因而是重要的气象因子。

### 2.1.2 气压形势图及气压场

为了反映空间气压的高低分布状况，我们可以把瞬时气压观测值相等的各个点在平面图上连接起来构成封闭曲线，这样的线称为等压线。相邻两条等压线的差为一定值，一般取为 5mbar 或 2.5mbar。

人们在分析天气变化规律时，常用到海平面天气图和高空天气图，它们分别是等高面上的等压线分布图和等压面上的等高线分布图。等高面上的等压线分布图是指某一海拔相等的等高面与空中若干个不同等压面相切割，在等高面上形成许多的交线，亦称为等高面图[图 2.1(a)]。等压面上的等高线分布图是指某一等压面上海拔相等的点连成的曲线，用来表示空间等压面的形势，亦称为气压形势图或等压面图[图 2.1(b)]。

如图 2.2 所示，$P$ 为某一等压面的垂直剖面，$H$ 为某一等高面，$A$、$B$、$C$ 为等压面 $P$ 上的三点，$A'$、$C'$ 为 $A$、$C$ 两点在等高面 $H$ 上的投影。由于高度越高，其上方的气柱重量越小，产生的气压也就越小，因此，$p_{A'} > p_A$、$p_C > p_{C'}$。又由于 $A$、$B$、$C$ 三点等压，即 $p_A = p_B = p_C$，所以 $p_{A'} > p_B > p_{C'}$。可见，同高度处气压比四周高的地方，对应的等压面所在高度一定较四周高，表现为向上凸起；同高度处气压比四周低的地方，对应的等压面所在高度也较四周低，表现为向下凹陷。这称为“高高低低”原则。

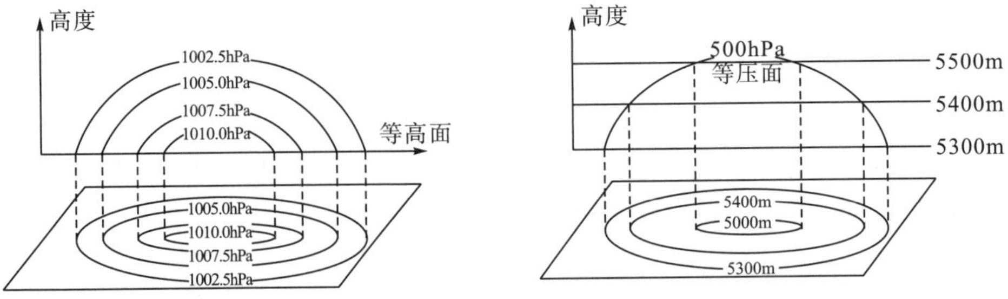


(a) 某等高面上的等压线分布示意图 (b) 500hPa等压面上的等高线分布示意图

图 2.1 天气图

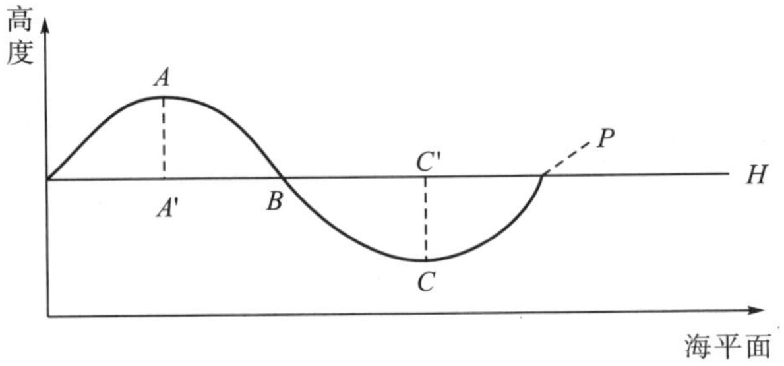


图 2.2 等压面的起伏与等高面上气压分布的关系

如图 2.3 所示，$P$ 为等压面，$H_1$、$H_2$、$H_3$、$H_4$、$II_5$ 为高度间隔相等的若干水平面(等高面)，它们分别和等压面 $P$ 相截(截线以虚线表示)，因每条截线都在等压面 $P$ 上，故所有截线上各点的气压均等于 $p$，将这些截线投影到水平面上，便得出等压面 $P$ 上距海平面分别为 $H_1$、$H_2$、$H_3$、$H_4$、$H_5$ 的若干等高线。可见，和等压面凸起部位相对应的是一组闭合等高线构成的高值区，和等压面下凹部位相对应的是一组闭合等高线构成的低值区，满足“高高低低”规律，此外，等压面坡度陡的地方，相应等高线较密集。

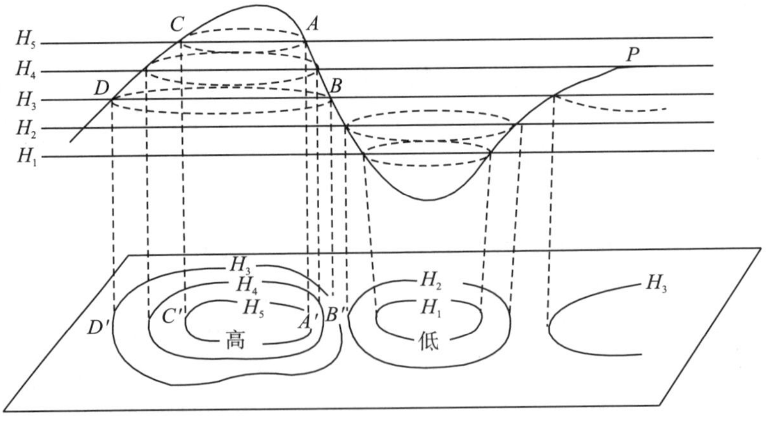


图 2.3 等压面图

因此，不管是在等压面图上分析等高线，还是在等高面图上分析等压线，它们的气压分布特点均符合“高高低低”原则，即等压面高度较高(或较低)的地方，其气压值也比相同高度的其他区域气压偏高(或偏低)。

通过等压面图上等高线的分布，就可以知道等压面附近空间气压场的分布情况。等压面上等高线的高值中心对应附近等高面上等压线的高气压中心，低值中心对应附近等高面上等压线的低气压中心，并且等压面上等高线的走向与附近等高面上等压线的走向也基本上是一致的。因此，人们通常将等压面图上等高线的高值区称为高压，将等高线的低值区称为低压。等压面图也是目前气象台分析高空天气形势的主要方法。

然而，为了研究近地面大气的运动情况，我们需要知道同一水平面上气压分布的状况，以判别高、低气压所在位置，这就要用到等高面图。目前，我们常用的是海平面上的等压线分布图，又称海平面气压场图，如图 2.4 所示。

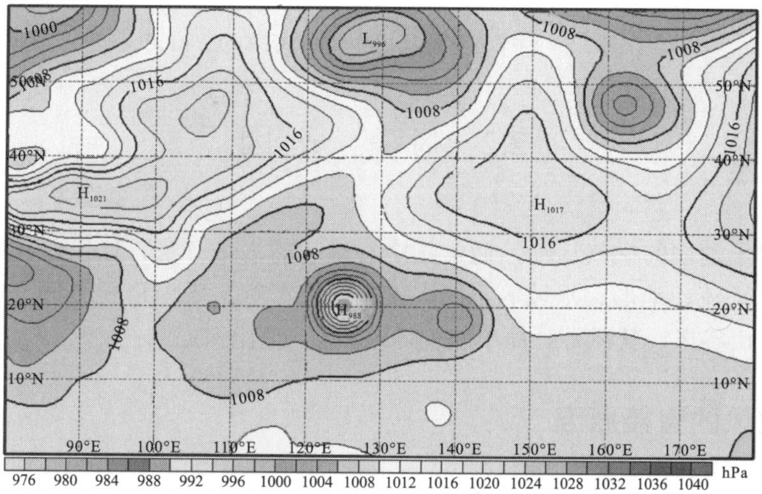


图 2.4　海平面气压场(2024 年 8 月)(来源于中国天气网)

如图 2.5 所示，海平面气压场主要有 9 种形式，其定义如下。

(1)低压：具有封闭的等压线，且其中心部分气压较周围低的区域。

(2)高压：具有封闭的等压线，且其中心部分气压较周围高的区域。

(3)低压槽：由低压区域向较高气压方向延伸出来的舌状部分。

(4)高压脊：由高压区域向较低气压方向延伸出来的舌状部分。

(5)低压带：在两个高压之间气压较低的区域。

(6)高压带：在两个低压之间气压较高的区域。

(7)副低压：在低压外围的槽中所形成的小低压。

(8)副高压：在高压外围的脊中所形成的小高压。

(9)鞍形区：两个低压和高压交叉分布之间的区域。

从海平面气压场图可以清晰地分辨出高、低压区的范围、形状及大小，为研究大气的运动(风)提供了先决条件。

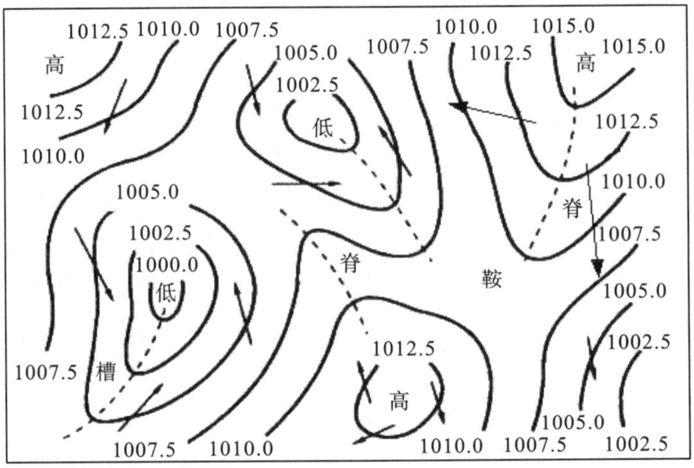


图 2.5 海平面气压场的主要形式(单位：hPa)

# 2.2 风 的 成 因

风是相对于地面的空气运动，通常指空气运动的水平分量，以风向、风速或风力表示。风受大气环流、地形、水域等不同因素的综合影响，表现形式多样，如季风、地方性的海陆风、山谷风、焚风等。简单地说，风即空气的流动。

## 2.2.1 形成风的直接原因

形成风的直接原因是水平气压梯度力。气压与空气密度成正比，密度越大，气压越高。只要气压有高、低的差别，就会有种力量使气压高处的空气往气压低的方向流动，就像水由高处往低处流一样。这种因气压差距而产生的力，称为气压梯度力。因此，高气压内的空气从中心往外流，而低气压内的空气则由外向中心流。

在等压线图上，气压梯度力垂直于等压线，使空气自高压区流向低压区而形成风。图 2.5 中的箭头所指即空气的流动方向，可见空气并非垂直于等压线流动，而是呈现一定的偏转角度，这是由于流动的空气除受气压梯度力的作用外，还受地转偏向力的作用。地转偏向力总是与运动气流的方向垂直，对空气不做功而只是使气流的运动方向改变。这里，我们仅介绍形成风的直接原因，其余对风产生影响的作用力将在 2.4 节中介绍。

## 2.2.2 热力环流

如前所述，风是由于气压在水平方向上的不均匀分布产生的空气从高压区向低压区的流动，它在现实生活中最简单的形式是由于地表冷热不均形成的热力环流。

如图 2.6 所示，取海拔相等的 $A$、$B$ 两地进行分析，若两地温度相当，则气压随着高度的增加等值减小，近地面与 1500m 高空中的等压线应呈水平平行线(图中虚线)。当 $A$ 地受热升温时，近地面空气受热发生膨胀，密度减小，使得单位面积上承受的空气柱重量减小，即气压降低($a$ 点)；近地面空气膨胀同时还引起了气流的垂直运动，使得高空的气体受到压缩，密度增大，气压升高($c$ 点)。相反，$B$ 地受冷降温时，近地面空气压缩，密度增大，气压升高($b$ 点)；近地面空气压缩使得上方空气膨胀，密度减小，气压降低($d$ 点)。于是，原先的水平等压线发生弯曲，同一水平高度的 $a$ 点气压低于 $b$ 点气压，存在气压差，出现了水平气压梯度力，方向由 $b$ 指向 $a$，从而形成了 $b$ 向 $a$ 的气流运动。同理，高空 1500m 处，$c$ 点气压高于 $d$ 点气压，形成了 $c$ 向 $d$ 的气流运动。近地面及高空 1500m 处的气流水平运动加上 $A$、$B$ 两地上方的气流垂直运动构成了封闭的热力环流。

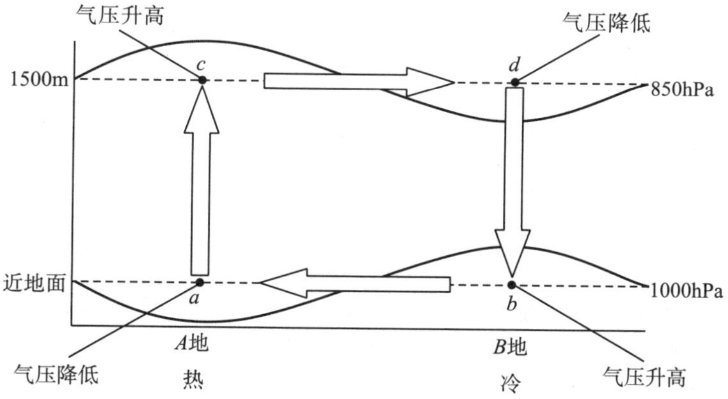


图 2.6　热力环流的形成

热力环流在现实生活中存在较为广泛，如山谷风、海陆风、城市风等都是热力环流的具体体现。

由于山谷与其附近空气之间的热力差异引起白天风从山谷吹向山坡，称谷风，到夜晚，风从山坡吹向山谷，称山风，山风和谷风总称为山谷风(图 2.7)。白天，山坡接受太阳光热较多，犹如一个“加热炉”，空气增温较多，而山谷上空，同高度上的空气因离地较远，增温较少，于是山坡上的暖空气不断上升，并在上层从山坡流向谷地，谷底的空气则沿山坡向山顶补充，这样便在山坡与山谷之间形成一个热力环流。此时，下层风由山谷吹向山坡，称为谷风。到了夜间，山坡上的空气受山坡辐射冷却影响，“加热炉”变成了“冷却器”，空气降温较多，而谷地上空，同高度的空气因离地面较远，降温较少。于是山坡上的冷空气因密度大，顺山坡流入谷地，谷底的空气因汇合而上升，形成与白天方向相反的热力环流。此时，下层风由山坡吹向山谷，称为山风。

海陆风是因海洋和陆地受热不均匀而在海岸附近形成的一种日变化的风系。如图 2.8 所示，白天，地表受太阳辐射而增温，由于陆地土壤热容量比海水热容量小得多，陆地升温比海洋快得多，所以陆地上的气温比附近海洋上的气温高。由此产生水平气压梯度力，使得海面气流流向陆地，形成海风。海风从每天上午开始直到傍晚，风力以下午为最强。日落以后，陆地降温又比海洋快，到了夜间，海上气温高于陆地，就出现与白天方向相反的热力环流，于是形成低层陆风。

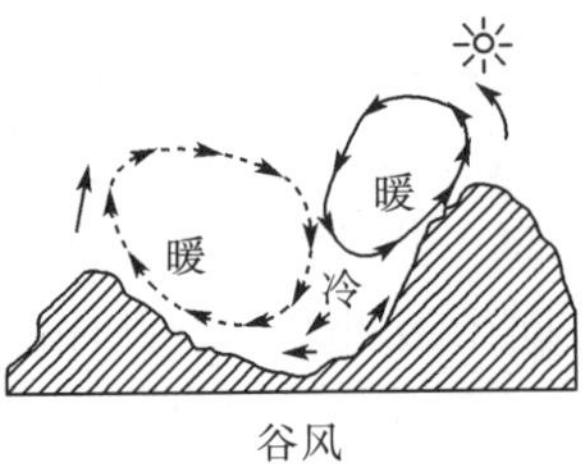


图 2.7 山谷风

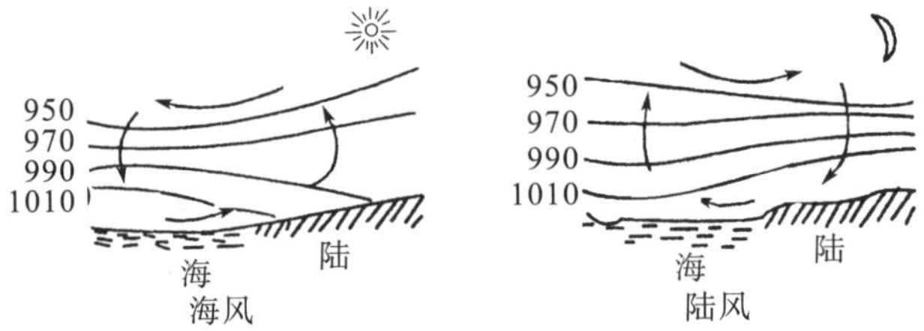


图 2.8 海陆风(单位：hPa)

城市内部由于人类活动排放大量余热，相对于郊区呈现“热岛效应”，从而引起空气在城市上升，在郊区下沉，在城市与郊区之间形成了热力环流，称为城市风(图 2.9)。为保护城市大气环境，在城市规划时，要研究城市风的下沉距离。一方面将大气污染严重的工业布局在城市风下沉距离之外，以避免工厂排放的污染物流向城区；另一方面，应将工业卫星城建在城市风环流之外，以避免交叉污染。

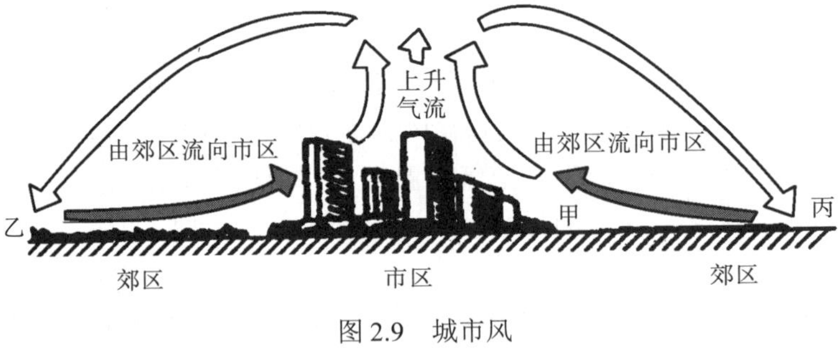


图 2.9 城市风

## 2.3 大气运动方程

分析风的流动，首先需要了解其运动方程。地球上大范围的气体流动与其受到的作用力密切相关。

### 2.3.1　科里奥利加速度

科里奥利加速度，是由科里奥利(Coriolis)于 1832 年在研究水轮机转动时提出的。科里奥利加速度是动参考系的转动与运动点相对动参考系的运动相互耦合引起的加速度，其方向垂直于角速度矢量和相对速度矢量。

让我们从简单的二维转动圆盘中观察科里奥利加速度是如何形成的。如图 2.10 所示，设在以角速度 $\omega$ 沿逆时针方向转动的水平圆盘上，有 $A$、$B$ 两点，$O$ 为圆盘中心，且 $OA>OB$。在 $A$ 点以相对于圆盘的速度 $v_r$ 沿半径方向向 $B$ 点抛出一球，如果圆盘是静止的，则经过一段时间 $\Delta t=(OA-OB)/v_r$ 后，球会到达 $B$。如果圆盘在转动，球则到达了 $B$ 转动方向的前方点 $B'$。因为球离开 $A$ 时，除了具有径向速度 $v_r$，还具有切向速度 $v_1$，而 $B$ 的切向速度为 $v_2$，由于 $B$ 的位置靠近圆心，所以 $v_1>v_2$，在垂直于 $AB$ 的方向上，球运动得比 $B$ 远些。这是在盘外不转动的惯性系中观察到的情形，就好像球出手后在垂直于径向速度 $v_r$ 的方向还受到了一个力的作用，在这个力的作用下球在该方向有一加速度 $a_k$，而实际上并不存在这样的力。应用牛顿第二定律对于加速度的解释，可以把这个力定义为虚拟的惯性力，这个力就称为科里奥利力，产生的加速度就是科里奥利加速度。

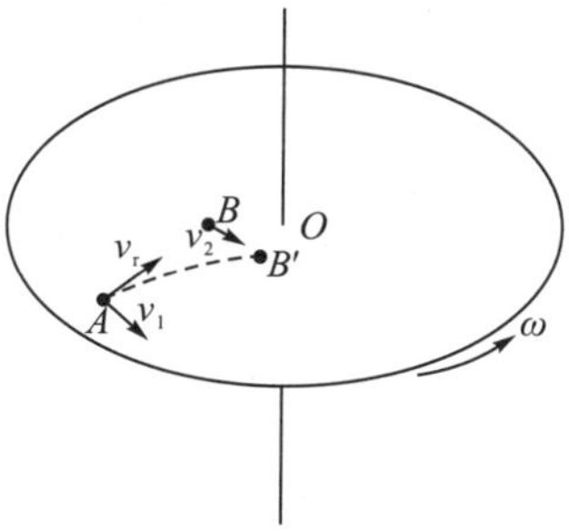


图 2.10　科里奥利加速度在转动圆盘中的体现

利用此例我们可以推导出科里奥利加速度和科里奥利力的定量公式。以转动系为参考系，球从 $A$ 到达 $B'$ 的时间是 $\Delta t=(OA-OB)/v_r$，在 $\Delta t$ 时间内球偏离 $AB$ 的距离 $BB'=(v_1-v_2)\Delta t=\omega(OA-OB)\Delta t=v_r\omega\Delta t^2$。在 $\Delta t$ 很小的情况下，可以认为沿 $BB'$ 的运动是匀加速运动，而初速度为 0，以 $a_k$ 表示加速度，则 $BB'=a_k\Delta t^2/2$，与上一结果比较可得

$$a_k = 2\omega v_r \tag{2-2}$$

式中，$a_k$ 为科里奥利加速度，$m/s^2$；$\omega$ 为角速度，rad/s；$v_r$ 为运动速度，m/s。

在此转动参考系内应用牛顿第二定律，可得科里奥利力为

$$\boldsymbol{F}_c = -2m\boldsymbol{\omega}\times\boldsymbol{v}_r = 2m\boldsymbol{v}_r\times\boldsymbol{\omega} \tag{2-3}$$

式中，$\boldsymbol{F}_c$ 为科里奥利力，N；$m$ 为物体质量，kg。

此例中，圆盘沿逆时针方向转动，科里奥利力方向指向质点运动的右方，使得其上的运动物体向右偏转。同理，若圆盘沿顺时针方向转动，则科里奥利力的方向应指向质

点运动的左方，使得其上的运动物体向左偏转。

由于地球本身也是一个转动参考系，在地球上运动的物体也就受到科里奥利力的作用。习惯上，我们将地球上的物体由于地球自转所承受的沿地球表面水平方向的科里奥利分力称为地转偏向力(即地转偏向力为科里奥利力在沿地球表面水平方向的一个分力)。我国地处北半球，物体在地面上运动，受地转偏向力作用而向右偏转，这种现象在日常生活中很难被察觉。人在走路时，也从来不会不自觉地偏到右边去，这是因为地转偏向力很小，其效应被其他作用力的效应所掩盖。地转偏向力的效应只有在长时间累积的条件下，才容易察觉。如河水在地转偏向力($F_{IC}$)的作用下，北半球对右岸产生的冲刷较左岸严重，长期积累后，就会出现右岸较左岸陡峭的现象(图 2.11)，而南半球刚好相反。

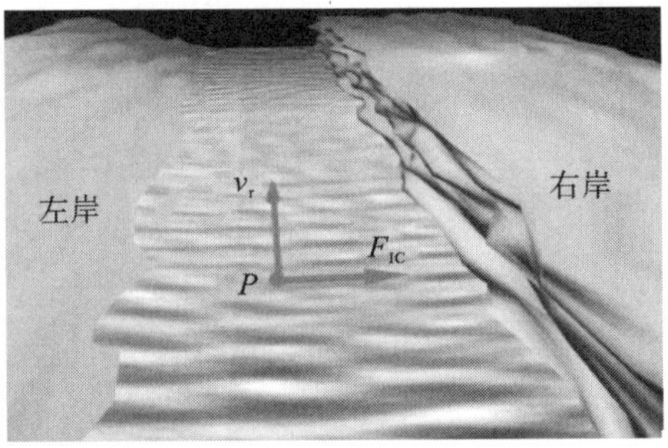


图 2.11　北半球的河流两岸

由于地球各纬度的半径不一样，因此不同纬度所受的地转偏向力也不一样，应满足：

$$F_c = 2m\omega v\sin\varphi \tag{2-4}$$

式中，$v$ 为物体的水平运动速度分量，m/s；$\varphi$ 为物体所处的纬度，(°)。

如图 2.12 所示，北半球不同纬度的飞机在沿纬度线切向飞行时，发生了不同程度的偏转。纬度越高，受到的地转偏向力越大，最终偏离原纬度线的距离也越大。而在赤道并未发生偏转，这是因为赤道上科里奥利力沿垂直地表的方向，没有水平分量，即地转偏向力为零。

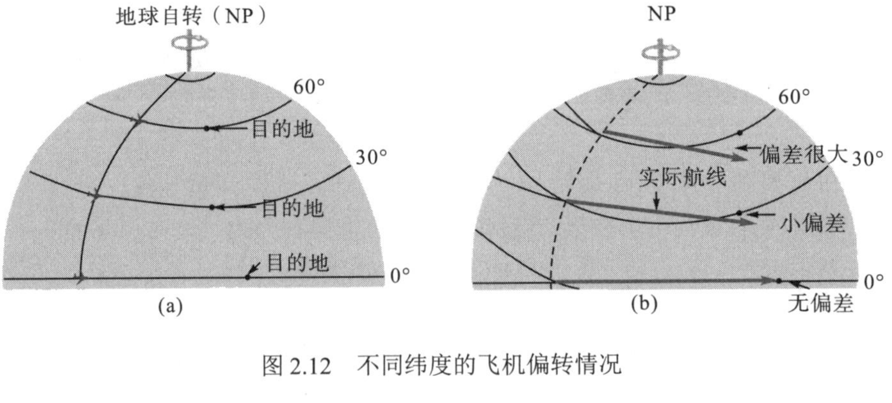


图 2.12　不同纬度的飞机偏转情况

因而，我们可以总结出地转偏向力的作用规律(图 2.13)：

(1) 永远与物体运动方向垂直，北半球向右偏，南半球向左偏，赤道不偏。

(2) 物体运动速度越快，地转偏向力越大，物体纬度越高，地转偏向力越大。

在分析地转偏向力的方向时，我们可以利用自己的双手来判断。北半球用右手，南半球用左手。手心向上，拇指与手掌呈 90°，其他四指指向物体运动方向，拇指所示方向就是地转偏向力的方向。

风是空气在地表的水平运动，因此也一定受到地转偏向力的作用，下面我们来分析其运动方程。

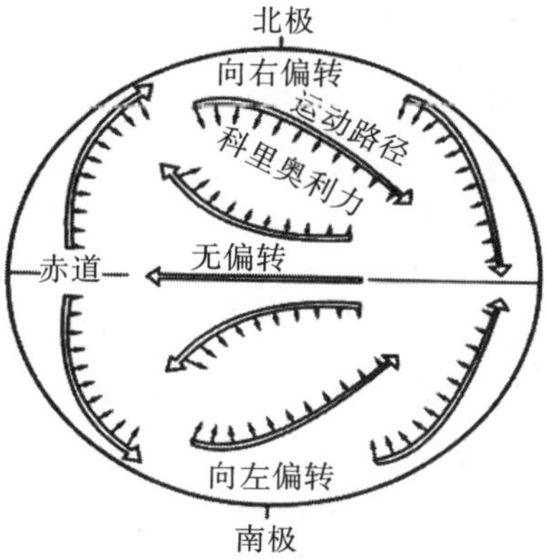


图 2.13　地转偏向力的作用规律

## 2.3.2　运动方程

由牛顿第二定律可知，气流运动满足动量方程：

$$\rho\frac{\mathrm{d}\boldsymbol{V}}{\mathrm{d}t}=\boldsymbol{F} \tag{2-5}$$

式中，$\rho$ 为空气密度，$kg/m^3$；$\boldsymbol{V}$ 为空气粒子的速度矢量，m/s；$\boldsymbol{F}$ 为作用在空气粒子上的外力矢量，N。

为分析地表某点 $O$ 的大气运动，可以在 $O$ 点建立随地球旋转的动坐标系 $OXYZ$，如图 2.14 所示。相对于该坐标系的运动速度矢量以下标 r 表示，即 $\boldsymbol{V}_{\mathrm{r}}$。为讨论地球自转的科里奥利加速度影响，需要在 $O$ 点建立一个在空间位置固定下来的绝对坐标系 $OX_{\mathrm{a}}Y_{\mathrm{a}}Z_{\mathrm{a}}$，大气对该坐标系的速度矢量为 $\boldsymbol{V}_{\mathrm{a}}$。由绝对坐标系表示的大气运动惯性力项为 $\rho\frac{\mathrm{d}\boldsymbol{V}_{\mathrm{a}}}{\mathrm{d}t}$，于是，动量方程可写成如下的形式：

$$\rho\frac{\mathrm{d}\boldsymbol{V}_{\mathrm{a}}}{\mathrm{d}t}=\rho\left[\frac{\mathrm{d}\boldsymbol{V}_{\mathrm{r}}}{\mathrm{d}t}+2\boldsymbol{\omega}\times\boldsymbol{V}_{\mathrm{r}}+\boldsymbol{\omega}\times(\boldsymbol{\omega}\times\boldsymbol{r})\right]=-\nabla p+\rho\boldsymbol{g}_{\mathrm{a}}+\boldsymbol{F}_{\mathrm{R}} \tag{2-6}$$

其中，

$$\boldsymbol{\omega}\times(\boldsymbol{\omega}\times\boldsymbol{r})=-\omega^2\boldsymbol{r}' \tag{2-7}$$

$$\boldsymbol{g}_{\mathrm{a}}=-\frac{GM}{r^3}\boldsymbol{r} \tag{2-8}$$

式中，$\boldsymbol{V}_a$ 为绝对速度，m/s；$\boldsymbol{V}_r$ 为相对速度，m/s；$t$ 为时间，s；$\boldsymbol{\omega}$ 为地球自转的角速度矢量，$\boldsymbol{\omega}=7.292\times10^{-5}\mathrm{rad\cdot s^{-1}}$；$-\nabla p$ 为单位体积的气压梯度力，$\mathrm{N/m^3}$；$\boldsymbol{g}_a$ 为地球对空气产生的引力加速度，$\mathrm{m/s^2}$；$\boldsymbol{F}_R$ 为其他对单位体积空气的作用力，$\mathrm{N/m^3}$；$\boldsymbol{r}'$ 为地表 $O$ 点所在纬圈的半径矢量，m，如图 2.15 所示；$G$ 为引力常数，$G=6.67\times10^{-11}\mathrm{N\cdot m^2/kg^2}$；$M$ 为地球质量，$M=5.976\times10^{24}\mathrm{kg}$；$r$ 为地球平均半径，$r=6371\mathrm{km}$。

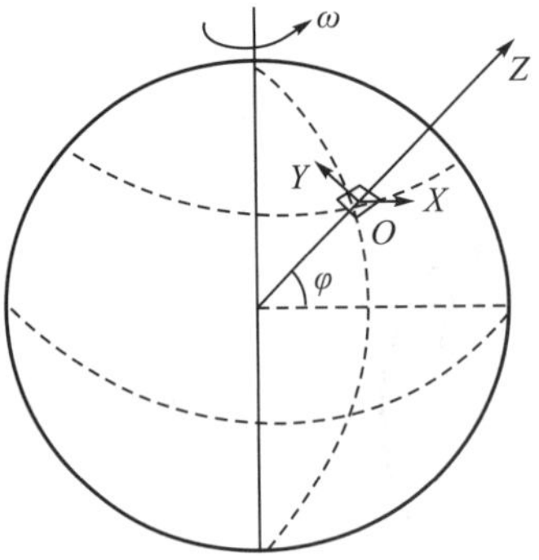

图 2.14　坐标系 $OXYZ$

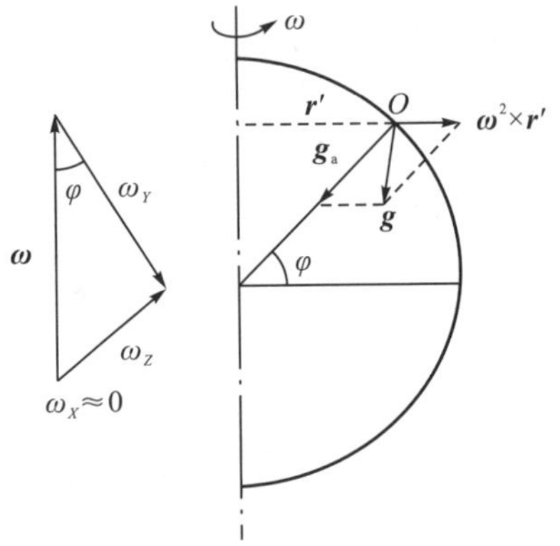

图 2.15　离心力

式(2-6)中括号内各项表示单位质量的惯性力，它们依次为相对加速度项 $\dfrac{\mathrm{d}\boldsymbol{V}_r}{\mathrm{d}t}$，科里奥利加速度项 $2\boldsymbol{\omega}\times\boldsymbol{V}_r$，以及由地球自转引起的离心力项 $\boldsymbol{\omega}\times(\boldsymbol{\omega}\times\boldsymbol{r})$。$\boldsymbol{g}_a+\boldsymbol{\omega}^2\boldsymbol{r}'-2\boldsymbol{\omega}\times\boldsymbol{V}_r$ 构成有效重力加速度 $\boldsymbol{g}$。

于是气流方程可写为

$$\rho\frac{\mathrm{d}\boldsymbol{V}_r}{\mathrm{d}t}=-\nabla p+\rho\boldsymbol{g}+\boldsymbol{F}_R \tag{2-9}$$

若以球坐标表示气压梯度力 $-\nabla p$，则有

$$-\nabla p=-\frac{\partial p}{r\cos\varphi\partial\theta}\boldsymbol{i}+\frac{\partial p}{r\cdot\partial\varphi}\boldsymbol{j}+\frac{\partial p}{\partial r}\boldsymbol{k} \tag{2-10}$$

式中，$\varphi$ 为地表 $O$ 点所在的纬度；$\theta$ 为地表 $O$ 点所在的经度；$r$ 为地球半径，m；$p$ 为气压，Pa。

由于气流运动方程中科里奥利加速度在大气运动中起着重要作用，下面简单阐明一下式(2-6)中科里奥利加速度项和离心力项的导出过程。

设在旋转坐标系中有不变的矢量 $\boldsymbol{A}$，其起点和终点分别为 $a_1$ 和 $a_2$，如图 2.16 所示。相应的位置矢量分布为 $\boldsymbol{r}_1$ 和 $\boldsymbol{r}_2$。隔 $\Delta t$ 时间后，从旋转坐标系看 $\boldsymbol{A}$ 没有变化，但从绝对坐标系(固定坐标系)看，由于动坐标系以角速度 $\omega$ 旋转，矢量 $\boldsymbol{A}$ 已到 $\boldsymbol{A}'$位置，相应的位置矢量分别为 $\boldsymbol{r}_1'$ 和 $\boldsymbol{r}_2'$，且 $\boldsymbol{r}_1'=\boldsymbol{r}_1+\boldsymbol{\omega}\times\boldsymbol{r}_1\Delta t$，$\boldsymbol{r}_2'=\boldsymbol{r}_2+\boldsymbol{\omega}\times\boldsymbol{r}_2\Delta t$。由此得到固定坐标系中的矢量 $\boldsymbol{A}'$为

$$\boldsymbol{A}'=\boldsymbol{r}_2'-\boldsymbol{r}_1'=(\boldsymbol{r}_2-\boldsymbol{r}_1)+\boldsymbol{\omega}\times(\boldsymbol{r}_2-\boldsymbol{r}_1)\Delta t=\boldsymbol{A}+\boldsymbol{\omega}\times\boldsymbol{A}\cdot\Delta t \tag{2-11}$$

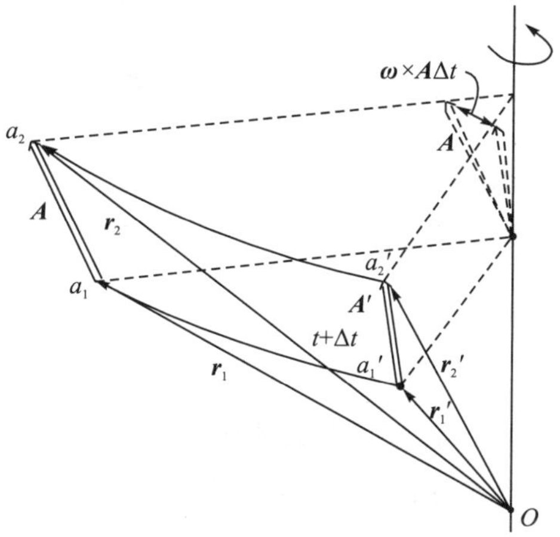


图 2.16　矢量分析

假如从惯性坐标系看$\Delta t$ 时间后矢量 $\boldsymbol{A}$ 变为矢量 $\boldsymbol{B}$，则其变化为 $\boldsymbol{B}-\boldsymbol{A}$，那么从旋转坐标系看$\Delta t$ 时间后的矢量差为 $\boldsymbol{B}-\boldsymbol{A}'$，即

$$\boldsymbol{B}-\boldsymbol{A}'=\boldsymbol{B}-(\boldsymbol{A}+\boldsymbol{\omega}\times\boldsymbol{A}\cdot\Delta t) \tag{2-12}$$

由此得固定坐标系和旋转坐标系中矢量 $\boldsymbol{A}$ 的变化率分别为

$$\left(\frac{\mathrm{d}\boldsymbol{A}}{\mathrm{d}t}\right)_{\mathrm{a}}=\lim_{\Delta t\to 0}\frac{\boldsymbol{B}-\boldsymbol{A}}{\Delta t} \tag{2-13}$$

$$\left(\frac{\mathrm{d}\boldsymbol{A}}{\mathrm{d}t}\right)_{\mathrm{r}}=\lim_{\Delta t\to 0}\frac{\boldsymbol{B}-(\boldsymbol{A}+\boldsymbol{\omega}\times\boldsymbol{A}\cdot\Delta t)}{\Delta t}=\lim_{\Delta t\to 0}\frac{\boldsymbol{B}-\boldsymbol{A}}{\Delta t}-\boldsymbol{\omega}\times\boldsymbol{A} \tag{2-14}$$

于是，可得固定坐标系与旋转坐标系间矢量变化率的关系为

$$\left(\frac{\mathrm{d}\boldsymbol{A}}{\mathrm{d}t}\right)_{\mathrm{a}}=\left(\frac{\mathrm{d}\boldsymbol{A}}{\mathrm{d}t}\right)_{\mathrm{r}}+\boldsymbol{\omega}\times\boldsymbol{A} \tag{2-15}$$

若用位置矢量 $\boldsymbol{r}$ 替代矢量 $\boldsymbol{A}$，则式(2-15)可写为

$$\boldsymbol{V}_{\mathrm{a}}=\boldsymbol{V}_{\mathrm{r}}+\boldsymbol{\omega}\times\boldsymbol{r} \tag{2-16}$$

参照关系式(2-15)，$\boldsymbol{V}_{\mathrm{a}}$ 的变化率应该为

$$\left(\frac{\mathrm{d}\boldsymbol{V}_{\mathrm{a}}}{\mathrm{d}t}\right)_{\mathrm{a}}=\left(\frac{\mathrm{d}\boldsymbol{V}_{\mathrm{a}}}{\mathrm{d}t}\right)_{\mathrm{r}}+\boldsymbol{\omega}\times\boldsymbol{V}_{\mathrm{a}} \tag{2-17}$$

将式(2-16)代入，得

$$\left(\frac{\mathrm{d}\boldsymbol{V}_{\mathrm{a}}}{\mathrm{d}t}\right)_{\mathrm{r}}=\left(\frac{\mathrm{d}\boldsymbol{V}_{\mathrm{r}}}{\mathrm{d}t}\right)_{\mathrm{r}}+\left(\boldsymbol{\omega}\times\frac{\mathrm{d}\boldsymbol{r}}{\mathrm{d}t}\right)_{\mathrm{r}}=\left(\frac{\mathrm{d}\boldsymbol{V}_{\mathrm{r}}}{\mathrm{d}t}\right)_{\mathrm{r}}+\boldsymbol{\omega}\times\boldsymbol{V}_{\mathrm{r}} \tag{2-18}$$

$$\boldsymbol{\omega}\times\boldsymbol{V}_{\mathrm{a}}=\boldsymbol{\omega}\times\left(\boldsymbol{V}_{\mathrm{r}}+\boldsymbol{\omega}\times\boldsymbol{r}\right)=\boldsymbol{\omega}\times\boldsymbol{V}_{\mathrm{r}}+\boldsymbol{\omega}\times\left(\boldsymbol{\omega}\times\boldsymbol{r}\right) \tag{2-19}$$

所以：

$$\left(\frac{\mathrm{d}\boldsymbol{V}_{\mathrm{a}}}{\mathrm{d}t}\right)_{\mathrm{a}}=\left(\frac{\mathrm{d}\boldsymbol{V}_{\mathrm{r}}}{\mathrm{d}t}\right)_{\mathrm{r}}+2\boldsymbol{\omega}\times\boldsymbol{V}_{\mathrm{r}}+\boldsymbol{\omega}\times\left(\boldsymbol{\omega}\times\boldsymbol{r}\right) \tag{2-20}$$

式(2-20)中，$2\boldsymbol{\omega}\times\boldsymbol{V}_{\mathrm{r}}$ 为科里奥利加速度项；$\boldsymbol{\omega}\times\left(\boldsymbol{\omega}\times\boldsymbol{r}\right)$ 为离心加速度项。于是式(2-6)得证。

# 2.4 风的类型

根据形成风后气流所受的作用力，可以将风分为地转风、梯度风、海面(地面)风等。

## 2.4.1 地转风

地转风是指在自由大气层中等压线平直的风场内形成的风，气流仅受到水平气压梯度力和地转偏向力的作用，既不存在加速度，惯性离心力也不起作用。

如图 2.17 所示，当有了气压梯度之后，空气要从高压($p_1$)向低压($p_2$)流动，但一旦有运动，就会受到地转偏向力的作用，北半球使运动方向向右偏，随着运动方向的改变，地转偏向力的方向也在改变(北半球地转偏向力的方向永远垂直于运动方向所指的右方)。最终，水平气压梯度力和地转偏向力可能达到平衡，气流运动方向与等压线平行。所以，地转风是自由大气中水平气压梯度力和地转偏向力相平衡时的空气的水平运动。这里需要注意的是地转风达到平衡运动前经历了弧线运动，存在离心力的作用，但由于曲率半径很大，离心力相对很小，故忽略其影响。

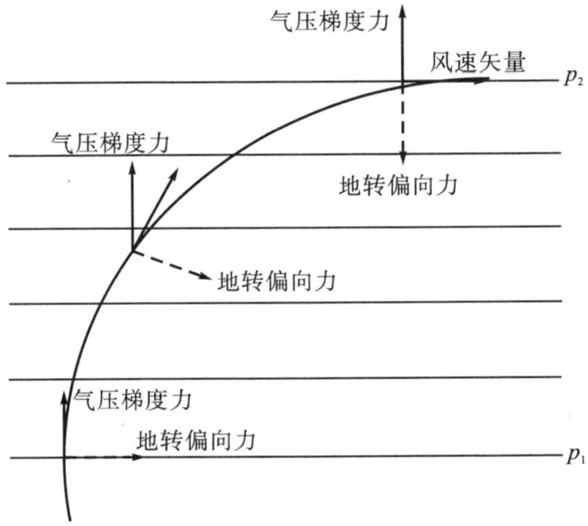


图 2.17 地转风的形成

我们通常认为高度大于 0.5～1.0km 高空中的大气为自由大气(冬季大于 0.5km，夏季大于 1.0km)。而实际上既要满足自由大气(不考虑摩擦力)又要满足等压线是完美直线(不考虑惯性离心力)的状况在自然界中很少出现。

## 2.4.2 梯度风

梯度风是指在气旋效应显著、等压线弯曲的风场内，不考虑摩擦力作用形成的风。

若地转风出现在弯曲的气压场中，风应该做等速曲线运动。然而，曲线运动轨道有一定的半径，所以风在运动时，除受气压梯度力和地转偏向力作用外，还要受到惯性离心力的作用，当这三个力作用平衡时(有效分力为零)，风将沿等压曲线做惯性等速曲线运动，这就是梯度风，如图 2.18 所示。凹凸程度不同的气压曲线，梯度风受到的离心力方向也不一样。

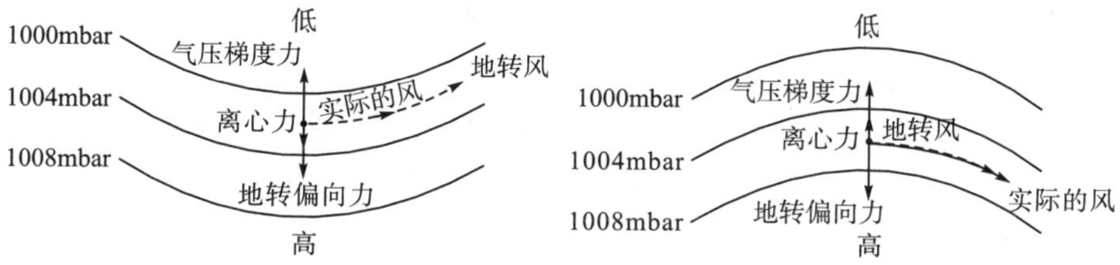


图 2.18　梯度风

在高空自由大气里，梯度风应近似地沿着闭合等压线的“河道”环向流转，在北半球，在高气压区(H)以顺时针方向流转，而在低气压区(L)以逆时针方向流转，如图 2.19 所示，南半球方向相反。

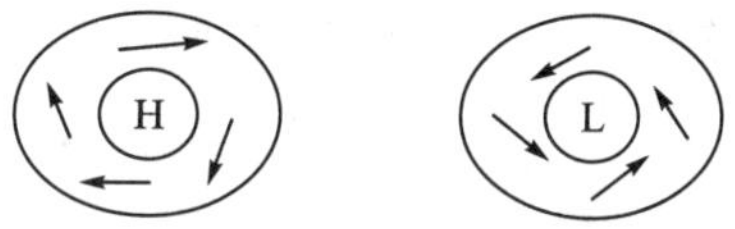


图 2.19　北半球高空梯度风

### 2.4.3　海面风

我们不仅要考虑高空大气的运动，还应更多关注近地面/海面风的流动。海面风是考虑了摩擦力和海面垂直对流影响的风。如图 2.20 所示，在平直的等压线气压场中，海面风同时受到气压梯度力、地转偏向力和摩擦力的作用，运动方向既不平行于等压线，也不垂直于等压线，而是存在一定的偏转角。

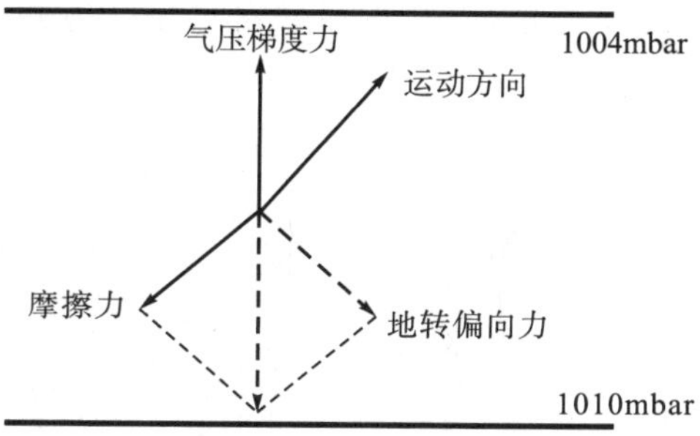


图 2.20　海面风

图 2.21 体现了平直等压线气压场中梯度风(或地转风)与海面风的区别，分别对应不考虑摩擦力的高空自由风和考虑摩擦力的近地面/海面风。

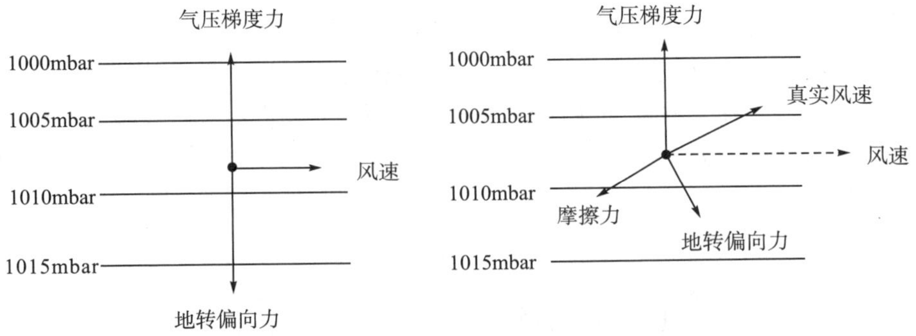


(a) 无摩擦时（高空自由风） (b) 有摩擦时（近地面/海面风）

图 2.21 梯度风与海面风的比较

对于弯曲闭合的等压线气压场，北半球近地面/海面的低气压区内，风将一面以逆时针方向流转，一面向低压中心区域汇流辐合进去，形成逆时针向内流的螺旋式气流，又称气旋；而在高气压区，风将一面以顺时针方向流转，一面向周围气压低的地方辐散开来，形成顺时针向外流的螺旋式气流，又称反气旋，如图 2.22 所示。

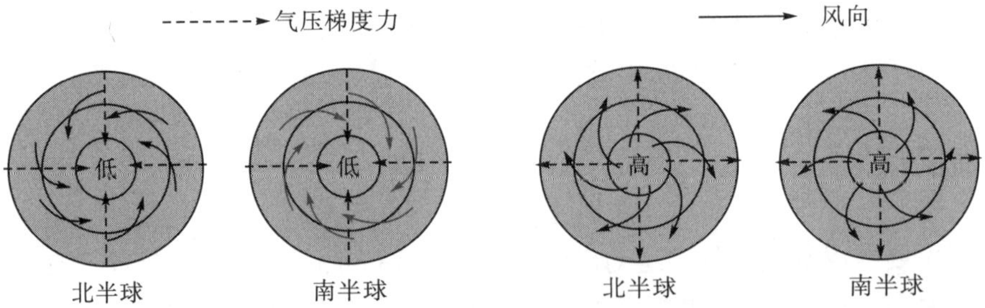


图 2.22 近地面/海面风形成的气旋和反气旋

图 2.23 为某一时间某地区的地面和高空气压场及风向，图中可以清晰地看到地面低气压区的逆时针辐合内旋和高气压区的顺时针辐散外旋，以及高空中与等压线“河道”平行的梯度风。

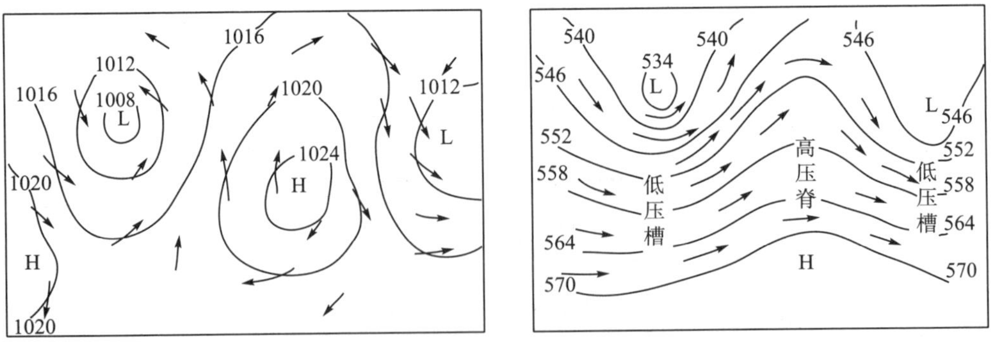


图 2.23 某一时间某地区的地面和高空气压场(单位：mbar)及风向

### 2.4.4　台风

另有一种极端的气旋——台风，它是热带海洋上空形成的急速旋转的低压气旋(北半球地区呈逆时针方向旋转，南半球则为顺时针方向)，如图 2.24 所示。按世界气象组织定义：热带气旋中心持续风速达到 12 级(即 32.7m/s 或以上)称为飓风或台风。北大西洋及东太平洋使用“飓风”称谓，而北太平洋西部(赤道以北，东经 100°以东，国际日期变更线以西)使用“台风”称谓。

图 2.24　台风

1989 年起，我国采用国际热带气旋名称和等级标准。我国对发生在北太平洋西部和南海的热带气旋，根据国际惯例，依据其中心最大风力分为六个等级：

(1) 热带低压(tropical depression)，最大风速为 10.8～17.1m/s(风力 6～7 级)。

(2) 热带风暴(tropical storm)，最大风速为 17.2～24.4m/s(风力 8～9 级)。

(3) 强热带风暴(severe tropical storm)，最大风速为 24.5～32.6m/s(风力 10～11 级)。

(4) 台风(typhoon)，最大风速为 32.7～41.4m/s(风力 12～13 级)。

(5) 强台风(severe typhoon)，最大风速为 41.5～50.9m/s(风力 14～15 级)。

(6) 超强台风(super typhoon)，最大风速大于等于 51.0m/s(风力 16 级及以上)。

这里我们将台风、强台风和超强台风统称为台风。如图 2.25 所示，台风为近似圆形的逆时针气旋(北半球)，风速沿径向变化可分为外、中、内三圈：

(1) 外圈自台风边缘至台风最大风速区的外缘，半径为 200～300km，圈内风速里大外小。

(2) 中圈从风眼壁至最大风速区外缘，半径约为 100km，又称为气流急剧旋转区。

(3) 内圈为台风风眼壁圈，半径为 5～30km，该区域内风速自外向内迅速递减，直至为 0m/s，内圈又称为风眼。

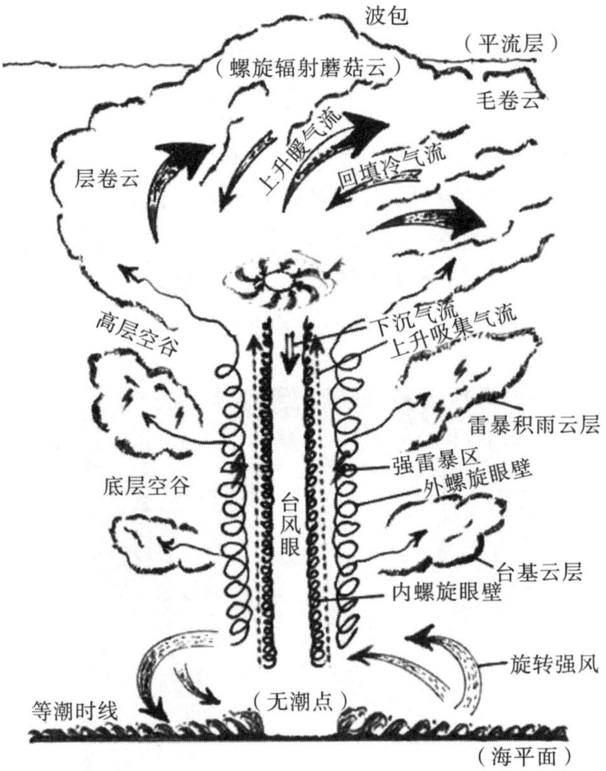


图 2.25 台风结构

台风沿径向的风速、风压及风圈结构示意图如图 2.26 所示。内圈气压最低，中心处风速为零。由台风中心至中圈外缘，风速逐渐增至最大，气压也相应升高。外圈风速逐渐降低，气压继续上升，直至风速与气压和台风边缘外大气相等。

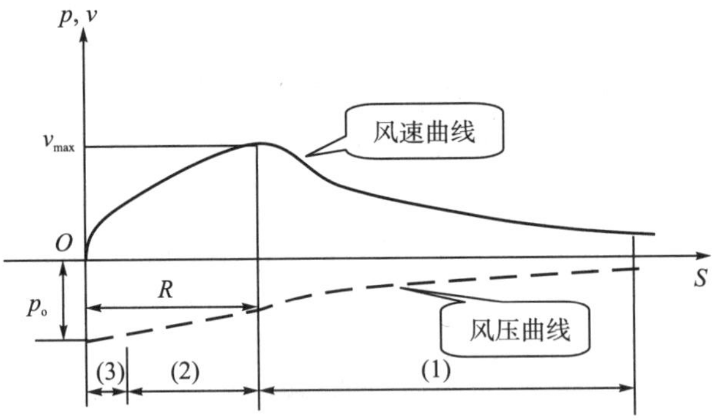


图 2.26 台风沿径向的风速、风压及风圈结构示意图

(1) 为外圈；(2) 为中圈；(3) 为内圈；$S$ 为距离台风中心的水平距离

台风气旋中心的移动速度为台风的移动速度，在受到大气层及地面的摩擦作用时，台风能量会逐渐衰减，移动速度也将减小，并最终消失，台风的生命期通常为 3～

8 天。北半球的台风有向西北方向移动的趋势，如 2006 年的台风“桑美”和 2018 年的台风“山竹”等。

下面我们分析一下北半球台风为什么会出现这样的运动趋势。按气象学的假设，台风风场可以看作近似圆形的低压系统，低压系统笼罩着地球表面 $A$、$B$、$C$、$D$ 圈闭的范围，如图 2.27 所示，该范围内大气的运动由两种流态组合而成。其一是气旋型流态，如图 2.27(a)所示，$A$、$B$、$C$、$D$ 点的流速方向与圆相切，各点地转偏向力因纬度不同而有差异，$A$ 点因纬度高，地转偏向力 $F_A>F_C$，使台风受一向北的内力。而图 2.27(b)是台风风场中第二种流态，为辐合流态，气流流向风场中心，这种流态是大气层内流体摩擦造成的。相对这种流态，各点地转偏向力偏向流向的右方，因 $A$、$C$ 两点地转偏向力方向不同、大小不等($F_A>F_C$)，从而使台风风场含有向西的内力。在两种流态内力组合下，使整个台风风场有向西北移动的趋势。

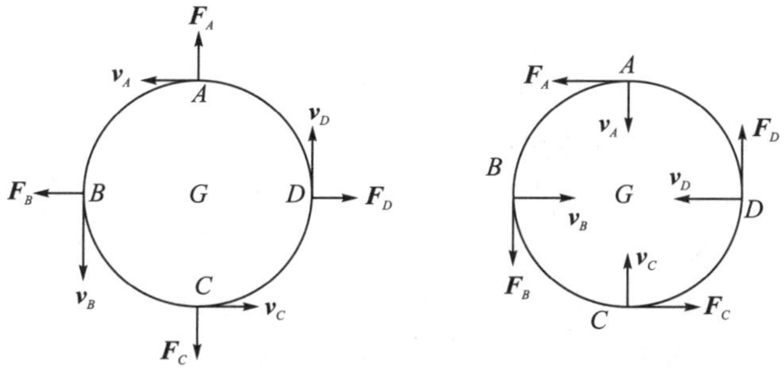


图 2.27　台风低压系统中的两种流态及受力

台风区内的气压分布普遍采用日本学者藤田在 1952 年提出的公式：

$$p = p_\infty - \frac{\Delta p_o}{\sqrt{1+\left(r/r_o\right)^2}} \tag{2-21}$$

式中，$p$ 为台风区内某点的气压，mbar；$p_\infty$为台风外围气压，可用最外圈闭合等压线的气压值代替，mbar；$\Delta p_o$为台风外围气压与中心气压 $p_c$ 之差，mbar；$r$ 为台风区内某点距台风中心的距离，km；$r_o$为台风中心附近最大风速点与台风中心的距离，km。

如果在台风区内有一测站的气压值为已知($p$ 为已知)，台风外围气压值 $p_\infty$及中心气压值 $p_c$亦为已知，则可由天气图上量出该测站与台风中心的距离 $r$。将以上数值代入式(2-21)，得出常数 $r_o$：

$$r_o = \frac{r}{\sqrt{\left(\frac{\Delta p_o}{p_\infty - p}\right)^2 - 1}} \tag{2-22}$$

获得 $r_o$ 后，再代入式(2-21)，即可算出台风区内任意点的气压值，并由此获得台风区内的气压分布。

台风区内距中心 $r$ 的某点风速为

$$u = -\omega r \sin\varphi + \sqrt{(\omega r \sin\varphi)^2 + \frac{r\mathrm{d}p}{\rho \mathrm{d}r}} \tag{2-23}$$

式中，$\omega$ 为地球自转角速度，取 $7.292\times10^{-5}\mathrm{rad\cdot s^{-1}}$；$\varphi$ 为纬度；$\rho$ 为空气密度，$\mathrm{kg/m^3}$。

## 2.5 风的描述

为区分风来自何处及其大小，通常选用风向、风级来进行描述。

### 2.5.1 风向

风向表示风的来向，气象上用 16 个方位来表示。即 N(北)、NNE(东北偏北)、NE(东北)、ENE(东北偏东)、E(东)、ESE(东南偏东)、SE(东南)、SSE(东南偏南)、S(南)、SSW(西南偏南)、SW(西南)、WSW(西南偏西)、W(西)、WNW(西北偏西)、NW(西北)、NNW(西北偏北)，如图 2.28 所示，有的也用 0°～360°方位度数表示。

风向总是随季节和时日发生着改变，这对结构物受力有着不同的影响。为表示各个方向的风速和出现的相对次数(频率)情况，通常用“风玫瑰图”来描述它们的方向特性，如图 2.29 所示。风玫瑰图又称风向频率图或风况图，表示的是风在各个方向的强弱和出现次数。将某海域的风速观测资料按季节、年度或多年进行各个方向风速及出现次数的统计，并与观测总次数相比得到各方向出现频率，将各风速范围的出现频率按比例在各个方位上标出，同风速范围的各方位频率点直线相连，就可得到该海域的风玫瑰图。

风玫瑰图有助于找出某一海域的常风向(风速出现频率最多的风向，如图 2.29 所示的 NNW 方向)与强风向(出现最大风速的方向，如图 2.29 所示的 NNE 方向)，并反映了该海域出现的风速与风向等风况特征。

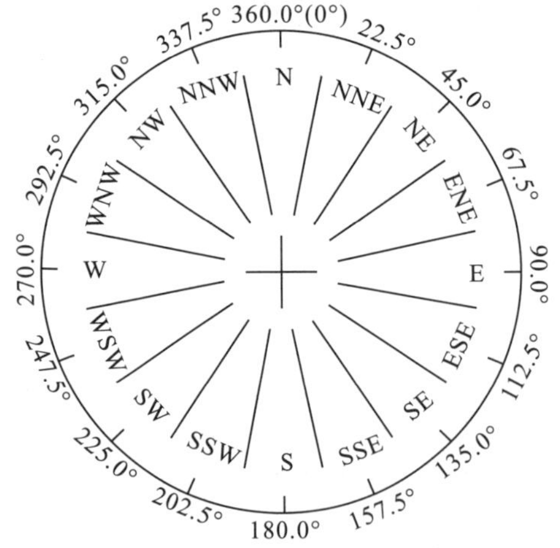


图 2.28 风向方位图

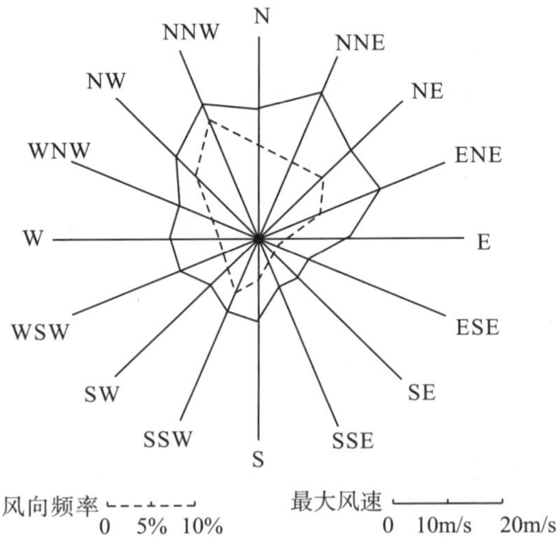


图 2.29 风玫瑰图

风向在天气形势图上还常用风向矢杆及尾部的风速标记来表示，如图 2.30 所示，风向矢杆指向风的来向(图中为 NNE 方向)，风向矢杆上的风速标记有：小旗(20m/s)、长划(4m/s)、短划(2m/s)。

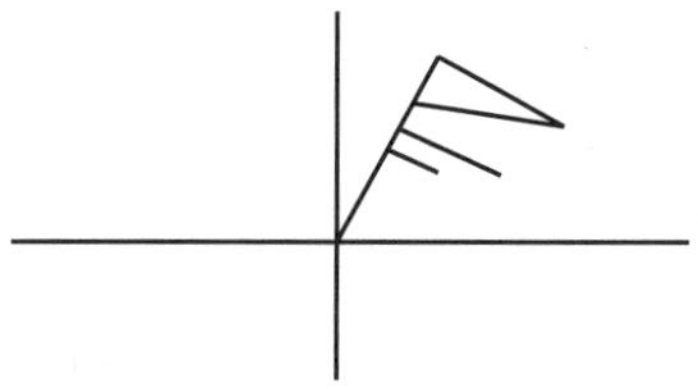

图 2.30　风向矢杆及尾部的风速标记

## 2.5.2　风级

风力强度一般用风级来表示。一千多年以前的我国唐代，人们除了记载晴、阴、雨、雪等天气现象，已有了对风力的估算。尽管当时还没有发明测定风速的精确仪器，但人们已经能够根据风作用于物体的征状，估算出风的移动速度并制定了风力等级。

《观象玩占》里就有这样的记载：“动叶十里，鸣条百里，摇枝二百里，落叶三百里，折小枝四百里，折大枝五百里，走石千里，拔大根三千里。”这是根据风对树产生的作用来估计风的速度，“动叶十里”就是说树叶微微飘动，风的速度就是日行十里；“鸣条”就是说树叶沙沙作响，风的速度就是日行百里。

另外，人们还根据树的征状制定了一些风级，如《乙巳占》中所说：“一级动叶，二级鸣条，三级摇枝，四级坠叶，五级折小枝，六级折大枝，七级折木，飞沙石，八级拔大树及根。”这八级风，再加上“无风”“和风”(风来时清凉、温和、尘埃不起叫和风)两级，可合为十级。这些风的等级与国外传入的等级相差不大，可以说是世界上最早对风力等级的记录。

200 多年以前，仍没有测量风力的仪器，也没有统一规定，各国都按自己的方法来表示。当时英国有一个叫蒲福的人，他仔细观察了陆地和海洋上各种物体在大小不同的风力作用下的反应，积累了 50 年的经验，才在 1805 年把风力划分成 13 个等级。后来，又经过研究补充，把原来的说明解释得更为清楚，并增添了每级风的速度，且为了方便确定风力强度，改为采用 10m 高处的风速来表示风级。现在的蒲福风力表已是国际上统一使用的风力等级表，发展有 18 个等级，在日常海浪气象广播预报中经常使用，如表 2.1 所示。

表 2.1　风力等级及其名称

| 等级 | 名称 | 海面浪高/m | | 海面和渔船征状 | 陆上物体征状 | 相当于空旷平地上标准高度 10m 处的风速/(m/s) |
|---|---|---|---|---|---|---|
| | | 一般 | 最高 | | | |
| 0 | 静风 | — | — | 静 | 静，烟直上 | 0.0～0.2 |
| 1 | 软风 | 0.1 | 0.1 | 渔船略觉摇动 | 烟能表示风向，但风向标不动 | 0.3～1.5 |

续表

| 等级 | 名称 | 海面浪高/m | | 海面和渔船征状 | 陆上物体征状 | 相当于空旷平地上标准高度10m处的风速/(m/s) |
|---|---|---|---|---|---|---|
| | | 一般 | 最高 | | | |
| 2 | 轻风 | 0.2 | 0.3 | 渔船张帆时，每小时可随风移行2～3km | 人面感觉有风，树叶微响，旗子风向标能转动 | 1.6～3.3 |
| 3 | 微风 | 0.6 | 1.0 | 渔船渐觉颠簸，每小时可随风移行5～6km | 树叶及小枝摇动不息，旗子展开 | 3.4～5.4 |
| 4 | 和风 | 1.0 | 1.5 | 渔船满帆时，可使船身倾于一侧 | 能吹起地面灰尘和纸张，树枝摇动 | 5.5～7.9 |
| 5 | 清劲风 | 2.0 | 2.5 | 渔船缩帆 | 有叶的小树摇摆，内陆的水面有小波 | 8.0～10.7 |
| 6 | 强风 | 3.0 | 4.0 | 渔船加倍缩帆，捕鱼需注意风险 | 大树枝摇动，电线呼呼有声，撑伞困难 | 10.8～13.8 |
| 7 | 疾风 | 4.0 | 5.5 | 渔船停泊港中，在海者下锚 | 全树摇，迎风步行不便 | 13.9～17.1 |
| 8 | 大风 | 5.5 | 7.5 | 进港的渔船皆停留不出 | 微枝折毁，人行向前感觉阻力甚大 | 17.2～20.7 |
| 9 | 烈风 | 7.0 | 10.0 | 汽船航行困难 | 建筑物有小损，烟囱顶部及平屋摇动 | 20.8～24.4 |
| 10 | 狂风 | 9.0 | 12.5 | 汽船航行颇危险 | 陆上少见，可将树木拔起或使建筑物损坏严重 | 24.5～28.4 |
| 11 | 暴风 | 11.5 | 16.0 | 汽船遇之极危险 | 陆上很少，大树被吹倒，建筑物严重损坏 | 28.5～32.6 |
| 12 | 台风/飓风 | 14.0 | — | 海浪滔天 | 陆上绝少，摧毁力极大 | 32.7～36.9 |
| 13 | — | — | — | — | — | 37.0～41.4 |
| 14 | — | — | — | — | — | 41.5～46.1 |
| 15 | — | — | — | — | — | 46.2～50.9 |
| 16 | — | — | — | — | — | 51.0～56.0 |
| 17 | — | — | — | — | — | 56.1～61.2 |

## 2.6 风速计算

明确了风的描述后，为计算一定等级的风作用在海洋工程结构物上的载荷，需要先确定其速度分布。

### 2.6.1 地转风速计算

地转风为距地表 1.0km 以上的气流，基本不受地球表面摩擦阻力的影响，且气流内部紊动阻力的量级也相对较小而可忽略不计。这里考虑同一高度平面(平行于地球表面)的风速，可将运动方程式(2-6)化简为

$$\rho\left[\frac{\mathrm{d}\boldsymbol{V}_{\mathrm{r}}}{\mathrm{d}t}+2\boldsymbol{\omega}\times\boldsymbol{V}_{\mathrm{r}}\right]=-\nabla p \tag{2-24}$$

若风场稳定，相对于地球表面运动的气流速度 $\boldsymbol{V}_{\mathrm{r}}$ 不随时间而变化，$\frac{\mathrm{d}\boldsymbol{V}_{\mathrm{r}}}{\mathrm{d}t}=0$，将此时的风速 $\boldsymbol{V}_{\mathrm{r}}$ 记为 $\boldsymbol{V}_{\mathrm{g}}$（下标 g 表示地转风）。

若在地球表面上 $O$ 点建立坐标系，其 $x$ 轴指向东，$y$ 轴指向北，则矢量积 $2\boldsymbol{\omega}\times\boldsymbol{V}_{\mathrm{g}}$ 在

$x$ 和 $y$ 向的分量分别为 $-2\omega v_g \sin\varphi$ 和 $2\omega u_g \sin\varphi$，其中，$\varphi$ 为 $O$ 点的纬度，$u_g$、$v_g$ 分别为速度 $\boldsymbol{V}_g$ 在 $x$、$y$ 向的分量。于是式(2-24)可化为

$$\begin{cases} u_g = -\dfrac{1}{2\rho\omega\sin\varphi}\dfrac{\partial p}{\partial y} \\ v_g = \dfrac{1}{2\rho\omega\sin\varphi}\dfrac{\partial p}{\partial x} \end{cases} \tag{2-25}$$

则地转风速为

$$\boldsymbol{V}_g = \frac{1}{2\rho\omega\sin\varphi}\frac{\partial p}{\partial S} \tag{2-26}$$

式中，$\rho$ 为空气密度，kg/m$^3$，一般为 1.160～1.205kg/m$^3$；$p$ 为压强，Pa；$S$ 为等压线之间的距离，m；$\dfrac{\partial p}{\partial S}$ 这里恒为正值。

地转风速的方向在北半球（$\varphi>0$ 的地区）偏向气压梯度力的右方，南半球则偏向左方，且与等压线平行，如图 2.31 所示。

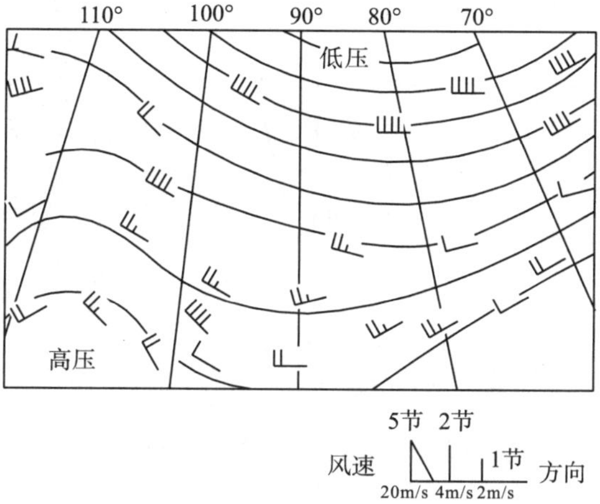


图 2.31　地转风速风向

1 节≈0.514m/s

例 2-1　求北纬 30°地区气压差为每公里 0.04mbar 条件下的地转风速 $V_g$，当地空气密度取 1.205kg/m$^3$。

解：

$$\frac{\partial p}{\partial S} = \frac{0.04\times10^2}{10^3} = 4\times10^{-3}\,\text{Pa/m}$$

$$V_g = \frac{4\times10^{-3}}{2\times1.205\times7.29\times10^{-5}\cdot\sin30^\circ} \approx 45.54\text{m/s}$$

## 2.6.2　梯度风速计算

地转风要求等压线是平直的，但实际上大多数等压线是围绕某一低压（或高压）中心

的曲线。当空气质点顺着等压线做曲线运动时，其运动方程还需要考虑离心力 $F_i$（$F_i = V^2 / R$）。

此时，运动方程可写为

$$2V_{gr}\omega\sin\varphi \pm \frac{V_{gr}^2}{R} = -\frac{1}{\rho}\nabla p \tag{2-27}$$

式中，$V_{gr}$ 为梯度风速，m/s；$R$ 为运动轨迹的曲率半径，m。

对于围绕低压中心的等压线，$V_{gr}^2 / R$ 取正号，围绕高气压中心时取负号，图 2.32 可用来解释该符号选择的原因。图 2.32(a)为曲率半径 $R\to\infty$的情况(等压线平直，形成的风为地转风)，此时地转偏向力 $F_c$ 与梯度力 $-\nabla p$ 方向相反，地转风速偏向梯度力的右方(北半球)。图 2.32(b)中各等压线围绕一高压中心，$R$ 为一有限值，离心力 $F_i$ 与梯度力 $-\nabla p$ 同向，故梯度风速 $V_{gr}$ 大于地转风速 $V_g$。图 2.32(c)则是围绕一低压中心的等压线，离心力 $F_i$ 与梯度力 $-\nabla p$ 反向，故梯度风速 $V_{gr}$ 小于地转风速 $V_g$。

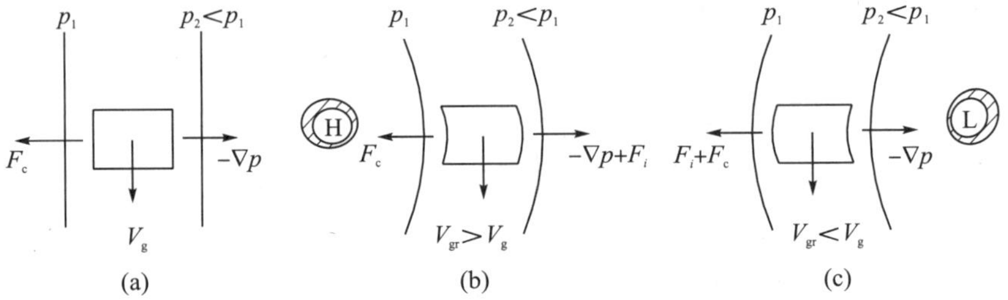


图 2.32　梯度风

因此，梯度风速 $V_{gr}$ 的计算式可写为

$$\begin{cases} \text{高压中心：} V_{gr} = \omega R\sin\varphi - \sqrt{\omega^2 R^2 \sin^2\varphi - \dfrac{R}{\rho}\dfrac{\Delta p}{\Delta S}} \\ \text{低压中心：} V_{gr} = -\omega R\sin\varphi + \sqrt{\omega^2 R^2 \sin^2\varphi + \dfrac{R}{\rho}\dfrac{\Delta p}{\Delta S}} \end{cases} \tag{2-28}$$

关于梯度风速和地转风速的计算，在许多国家已有成套程序。此类程序首先将气象观测台站的气压实测值绘制成全球(或半球)范围的天气形势图，绘制时按几十千米(或几百千米)划成网格，然后按等压线计算风速及风向。天气形势图一般每天绘制 4 张，特殊天气时则增加至每天 8～12 张。由这些连续的天气形势图可分析得到风速的最大值及某些风速的持续时间。

## 2.6.3　海面风速计算

### 2.6.3.1　海面风速与梯度风速、地转风速的关系

近地面气流处于大气边界层，因受地球表面的摩阻效应，风速小于高空梯度风速或地

转风速。通过对大量海上气象台站测得的风速资料与对应天气形势图上采集得到的梯度风速资料对比分析，得出海面实测风速 $V_{sm}$(海面上 10m 处的风速值)与梯度风速 $V_{gr}$ 的关系为

$$V_{sm} = 0.868V_{gr} \tag{2-29}$$

地球表面的大气运动属于大气边界层运动，在该边界层内影响气流运动的除了地球表面起伏不平的粗糙度因素，还有大气的垂向紊动。影响气流垂向紊动的因素很多，但其继续发展主要取决于大气温度的垂直分布，所以海洋上的水、气温差对大气垂直运动的影响很大。据我国海区实测资料统计，海面风速 $V_s$ 与水、气温差$\Delta T$(单位℃)及地转风速 $V_g$ 的经验关系为

$$V_s = (0.01\Delta T + 0.70)V_g \tag{2-30}$$

### 2.6.3.2　埃克曼螺旋

大气边界层中，越近海面，摩阻效应越显著，摩擦阻力越大，风速越小。由于地转偏向力与摩擦力两者的矢量和与梯度力相平衡，所以边界层内的风向随高度不断变化。各不同高度的风速、风向在水平面上的投影，形同螺旋。这种现象首先由埃克曼发现，故称埃克曼螺旋，如图 2.33 所示。

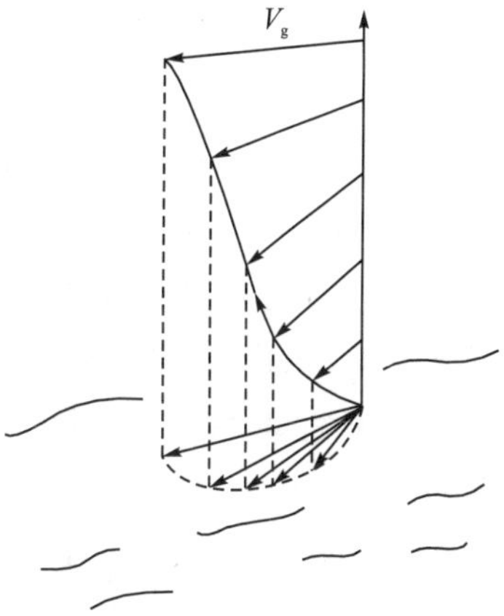

图 2.33　埃克曼螺旋

### 2.6.3.3　海面风速的垂向分布

在 0.5km 高度以下的大气边界层内，由于地表摩擦力的存在，风的能量不断消耗，且距地面越近，风速越小。为了进行必要的风速换算和比较，规定以 10m 高的风速为标准高度风速，其他高度的风速可依据其高度的变化规律换算得到。同时，不同的地貌环境对风速的摩擦作用也不相同，还需要引入反映地面粗糙度的参数。根据实测风速资料，海面/地面风速沿垂向分布接近于对数分布及指数分布两种。

#### 1. 对数分布

对数分布，又称普兰特-冯·卡门紊动流速分布。地球近地表 100m 高度内的风速在垂向的分布符合对数变化规律。高度 $z$ 处的风速 $V_z$ 满足：

$$\frac{V_z}{V_{10}} = \frac{\lg\left(\dfrac{z}{z_0}\right)}{\lg\left(\dfrac{10}{z_0}\right)} \tag{2-31}$$

式中，$V_z$ 为高度 $z$ 处的风速，m/s；$V_{10}$ 为 10m 标准高度处的风速，m/s；$z_0$ 为地面粗糙度，m。

贴近地表的风速接近零，随地面粗糙度的变化而变化，反映了不同地貌对风速的摩擦作用，摩擦作用随地面粗糙程度的增大而增大。通常，对于某个特定的地区，$z_0$ 是常

数，如表 2.2 所示。

表 2.2　地面粗糙度 $z_0$　(单位：m)

| 地面类型 | 海面 | 空旷平坦地面 | 城市 | 大城市中心 |
|---|---|---|---|---|
| $z_0$ | 0.001～0.01 | 0.01～0.1 | 0.1～0.5 | 0.5～2.0 |

$z_0$ 一般略大于地面有效障碍物高度的 1/10，它可以用已知高度 $z$ 处的风速及仪器所测标准高度处的风速值反推得到，按我国实测资料统计，$z_0$ 在我国海域可取 0.003m。

2. **指数分布**

计算高度超过 100m 处的风速时采用指数分布公式：

$$\frac{V_z}{V_{10}}=\left(\frac{z}{10}\right)^m \tag{2-32}$$

其中，指数 $m$ 取决于表面粗糙度及距地表高度 $z$，是表面粗糙度及雷诺数(*Re*)的函数，对于风速较大的开阔海域可取 $m$=1/7，近岸区域可取 $m$=2/7。对于固定式平台，在有阵风时取 $m$=1/13，持续风时取 $m$=1/8。武藤清教授建议对于海面取 $m$=1/8～1/10。美国石油学会(American Petroleum Institute，API)建议取 $m$=1/8。英国劳埃德船级社(British Lloyd's Register of Shipping，BLRS)建议对 10min 平均风速取 $m$=0.13，对 1min 平均风速取 $m$=1/8。

### 2.6.3.4　平均风速与时距修正

平均风速与计算所用时距密切相关，采用不同的时距得到的平均风速也不同，各气象台风速仪的实测风速均为时均速度，但记录的时间可能长短不一。一般而言，时距越长的小风速成分越多，大风速的显著作用则被降低，得到的平均风速也越小。即使是同一地点的历史实测风速资料，也可能在不同时期使用了不同的时距，造成存在不同时距的平均风速。这就要求对不同时距的风速进行统一的换算修正。在我国风载荷计算规范中，一般取 10min 时距为标准时距，其他时距的平均风速需要换算为 10min 时距的风速，换算比值如表 2.3 所示。

表 2.3　不同风速时距换算比值

| 风速时距 | 1h | 10min | 5min | 2min | 1min | 0.5min | 20s | 10s | 5s | 瞬时 |
|---|---|---|---|---|---|---|---|---|---|---|
| 换算比值 | 0.94 | 1.00 | 1.07 | 1.16 | 1.20 | 1.26 | 1.28 | 1.35 | 1.39 | 1.50 |

### 2.6.3.5　最大风速样本及其重现期

1. **最大风速样本**

最大风速样本可取年、月、日中的风速最大值，但不同的取法将带来不同的平均风速数值，并影响设计风速的计算选取。考虑到气候的季节性变化以及海洋工程结构物要求能够承受一年中任何时间最大风速的实际情况，一般应取年最大风速作为样本，这也是各国规范所要求的。

2. **重现期**

在考虑风速设计载荷时，不能简单地取各年最大风速样本的平均值作为设计风速，而应了解具有一定出现概率的最大风速，即依据重现期来确定风速设计值。因为收集到的风速资料可能是几年或几十年的短时间统计资料，而结构物的使用寿命则要求几十年甚至上百年，此时就要研究设计风速的长期分布情况。

设计风速的重现期 $T_R$ 是指该设计风速平均每隔 $T_R$ 年将出现一次，即“多少年一遇”的概率问题，这需要收集多年的风速资料并进行统计分析得到。当然实际情况可能是该最大设计风速在 $T_R$ 年内会出现多次或一次也不会出现。

重现期越长，意味着设计标准越高，抵御更大风速的能力越强，安全保证程度也就越高，当然，工程建造成本也相应越高。世界各国对最大风速的标准选取不同，所以重现期的选择也不相同。在我国，对于一般的结构，$T_R$ 取 30 年，特别重要或特殊结构的重现期可取 100 年。海洋工程结构物常采用 50 年一遇或 100 年一遇的年最大风速作为设计风速，如平台的设计风速重现期一般取不小于 50 年。

年最大风速值是个随机变量，为确定重现期对应的最大风速，需收集和分析多年的历史风速资料，一般要求不小于 15 年。将 $N$ 年最大风速值按从大到小依次排列，计算累积出现次数 $m$ 及其与总次数 $N$ 的比值，即累积出现频率 $P=m/N\times100\%$，依次可计算并绘制出各个风速值对应的多年经验累积频率曲线，对年最大风速的统计分布规律进行描述。

由于实测风速资料的年份有限，要预测更长时期如“50 年或 100 年一遇”的年最大风速值时，工程上一般采用与实测资料拟合较好的长期理论分布函数来描述年最大风速样本在长时期内的变化规律，再根据重现期得到其设计风速。我国一般采用极值 I 型概率分布函数[又称龚贝尔(Gumbel)频率分布曲线]对风速进行统计分析计算。

极值 I 型概率分布函数的形式为

$$P_1(x)=\exp\left[-\exp(-y)\right] \tag{2-33}$$

式中，变量函数 $y=\alpha(x-\beta)$，系数 $\alpha$ 和 $\beta$ 可由风速样本的数学期望 $E(x)$ 和标准差 $\sigma_x$ 求得，表示为 $\alpha=\dfrac{\sigma_{yN}}{\sigma_x}$ 和 $\beta=E(x)-\dfrac{E(yN)}{\alpha}$，$E(yN)$ 和 $\sigma_{yN}$ 为变量函数 $y$ 的数学期望和标准差值，与风速样本容量 $N$ 有关，可查相关图表得到。

风速资料的数学期望等于各年最大风速的数学平均值：

$$E(x)=\bar{x}=\frac{1}{N}\sum_{i=1}^{N}x_i \tag{2-34}$$

其标准差为

$$\sigma_x=\sqrt{\frac{1}{N-1}\sum_{i=1}^{N}\left(x_i-\bar{x}\right)^2} \tag{2-35}$$

经变换可得设计风速计算式如下：

表 2.4 极值 I 型概率分布(龚贝尔频率分布) $\lambda_{PN}$

| N | 频率 P/% | | | | | | | | | | | | | | | |
|---|---|---|---|---|---|---|---|---|---|---|---|---|---|---|---|---|
| | 0.1 | 0.2 | 0.5 | 1 | 2 | 4 | 5 | 10 | 25 | 50 | 75 | 90 | 95 | 97 | 99 | 99.9 |
| 8 | 7.103 | 3.336 | 5.321 | 4.551 | 3.779 | 3.001 | 2.749 | 1.953 | 0.842 | −0.130 | −0.897 | −1.458 | −1.749 | −1.092 | −2.224 | −2.673 |
| 9 | 6.909 | 6.162 | 5.174 | 4.425 | 3.673 | 2.916 | 2.670 | 1.895 | 0.814 | −0.133 | −0.879 | −1.426 | −1.709 | −1.879 | −2.172 | −2.609 |
| 10 | 6.752 | 6.021 | 5.055 | 4.322 | 3.587 | 2.847 | 2.606 | 1.848 | 0.790 | −0.136 | −0.865 | −1.400 | −1.677 | −1.843 | −2.129 | −2.556 |
| 11 | 6.622 | 5.905 | 4.096 | 4.238 | 3.516 | 2.789 | 2.553 | 1.809 | 0.771 | −0.138 | −0.854 | −1.378 | −1.650 | −1.813 | −2.095 | −2.511 |
| 12 | 6.513 | 5.807 | 4.874 | 4.166 | 3.456 | 2.741 | 2.509 | 1.777 | 0.755 | −0.139 | −0.844 | −1.360 | −1.628 | −1.788 | −2.065 | −2.478 |
| 13 | 6.418 | 5.723 | 4.802 | 4.105 | 3.405 | 2.699 | 2.470 | 1.748 | 0.741 | −0.141 | −0.836 | −1.345 | −1.609 | −1.769 | −2.040 | −2.447 |
| 14 | 6.337 | 5.650 | 4.741 | 4.052 | 3.360 | 2.663 | 2.437 | 1.724 | 0.729 | −0.142 | −0.829 | −1.331 | −1.592 | −1.748 | −2.018 | −2.420 |
| 15 | 6.265 | 5.586 | 4.687 | 4.005 | 3.321 | 2.632 | 2.408 | 1.703 | 0.718 | −0.143 | −0.823 | −1.320 | −1.578 | −1.732 | −1.999 | −2.396 |
| 16 | 6.196 | 5.523 | 4.634 | 3.959 | 3.283 | 2.601 | 2.379 | 1.682 | 0.708 | −0.145 | −0.817 | −1.308 | −1.564 | −1.716 | −1.980 | −2.373 |
| 17 | 6.137 | 5.471 | 4.589 | 3.921 | 3.250 | 2.575 | 2.355 | 1.664 | 0.699 | −0.146 | −0.811 | −1.299 | −1.552 | −1.703 | −1.965 | −2.354 |
| 18 | 6.087 | 5.426 | 4.551 | 3.888 | 3.223 | 2.552 | 2.335 | 1.649 | 0.692 | −0.146 | −0.807 | −1.291 | −1.541 | −1.691 | −1.951 | −2.338 |
| 19 | 6.043 | 5.387 | 4.518 | 3.860 | 3.199 | 2.533 | 2.317 | 1.636 | 0.685 | −0.147 | −0.803 | −1.283 | −1.532 | −1.681 | −1.939 | −2.323 |
| 20 | 6.006 | 5.354 | 4.490 | 3.836 | 3.179 | 2.517 | 2.302 | 1.625 | 0.680 | −0.148 | −0.800 | −1.277 | −1.525 | −1.673 | −1.930 | −2.311 |
| 22 | 5.933 | 5.288 | 4.435 | 3.788 | 3.139 | 2.484 | 2.272 | 1.603 | 0.669 | −0.149 | −0.794 | −1.265 | −1.510 | −1.657 | −1.910 | −2.287 |
| 24 | 5.870 | 5.232 | 4.387 | 3.747 | 3.104 | 2.457 | 2.246 | 1.584 | 0.659 | −0.150 | −0.788 | −1.255 | −1.497 | −1.642 | −1.893 | −2.266 |
| 26 | 5.816 | 5.183 | 4.346 | 3.711 | 3.074 | 2.433 | 2.224 | 1.568 | 0.651 | −0.151 | −0.783 | −1.246 | −1.486 | −1.630 | −1.879 | −2.249 |
| 28 | 5.769 | 5.141 | 4.310 | 3.680 | 3.048 | 2.412 | 2.205 | 1.553 | 0.644 | −0.152 | −0.779 | −1.239 | −1.477 | −1.619 | −1.866 | −2.233 |
| 30 | 5.727 | 5.104 | 4.279 | 3.653 | 3.026 | 2.393 | 2.188 | 1.541 | 0.638 | −0.153 | −0.776 | −1.232 | −1.468 | −1.610 | −1.855 | −2.219 |
| 35 | 5.642 | 5.027 | 4.214 | 3.598 | 2.979 | 2.356 | 2.153 | 1.515 | 0.625 | −0.154 | −0.768 | −1.218 | −1.451 | −1.591 | −1.832 | −2.191 |
| 40 | 5.576 | 4.968 | 4.164 | 3.554 | 2.942 | 2.326 | 2.126 | 1.495 | 0.615 | −0.155 | −0.762 | −1.208 | −1.438 | −1.576 | −1.814 | −2.170 |
| 45 | 5.522 | 4.920 | 4.123 | 3.519 | 2.913 | 2.303 | 2.104 | 1.479 | 0.607 | 0.156 | −0.758 | −1.198 | −1.427 | −1.564 | −1.800 | −2.152 |
| 50 | 5.479 | 4.881 | 4.090 | 3.491 | 2.889 | 2.283 | 2.087 | 1.466 | 0.601 | −0.157 | −0.754 | −1.191 | −1.418 | −1.553 | −1.788 | −2.138 |
| 60 | 5.410 | 4.820 | 4.038 | 3.449 | 2.852 | 2.253 | 2.059 | 1.446 | 0.591 | −0.158 | −0.748 | −1.180 | −1.404 | −1.538 | −1.770 | −2.115 |
| 70 | 5.359 | 4.774 | 4.000 | 3.413 | 2.824 | 2.230 | 2.038 | 1.430 | 0.583 | −0.159 | −0.744 | −1.172 | −1.394 | −1.526 | −1.756 | −2.098 |
| 80 | 5.319 | 4.738 | 3.970 | 3.387 | 2.802 | 2.213 | 2.022 | 1.419 | 0.577 | −0.159 | −0.740 | −1.165 | −1.386 | −1.517 | −1.746 | −2.085 |
| 90 | 5.287 | 4.710 | 3.945 | 3.366 | 2.784 | 2.199 | 1.008 | 1.409 | 0.572 | −0.160 | −0.737 | −1.160 | −1.379 | −1.510 | −1.737 | −2.075 |
| 100 | 5.261 | 4.686 | 3.925 | 3.349 | 2.770 | 2.187 | 1.998 | 1.401 | 0.568 | −0.160 | −0.735 | −1.155 | −1.374 | −1.504 | −1.720 | −2.066 |
| 200 | 5.130 | 4.568 | 3.826 | 3.263 | 2.698 | 2.129 | 1.944 | 1.362 | 0.549 | −0.162 | −0.723 | −1.134 | −1.347 | −1.474 | −1.694 | −2.023 |
| 500 | 5.032 | 4.481 | 3.752 | 3.200 | 2.645 | 2.086 | 1.905 | 1.333 | 0.535 | −0.164 | −0.714 | −1.117 | −1.326 | −1.451 | −1.668 | −1.990 |
| 1000 | 4.992 | 4.445 | 3.772 | 3.174 | 2.623 | 2.069 | 1.889 | 1.321 | 0.529 | −0.164 | −0.710 | −1.110 | −1.318 | −1.442 | −1.657 | −1.976 |
| ∞ | 4.936 | 4.395 | 3.679 | 3.137 | 2.592 | 2.044 | 1.886 | 1.305 | 0.520 | −0.164 | −0.705 | −1.100 | −1.306 | −1.428 | −1.641 | −1.957 |

$$x_{\mathrm{d}} = \overline{x} + \lambda_{PN}\sigma_x \tag{2-36}$$

式中，$\lambda_{PN}$ 是与样品个数 $N$ 及经验频率 $P$ 有关的参数，可由表 2.4 查得或由式(2-37)计算得

$$\lambda_{PN} = -\frac{1}{\sigma_{yN}}\left[E\left(yN\right) + \ln\left(-\ln P\right)\right] \tag{2-37}$$

经验频率 $P$ 由风速样本递减顺序排列计算得到，第 $m$ 项递减变量的经验频率计算公式为 $P = \dfrac{m}{N} \times 100\%$，与重现期 $T_{\mathrm{R}}$ 的对应关系为 $P = \dfrac{1}{T_{\mathrm{R}}}$，反映的是不超过设计风速 $x_{\mathrm{d}}$ 的概率。

例 2-2　某海区收集了 1961～1986 年共 26 年的标准高度(10m 高)10min 时距年最大风速资料，如表 2.5 所示。求按 50 年重现期的设计风速要求确定该海区 50 年一遇的最大风速值。

**表 2.5　某海区 26 年年最大风速资料**

| 年份 | 风速/(m/s) | 年份 | 风速/(m/s) |
|---|---|---|---|
| 1961 | 25.1 | 1974 | 29.5 |
| 1962 | 24.6 | 1975 | 34.7 |
| 1963 | 29.7 | 1976 | 31.8 |
| 1964 | 31.2 | 1977 | 26.2 |
| 1965 | 35.4 | 1978 | 28.6 |
| 1966 | 32.5 | 1979 | 30.7 |
| 1967 | 28.9 | 1980 | 25.9 |
| 1968 | 30.3 | 1981 | 37.1 |
| 1969 | 27.8 | 1982 | 31.9 |
| 1970 | 31.5 | 1983 | 34.2 |
| 1971 | 36.2 | 1984 | 26.5 |
| 1972 | 28.1 | 1985 | 29.3 |
| 1973 | 27.6 | 1986 | 32.7 |

解：(1)将表 2.5 统计风速样本按递减次序排列并计算各项经验频率，如表 2.6 所示。

**表 2.6　递减排列的风速样本及各项经验频率**

| $m$ | 年最大风速 $V_i$/(m/s) | 经验频率 $P$ | $V_i^2$ |
|---|---|---|---|
| 1 | 37.1 | 3.85 | 1376.41 |
| 2 | 36.2 | 7.69 | 1310.44 |
| 3 | 35.4 | 11.54 | 1253.16 |
| 4 | 34.7 | 15.38 | 1204.09 |
| 5 | 34.2 | 19.23 | 1169.64 |
| 6 | 32.7 | 23.08 | 1069.29 |
| 7 | 32.5 | 26.92 | 1056.25 |
| 8 | 31.9 | 30.77 | 1017.61 |
| 9 | 31.8 | 34.62 | 1011.24 |
| 10 | 31.5 | 38.46 | 992.25 |

续表

| $m$ | 年最大风速 $V_i$/(m/s) | 经验频率 $P$ | $V_i^2$ |
|---|---|---|---|
| 11 | 31.2 | 42.31 | 973.44 |
| 12 | 30.7 | 46.15 | 942.49 |
| 13 | 30.3 | 50.00 | 918.09 |
| 14 | 29.7 | 53.85 | 882.09 |
| 15 | 29.5 | 57.69 | 870.25 |
| 16 | 29.3 | 61.54 | 858.49 |
| 17 | 28.9 | 65.38 | 835.21 |
| 18 | 28.6 | 69.23 | 817.96 |
| 19 | 28.1 | 73.08 | 789.61 |
| 20 | 27.8 | 76.92 | 772.84 |
| 21 | 27.6 | 80.77 | 761.76 |
| 22 | 26.5 | 84.62 | 702.25 |
| 23 | 26.2 | 88.46 | 686.44 |
| 24 | 25.9 | 92.31 | 670.81 |
| 25 | 25.1 | 96.15 | 630.01 |
| 26 | 24.6 | 100 | 605.16 |
| Σ | 788 | — | 24177.28 |

由此可计算风速平均值及风速标准差：

$$\overline{V}=\frac{1}{26}\sum_{i=1}^{26}V_i=30.31\text{m/s}$$

$$\sigma_x=\sqrt{\frac{1}{25}\sum_{i=1}^{26}\left(V_i-\overline{V}\right)^2}=3.4341$$

(2) 因为重现期 $T_R$=50 年，对应的经验频率 $P$=2%，结合样本容量 $N$=26 年，查表 2.4 得 $\lambda_{PN}$=3.074，则 50 年一遇最大风速值为

$$V=\overline{V}+3.074\sigma_x=30.31+3.074\times3.3465\approx40.87\text{m/s}$$

(3) 设计风速。在实际设计工作中，应根据平台作业海区风速的统计资料和相关规范的具体规定确定设计风速。对于海洋工程，各国船级社给出了不同的设计要求。挪威船级社(Det Norske Veritas，DNV)给出的设计风速是重现期为 100 年、时距为 1min 的平均风速。

我国常采用的设计风速为海上 10m 处、重现期 50 年，时距 1min 或时距 10min 的平均最大风速，前者适用于局部构件的基本风压计算，后者适用于整体结构的基本风压计算。

我国《海上移动平台入级规范》(2023)对无限作业区域的平台规定的最小设计风速是：自存状态，51.5m/s；正常作业状态，36m/s；对具有营运限制附加标志的平台，业主或设计者选定的持续风速不得小于 25.8m/s。

# 2.7　风载荷的计算

风载荷通常考虑气流绕流过程中形成的压力，并引入系数进行修正。本节介绍常用规范中的风载荷计算方法。

## 2.7.1　风压力及风作用力

平均风(恒定风速)下的结构受力相当于静力，并且风速越大，对结构物的作用压力也越大，风速与风压之间存在着对应关系。由伯努利方程可推得单位面积的风压力为

$$p_0 = \frac{1}{2}\rho V^2 \tag{2-38}$$

式中，$p_0$为基本风压值，Pa；$\rho$为空气密度，kg/m$^3$；$V$为风速，m/s。

式(2-38)表示风速与风压的基本关系。如果取重力加速度 $g$=9.8m/s$^2$，空气密度 $\rho = 1.2255$kg/m$^3$，则基本风压值为

$$p_0 \approx 0.613V^2 \tag{2-39}$$

将基本风压沿作用物体的表面积分就可求得风压合力，平均风压力下的风载荷一般表达式为

$$F = Cp_0A = C\frac{1}{2}\rho V^2 A \tag{2-40}$$

式中，$F$ 为风压合力(风载荷)，N；$C$ 为气流作用力系数；$A$ 为受风面在垂直风向上的投影面积，m$^2$。

对于海洋工程中常见的柱体构件，如竖直圆柱，作用在其上的风压载荷可分解为与风向一致的拖曳力和垂直于风向的横向力，如图 2.34 所示。拖曳力可近似看作是平均风场对结构物的静力作用，横向力则是由旋涡脱落引起的动态作用力。

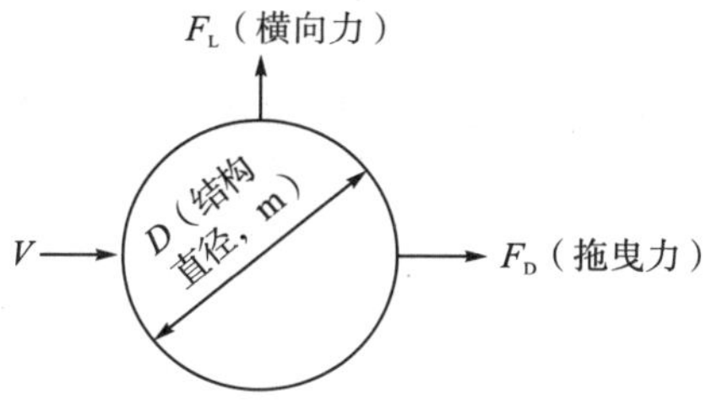


图 2.34　结构受风力作用示意图

拖曳力是迎风面受到的风阻力，其计算公式为

$$F_D = C_D\frac{1}{2}\rho V^2 A \tag{2-41}$$

式中，$F_D$为拖曳力，N；$C_D$为阻力系数。

横向力是由于柱体后部空气绕流边界层分离，形成不对称的旋涡，从而产生与空气流动方向垂直的力。对于水平构件，它表现为升力，计算公式为

$$F_L = C_L \frac{1}{2}\rho V^2 A \tag{2-42}$$

式中，$F_L$ 为绕流升力，N；$C_L$ 为升力系数。

阻力系数 $C_D$ 和升力系数 $C_L$ 主要与构件的形状有关，可根据构件的断面形状查表得到。如表 2.7 为部分国家船级社给出的 $C_D$ 推荐值。

**表 2.7　部分国家船级社的 $C_D$ 推荐值**

| 构件形状 | 美国验船局 | 中国船级社 | 挪威船级社 | 法国验船局 |
|---|---|---|---|---|
| 球形 | 0.40 | 0.40 | — | — |
| 圆筒形 | 0.50 | 0.50 | 1.20($D$<0.3m)<br>0.70($D$>0.3m) | 0.60 |
| 船体(大的平面结构) | 1.00 | 1.00 | — | 1.00 |
| 甲板室 | 1.00 | 1.00 | 1.50 | 1.00 |
| 钢索 | 1.20 | 1.20 | — | — |
| 井架 | 1.25 | 1.25 | — | — |
| 裸露的梁和桁架 | 1.30 | 1.30 | — | — |
| 独立的结构物 | 1.50 | 1.50 | — | — |

对于某些构件长度比其断面尺度大很多的细长体圆形构件，如海洋工程结构物中的立管、旗杆、烟囱等，可根据其细长比 $\lambda$ 选取 $C_D$，如表 2.8 所示。

**表 2.8　圆截面构件 $C_D$ 随细长比 $\lambda$ 的变化**

| $\lambda$ | 1.0 | 2.0 | 3.0 | 10 | 20 | 40 | $\infty$ |
|---|---|---|---|---|---|---|---|
| $C_D$ | 0.63 | 0.69 | 0.75 | 0.83 | 0.92 | 1.00 | 1.20 |

细长比趋于无限大的其他断面形状构件的 $C_D$、$C_L$ 参考表 2.9。

**表 2.9　细长比趋于无限大的其他断面形状构件的 $C_D$、$C_L$(流向均为水平由左向右)**

| 断面形状 | $C_D$ | $C_L$ |
|---|---|---|
| 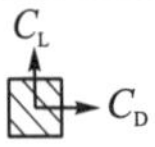 | 2.03 | 0 |
|  | 1.96～2.01 | 0 |
|  | 2.04 | 0 |
| 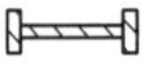 | 1.81 | 0 |
| 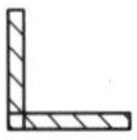 | 2.00 | 0.30 |

续表

| 断面形状 | $C_D$ | $C_L$ |
|---|---|---|
| 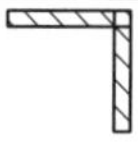 | 1.83 | 2.70 |
|  | 1.99 | −0.09 |
| 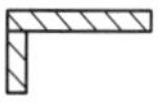 | 1.62 | −0.48 |
| 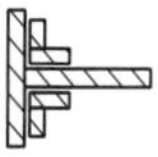 | 2.01 | 0 |
|  | 1.99 | −1.99 |
| 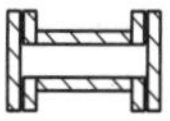 | 2.19 | 0 |

对于形状复杂且很重要的构件则需要使用风洞模型实验得到其更为准确的 $C_D$。不同类型构件的 $C_D$ 还随 $Re$ 的不同而变化，如图 2.35 所示。

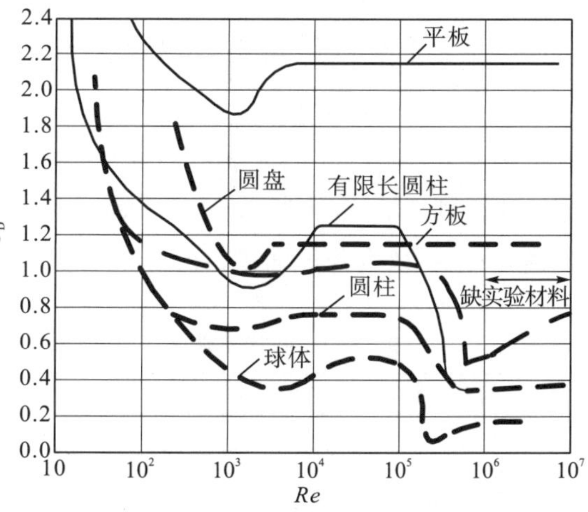


图 2.35　$C_D$ 与 $Re$ 的关系

## 2.7.2　规范中的风载荷计算

### 2.7.2.1　我国《海上移动平台入级规范》(2023) 中的风载荷公式

$$F = C_h C_s S p \tag{2-43}$$

式中，$F$ 为风载荷，N；$C_h$ 为受风构件的高度系数，可根据构件高度 $h$(构件型心到设计水面的垂直距离) 查表 2.10 得到；$C_s$ 为受风构件的形状系数，可根据其形状由表 2.11 查得；$S$ 为受风构件的正投影面积，$m^2$；$p$ 为风压，kPa。

表 2.10 高度系数 $C_h$

| 海平面以上高度/m | $C_h$ | 海平面以上高度/m | $C_h$ |
|---|---|---|---|
| 0～15.3 | 1.00 | 137.0～152.5 | 1.60 |
| 15.3～30.5 | 1.10 | 152.5～167.5 | 1.63 |
| 30.5～46.0 | 1.20 | 167.5～183.0 | 1.67 |
| 46.0～61.0 | 1.30 | 183.0～198.0 | 1.70 |
| 61.0～76.0 | 1.37 | 198.0～213.5 | 1.72 |
| 76.0～91.5 | 1.43 | 213.5～228.5 | 1.75 |
| 91.5～106.5 | 1.48 | 228.5～244.0 | 1.77 |
| 106.5～122.0 | 1.52 | 244.0～259.0 | 1.79 |
| 122.0～137.0 | 1.56 | 259.0 以上 | 1.80 |

表 2.11 形状系数 $C_s$

| 形状 | $C_s$ | 形状 | $C_s$ |
|---|---|---|---|
| 球形 | 0.40 | 井架 | 1.25 |
| 圆柱形 | 0.50 | 甲板下暴露的梁和桁材 | 1.30 |
| 大的平面板(船体、甲板室等) | 1.00 | 小部件 | 1.40 |
| 甲板室群或类似结构 | 1.10 | 独立结构(起重机、梁等) | 1.50 |
| 钢索 | 1.20 | | |

#### 2.7.2.2 我国《海上固定平台入级与建造规范》(2012)的风载荷公式

$$F = KK_Z p_0 A \tag{2-44}$$

式中，$K$ 为风载荷体的形状系数，由表 2.12 查得；$K_Z$ 为海上风压高度变化系数，由表 2.13 查得，中间值可内插得到；$p_0$ 为基本风压值，Pa，可由 $p_0 \approx 0.613V_t^2$ 计算得到，$V_t$ 为 $t$ 分钟时距的设计风速，m/s；$A$ 为受风面积，m$^2$。

表 2.12 形状系数 $K$

| 形状 | 梁 | 建筑物侧面 | 圆形截面 | 平台总投影面 |
|---|---|---|---|---|
| $K$ | 1.5 | 1.5 | 0.5 | 1.0 |

表 2.13 海上风压高度变化系数 $K_Z$

| 海平面以上高度/m | $K_Z$ | 海平面以上高度/m | $K_Z$ |
|---|---|---|---|
| ≤2 | 0.64 | 50 | 1.43 |
| 5 | 0.84 | 60 | 1.49 |
| 10 | 1.00 | 70 | 1.54 |
| 15 | 1.10 | 80 | 1.58 |
| 20 | 1.18 | 90 | 1.62 |
| 30 | 1.29 | 100 | 1.64 |
| 40 | 1.37 | 150 | 1.79 |

#### 2.7.2.3 API 规范的风载荷公式

$$F = \frac{\rho}{2} u^2 C_s A \tag{2-45}$$

式中，$u$ 为风速，m/s；$C_s$ 为形状系数，亦可按表 2.11 取值。

#### 2.7.2.4　BLRS 规范的风载荷公式

$$F = K_w A V^2 C_s \tag{2-46}$$

式中，$K_w$ 为风载荷系数，取 0.613；$V$ 为风速，m/s；$C_s$ 为形状系数，按表 2.14 取值。

**表 2.14　形状系数**

| 形状 | 圆球 | 圆柱 | 大平面结构（船壳、甲板室） | 井架 | 钢索 | 梁和桁材 | 小构件 | 孤立构件（吊车、吊竿等） | 集中的上层建筑群或类似结构 |
|---|---|---|---|---|---|---|---|---|---|
| $C_s$ | 0.40 | 0.50 | 1.00 | 1.25 | 1.20 | 1.30 | 1.40 | 1.50 | 1.10 |

### 2.7.3　风作用力的动态特性

自然界中的实际风速是时刻变化的，脉动的风将产生惯性力 $F_i$，使结构振动。在远离大陆的海域，海风能量更为显著，这时需要研究风谱，使用复杂的随机振动理论来分析它对结构的动力作用及结构的各种随机响应，这也被称为全动力计算方法。

工程中，为了简化计算，常采用动力系数 $K_s$ 代替惯性力 $F_i$ 的方法来考虑风的动态作用的影响，此时的动态总风压可表示为

$$W = (1 + K_s) p_0 = \beta p_0 \tag{2-47}$$

式中，$W$ 为动态总风压，Pa；$p_0$ 为基本风压，Pa；$\beta$ 为风振系数，$\beta = 1 + K_s$，表明动态作用风压为基本风压的 $\beta$ 倍，等同于计入平均风和脉动风的共同作用，具体数值可根据有关规范标准选取。我国《海上固定平台入级与建造规范》(2012) 中，对于基本自振周期≥0.5s 的平台高耸结构，其 $\beta$ 可按表 2.15 选取。

**表 2.15　平台高耸结构的 $\beta$ 取值**

| 结构基本自振周期 $T$/s | 0.5 | 1.0 | 1.5 | 2.0 | 3.5 | 5.0 |
|---|---|---|---|---|---|---|
| $\beta$ | 1.45 | 1.55 | 1.62 | 1.65 | 1.70 | 1.75 |

这时，沿风向产生的动态风载荷为

$$F = C_s W A \tag{2-48}$$

式中，符号 $C_s$ 与 $A$ 的物理意义同前。

## 思考题与习题

1.根据等压面凹凸判定热力环流流向，并指出图 1 中两幅图分别是白天还是夜晚。

2.读近地面风形成的示意图(图 2)，完成问题：①图中 $V$ 的箭头表示 $A$ 点空气匀速运动方向，此图为哪个半球的气压分布图?②$F_1$ 是什么力?与等压线的方位关系是什么?大小是否有变化?③$F_2$ 是什么力?与风向 $V$ 的方位关系是什么?对风速有无影响?④$F_3$ 是什么力?与风向 $V$ 的方位关系是什么?(单位：hPa)

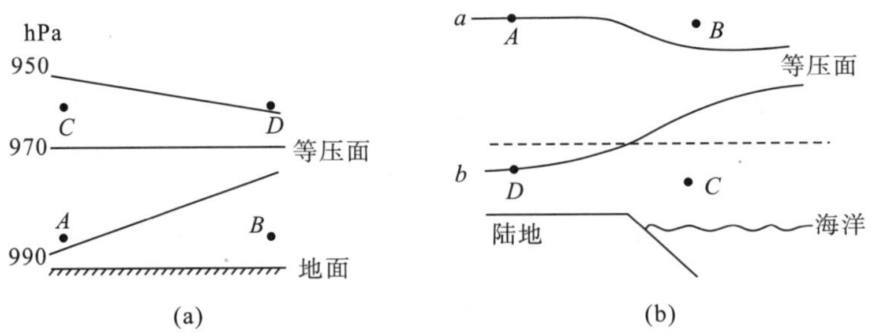


图 1

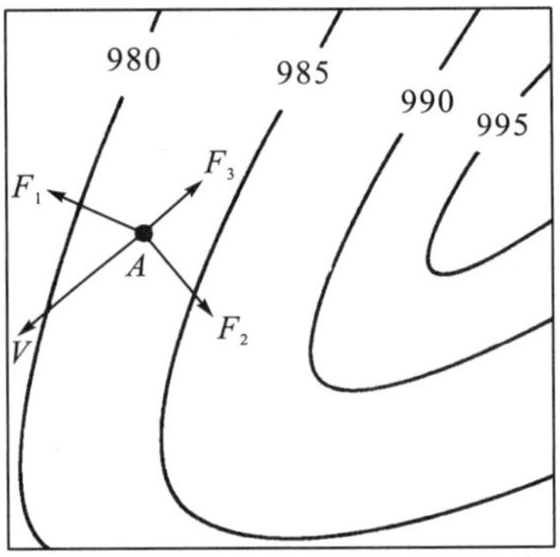


图 2

3.同一幅等压线图上，等压线的疏密与风力如何对应?画出图 3 中 $A$、$B$、$C$、$D$ 四点的地面风风向，假设该地处于北半球，偏转角为 30°。(单位：hPa)

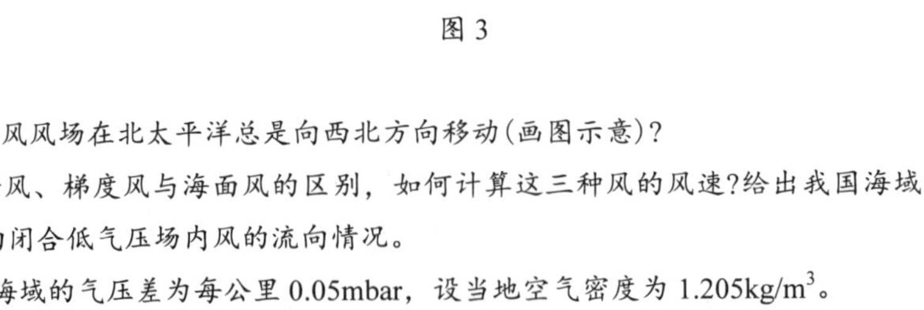


图 3

4.为什么台风风场在北太平洋总是向西北方向移动(画图示意)?

5.说明地转风、梯度风与海面风的区别，如何计算这三种风的风速?给出我国海域海面与高空两处近似圆形的弯曲闭合低气压场内风的流向情况。

6.北纬 15°海域的气压差为每公里 0.05mbar，设当地空气密度为 1.205kg/m$^3$。

(1) 求在此条件下的地转风速 $V_g$;

(2) 若等压线为曲线，曲率半径为 20km，求高压中心的梯度风速 $V_{gr}$;

(3) 若此处的水、气温差为 5℃，求海面风速 $V_s$。

7.表 1 为我国某海区 20 年的 10m 高处 5min 时距年最大风速资料，试按 50 年重现期的设计风速要求确定该海区 50 年一遇的最大风速值。

表 1　我国某海区 20 年的 10m 高处 5min 时距年最大风速

| 第 $n$ 年 | 风速/(m/s) | 第 $n$ 年 | 风速/(m/s) |
|---|---|---|---|
| 1 | 25.8 | 11 | 37.2 |
| 2 | 25.6 | 12 | 29.1 |
| 3 | 29.8 | 13 | 27.9 |
| 4 | 32.2 | 14 | 29.5 |
| 5 | 34.4 | 15 | 34.7 |
| 6 | 33.5 | 16 | 33.8 |
| 7 | 28.9 | 17 | 27.2 |
| 8 | 31.3 | 18 | 29.6 |
| 9 | 28.8 | 19 | 30.1 |
| 10 | 31.4 | 20 | 26.9 |

8.若某自升式钻井平台桩腿为直径 1.25m 的圆柱形，拖航时桩腿露出海面 105m，经过某海区时海面平均风速为 10m/s，试利用我国海上移动式平台规范公式分段计算作用在其中一条桩腿上的总风载荷。

9.已知某海上平台上的一根圆柱形支撑柱直径为 1m，圆柱底部距离海面 25m，圆柱自身高 38m。测得海面 8m 高处 1min 的平均风速为 5m/s，海面粗糙度为 3mm，则该圆柱形支撑柱受到的风载荷为多大？

# 第 3 章　波浪与波浪载荷

波浪是海洋表面的周期起伏现象，其随机复杂性决定了由其造成的载荷也是复杂多变的。波浪对暴露于海面的结构物施加多变载荷，使系泊船只和浮动结构物发生剧烈运动，对不在最大波峰高度以上的结构物施加冲击力和上举力，还对海岸防护结构物产生冲刷、侵蚀和漫顶作用。当波浪的周期与结构物自振周期接近时，将造成结构物的严重破坏。因此，了解波浪的发生与发展规律，研究波浪载荷的计算方法，不仅可以为海洋工程结构物的设计提供计算依据，还可以指导海洋工程方面的日常安全操作和管理。

## 3.1　海浪的分类及基本要素

### 3.1.1　海浪类型

海洋中水体的波动现象是由多种自然因素(风、重力、科里奥利力、日月引力、地震、表面张力等)作用产生，1965 年金斯曼(Kinsman)根据波浪周期，结合主要扰动力与恢复力划分了海洋波浪的类型，给出其能量的近似分布(图 3.1)。其中，周期处于 1～30s，特别是 4～16s 这一范围内的重力波引起的作用力，是海洋结构物需要考虑的主要波浪载荷。

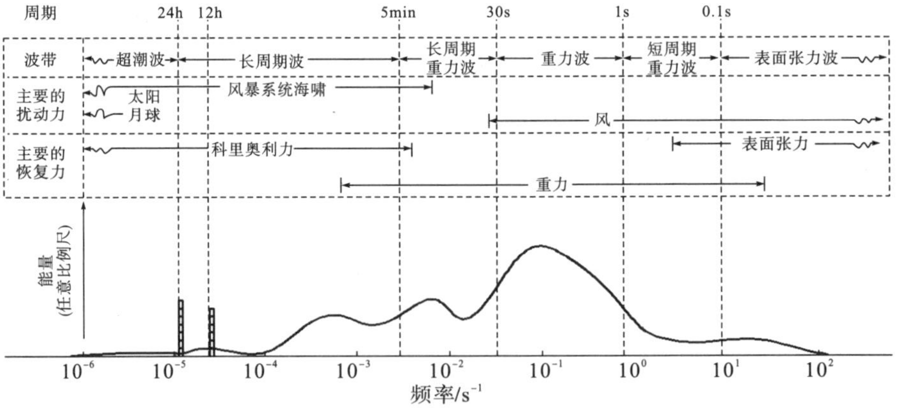


图 3.1　海洋波动的分类

重力波主要是由风引起的，而由风引起的重力波又包含风浪、涌浪和近岸波浪。我们将风直接作用下产生的波浪称为风浪，其纵波面往往是不对称的。风停止、转向或离开风区后，传播至无风水域的波浪称为涌浪，其外形相对规则，波面较光滑。在一定区域还可能出现风浪和涌浪的叠加，叠加而成的浪可称为混合浪。在浅水区域，由于受到水深和地形变化的影响，发生变形的波浪(出现折射、绕射和破碎等现象)称作近岸波浪。

除此之外，海浪还可以按照其他不同标准进行分类。

(1)根据波浪要素是否发生变化可分为不规则波和规则波。实际的海面波浪是一种随机现象，其波浪要素不断发生变化，因此属于不规则波。但为了研究方便，人们常用理想的、波浪要素不变的波浪来代替不规则波浪，这种理想的波浪称为规则波。

(2)根据恢复力的不同可分为毛细波、重力波和长周期波。恢复力以表面张力为主的波浪称为毛细波或表面张力波，如风力很小时海面上出现的微小皱曲的涟波就是毛细波，其周期常小于 0.15s。当波浪尺度较大时，水质点恢复平衡位置的力主要是重力，这种波浪称为重力波，如风浪、涌浪、船行波和地震波等。由日月引力造成的潮波，大洋涌浪、海湾风浪震荡等周期较长的波都称为长周期波。

(3)根据水深是否大于半波长可分为深水波和浅水波。在水深大于半波长的水域中传播的波浪称为深水前进波，简称深水波。深水波不受海底影响，波动主要集中在海面以下一定深度的水层内，水质点运动轨迹近似圆形。当深水波传播至水深小于半波长的水域时，称为浅水前进波，简称浅水波。浅水波受海底摩擦的影响，水质点运动轨迹接近于椭圆。

此外，根据一个波浪周期内水质点的运动轨迹是否封闭，波浪可分为振荡波和推移波。根据波形是否向前传播，波浪可分为前进波和驻波。

### 3.1.2　波浪要素

如图 3.2 所示的规则波，包含以下主要的波浪要素。

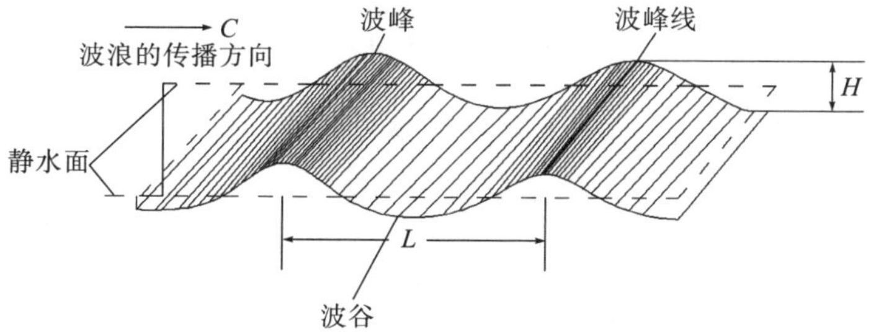


图 3.2　规则波浪要素的定义

(1)波峰：波浪剖面高出静水面的部分称为波峰，其最高点为波峰顶。

(2)波谷：波浪剖面低于静水面的部分称为波谷，其最低点为波谷底。

(3)波向：波浪的传播方向。

(4)波峰线：垂直波浪传播方向上波峰顶的连线。

(5)波高：相邻波峰顶至波谷底的垂直距离，通常用 $H$ 表示，m。

(6)波长：相邻波峰顶(或波谷底)间的水平距离，通常用 $L$ 表示，m。

(7)周期：波浪起伏一次所需要的时间，或相邻两个波峰顶通过固定空间点所经历的时间间隔，通常用 $T$ 表示，s。

(8)波速：波沿波向的传播速度，通常用 $C$ 表示，m/s，大小等于波长和周期之比。

(9)波陡：波高与波长之比，通常用 $\delta$ 表示，海洋上常见的波陡范围为 1/30～1/10。

(10)波坦：波长与波高之比，即波陡的倒数。

然而，实际海面上某固定点的波面随时间变化的过程是一个复杂的不规则波列。波浪起伏一次所需要的时间是在变化的，我们可以取一段时间内观测到的所有周期的时间加权平均值，称为平均周期 $\bar{T}$ 。同样，观测得到的各个波高和波长也是不等的，可取平均波高 $\bar{H}$ 和平均波长 $\bar{L}$ 。

## 3.2 液体表面波运动描述

### 3.2.1 流体动力学基本方程

液体表面波基本方程是基于流体动力学基本方程建立的，因此这里对流体动力学的一些基本方程进行介绍，以方便后续章节使用。

#### 3.2.1.1 连续方程

流体运动必须遵循质量守恒定律，对于流场中任意选定的固定几何空间，单位时间内该几何空间内流体质量的增加量必然等于同时间通过此空间边界净流入其内部的流体质量。

若取一封闭曲面 $S$ 所围成的固定几何空间，其体积为 $\tau$，则单位时间内所取空间内流体的质量增量为

$$\Delta m = \iiint_{\tau} \frac{\partial \rho}{\partial t} \mathrm{d}\tau \tag{3-1}$$

而同一时间内通过边界净流入其内部的流体质量为

$$m = -\iint_{S} \rho V_{\mathrm{n}} \mathrm{d}S \tag{3-2}$$

式中，$\rho$ 为流体的密度，kg/m$^3$；$V_{\mathrm{n}}$ 为沿边界外法线方向上的流体质点的速度分量，m/s。

因此，根据质量守恒定律，有

$$\iiint_{\tau} \frac{\partial \rho}{\partial t} \mathrm{d}\tau + \iint_{S} \rho V_{\mathrm{n}} \mathrm{d}S = 0 \tag{3-3}$$

对式(3-3)的面积分利用高斯公式可得

$$\iiint_{\tau} \left[ \frac{\partial \rho}{\partial t} + \nabla \cdot (\rho \boldsymbol{V}) \right] \mathrm{d}\tau = 0 \tag{3-4}$$

考虑到体积 $\tau$ 的任意性，式(3-4)只可能在被积函数为零时才成立，因此有普遍形式的连续方程为

$$\frac{\partial \rho}{\partial t}+\nabla\cdot\left(\rho\boldsymbol{V}\right)=0 \tag{3-5}$$

利用哈密顿算子的运算规律，式(3-5)第二项可展开为

$$\nabla\cdot\left(\rho\boldsymbol{V}\right)=\boldsymbol{V}\cdot\nabla\rho+\rho\nabla\cdot\boldsymbol{V} \tag{3-6}$$

根据随体导数定义，式(3-5)又可写成

$$\frac{\mathrm{d}\rho}{\mathrm{d}t}+\rho\nabla\cdot\boldsymbol{V}=0 \tag{3-7}$$

除水击现象外的绝大多数液体都是不可压缩流体，即密度不发生变化。我们研究的海面波动液体也属于不可压缩流体的范畴，因此连续方程简化为

$$\nabla\cdot\boldsymbol{V}=0 \tag{3-8}$$

对于直角坐标系，式(3-8)可表示为

$$\frac{\partial u}{\partial x}+\frac{\partial v}{\partial y}+\frac{\partial w}{\partial z}=0 \tag{3-9}$$

式中，$u$、$v$、$w$ 为 $x$、$y$、$z$ 三个方向的分速度，m/s。

#### 3.2.1.2　理想流体的运动方程

运动的流体所受到的合力等于流体的质量乘以它的加速度，即流体运动时满足动量守恒定律(牛顿第二定律)。

在研究短周期的液体波动时，常常忽略流体的黏性，即忽略流体的内摩擦效应，只需要考虑垂直于流体面的应力(压强)而忽略平行于流体面的应力(切应力)。若假定质量力只有重力，取 $XOY$ 平面与液体静止时水面重合，$Z$ 轴垂直向上，则理想流体运动方程可写成

$$\frac{\mathrm{d}\boldsymbol{V}}{\mathrm{d}t}=-\frac{1}{\rho}\nabla p+\boldsymbol{F} \tag{3-10}$$

式中，$\frac{\mathrm{d}\boldsymbol{V}}{\mathrm{d}t}$ 为流体质点的加速度，m/s$^2$；$-\frac{1}{\rho}\nabla p$ 为单位质量流体所受到的表面力(只有压力)合力，或称为单位质量流体所受到的压强梯度力，m/s$^2$；$\boldsymbol{F}=(0,0,-g)$ 为单位质量流体所受到的质量力(只有重力)，$g$ 为重力加速度，m/s$^2$。

式(3-10)在直角坐标系下的分量形式为

$$\begin{cases}\dfrac{\mathrm{d}u}{\mathrm{d}t}=-\dfrac{1}{\rho}\dfrac{\partial p}{\partial x}\\[2mm]\dfrac{\mathrm{d}v}{\mathrm{d}t}=-\dfrac{1}{\rho}\dfrac{\partial p}{\partial y}\\[2mm]\dfrac{\mathrm{d}w}{\mathrm{d}t}=-\dfrac{1}{\rho}\dfrac{\partial p}{\partial z}-g\end{cases} \tag{3-11}$$

当流场用欧拉法表述时，流场中的物理量一般应为空间坐标$(x,y,z)$和时间坐标 $t$ 的函数。此时，流体质点的加速度为

$$\frac{\mathrm{d}\boldsymbol{V}}{\mathrm{d}t}=\frac{\partial\boldsymbol{V}}{\partial t}+\left(\boldsymbol{V}\cdot\nabla\right)\boldsymbol{V} \tag{3-12}$$

将其分量形式代入式(3-11)可得

$$\begin{cases}\dfrac{\partial u}{\partial t}+u\dfrac{\partial u}{\partial x}+v\dfrac{\partial u}{\partial y}+w\dfrac{\partial u}{\partial z}=-\dfrac{1}{\rho}\dfrac{\partial p}{\partial x}\\ \dfrac{\partial v}{\partial t}+u\dfrac{\partial v}{\partial x}+v\dfrac{\partial v}{\partial y}+w\dfrac{\partial v}{\partial z}=-\dfrac{1}{\rho}\dfrac{\partial p}{\partial y}\\ \dfrac{\partial w}{\partial t}+u\dfrac{\partial w}{\partial x}+v\dfrac{\partial w}{\partial y}+w\dfrac{\partial w}{\partial z}=-\dfrac{1}{\rho}\dfrac{\partial p}{\partial z}-g\end{cases} \tag{3-13}$$

### 3.2.1.3 运动方程的几个积分

运动方程有许多不同形式的积分，在讨论某些特定问题时，运用运动方程的积分形式要比直接应用运动方程本身方便得多。

**1. 亥姆霍兹(Helmholtz)环流积分定理**

在初始时刻 $t_0$ 取流场中一封闭空间曲线 $C_0$，那么组成 $C_0$ 的流体质点在时刻 $t$ 将移动到新的位置上，并构成新的封闭空间曲线 $C_t$，若在此封闭空间曲线 $C_t$ 上的速度环量记为 $\Gamma(t)$，则

$$\Gamma(t)=\oint_{C_t}\boldsymbol{V}\cdot\mathrm{d}\boldsymbol{l}=\oint_{C_t}(u\mathrm{d}x+v\mathrm{d}y+w\mathrm{d}z) \tag{3-14}$$

$t$ 时刻的速度环量 $\Gamma(t)$ 依赖于封闭曲线 $C_t$ 和其上的流体质点速度，而这两者均随流体的运动而变化，所以一般来说，速度环量 $\Gamma(t)$ 应该随流体的运动而变化。

速度环量对时间求导，得

$$\frac{\mathrm{d}\Gamma}{\mathrm{d}t}=\frac{\mathrm{d}}{\mathrm{d}t}\oint_{C_t}\boldsymbol{V}\cdot\mathrm{d}\boldsymbol{l}=\oint_{C_t}\frac{\mathrm{d}\boldsymbol{V}}{\mathrm{d}t}\cdot\mathrm{d}\boldsymbol{l}+\oint_{C_t}\boldsymbol{V}\cdot\frac{\mathrm{d}(\mathrm{d}\boldsymbol{l})}{\mathrm{d}t}=\oint_{C_t}\frac{\mathrm{d}\boldsymbol{V}}{\mathrm{d}t}\cdot\mathrm{d}\boldsymbol{l} \tag{3-15}$$

在直角坐标系下为

$$\frac{\mathrm{d}\Gamma}{\mathrm{d}t}=\oint_{C_t}\left(\frac{\mathrm{d}u}{\mathrm{d}t}\mathrm{d}x+\frac{\mathrm{d}v}{\mathrm{d}t}\mathrm{d}y+\frac{\mathrm{d}w}{\mathrm{d}t}\mathrm{d}z\right) \tag{3-16}$$

可见，速度环量对时间的导数等于加速度的环量。将式(3-10)代入式(3-16)可得

$$\frac{\mathrm{d}\Gamma}{\mathrm{d}t}=\oint_{C_t}\frac{\mathrm{d}\boldsymbol{V}}{\mathrm{d}t}\cdot\mathrm{d}\boldsymbol{l}=\oint_{C_t}\left(-\frac{1}{\rho}\nabla p+\boldsymbol{F}\right)\cdot\mathrm{d}\boldsymbol{l}=\oint_{C_t}\mathrm{d}\left(-\frac{p}{\rho}-gz\right) \tag{3-17}$$

因为全微分在封闭空间曲线上的积分为零，所以 $\dfrac{\mathrm{d}\Gamma}{\mathrm{d}t}=0$，即对于理想的不可压缩均匀流体，由相同流体质点构成的封闭曲线上的速度环量不随时间而变化，这就是 Helmholtz 环流积分定理。

如果重力场中理想不可压缩流体初始时刻为静止或做均匀运动，那么初始时刻任意封闭曲线上的速度环量为零。根据环量的守恒性，任意时刻、任意封闭曲线上的速度环量也必然为零。由斯托克斯定理，有

$$\oint_{C_t}\boldsymbol{V}\cdot\mathrm{d}\boldsymbol{l}=\iint_S(\nabla\times\boldsymbol{V})\cdot\mathrm{d}\boldsymbol{S}=0 \tag{3-18}$$

式中，$S$ 是以 $C_t$ 为边界的曲面；$\mathrm{d}\boldsymbol{S}$ 是曲面 $S$ 的有向面元。

该式表明，任意时刻、任意点处的速度旋度均为零，即流动是无旋的。

### 2. 定常积分(伯努利定理)

对于重力场中定常的理想不可压缩流体，沿任何一条给定的固定流线，满足：

$$gz+\frac{V^2}{2}+\frac{p}{\rho}=\text{const} \tag{3-19}$$

式中，$V$ 为流体质点速度值，m/s，$V=\sqrt{u^2+v^2+w^2}$；const 为常数。

式(3-19)称为伯努利定理，等式右端的常数表示同一根流体线上的左端三项之和固定不变，但对不同流线而言，右端常数并不相等。只有在流场定常且无旋时，式(3-19)的常数才处处一样。

液体波动往往是非定常的，所以不能直接应用伯努利定理。但是对于某些波动，可以通过采取平移坐标系的方法，将流场定常化，此时伯努利定理将对问题的讨论起着重要的作用。

### 3. 非定常无旋积分(拉格朗日积分)

当流体做无旋流动时，连续方程和运动方程将具有非常简单的形式，因为速度旋度为零，意味着在任何单连通域内存在单值速度势函数 $\varphi$，使得 $\boldsymbol{V}=\nabla\varphi$，直角坐标系下有

$$u=\frac{\partial\varphi}{\partial x}，\quad v=\frac{\partial\varphi}{\partial y}，\quad w=\frac{\partial\varphi}{\partial z} \tag{3-20}$$

如果流体为不可压缩，则连续方程变为

$$\nabla\cdot\boldsymbol{V}=\nabla\cdot\nabla\varphi=\nabla^2\varphi=0 \tag{3-21}$$

可见，对于不可压缩流体的无旋流动，其速度势必须满足拉普拉斯方程。

对于重力场中的不可压缩流体无旋流动，其运动方程具有如下的积分形式：

$$\frac{\partial\varphi}{\partial t}+\frac{1}{2}(\nabla\varphi)\cdot(\nabla\varphi)+\frac{p}{\rho}+gz=f(t) \tag{3-22}$$

此积分即为无旋积分，右端的积分常数是只依赖于时间的任意函数，不具有实质上的重要性，可以取其为零，对公式的普遍性没有本质的影响。

## 3.2.2　液体表面波的基本方程

重力场中处于平衡的液体自由面是一水平面，在某种外来扰动的作用下，液体自由表面的各个质点将离开平衡位置，但失去平衡状态的各液体质点在重力和惯性力的作用下，有恢复到初始平衡位置的趋势，于是便形成了液体质点的振荡运动，并以波的形式沿整个表面传播，从而在液体表面出现了波浪运动。由于重力是唯一作用的外力，所以称为重力波。重力波主要出现在液体表面上，对液体内部的影响随深度的增加而减小，所以又称为表面重力波，简称表面波。

如图 3.3 所示的波动水域，液体占据的水域 $R$ 为

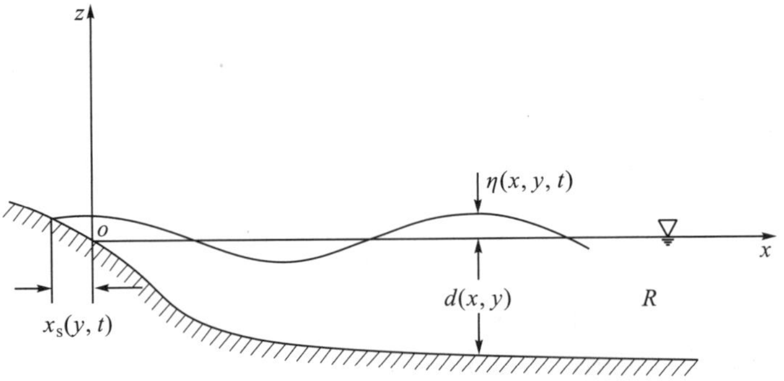


图 3.3 波动水域示意图

$$R:\begin{cases}x_s(y,t)\leqslant x<\infty\\-\infty<y<\infty\\-d(x,y)\leqslant z\leqslant\eta(x,y,t)\end{cases} \tag{3-23}$$

式中，$d(x,y)$为平面点$(x,y)$处的深度；$x_s(y,t)$为 $t$ 时刻海域和陆域交线上的 $x$ 坐标；$\eta(x,y,t)$为自由水面的铅直位移，即波浪表面相对于静水面的高度。

研究表面波的问题归结为寻求波动水域中的势函数 $\varphi(x,y,z,t)$。显然，$\varphi$ 应满足拉普拉斯方程：

$$\nabla^2\varphi=\frac{\partial^2\varphi}{\partial x^2}+\frac{\partial^2\varphi}{\partial y^2}+\frac{\partial^2\varphi}{\partial z^2}=0 \tag{3-24}$$

由于拉普拉斯方程的求解区域不仅随时间发生变化，而且本身也是需要求解的部分，因此，为了能唯一确定速度势，所需要的边界条件如下。

### 1. 海域底部运动学边界条件

流体质点不能穿越固体边界(海底)，只能沿着边界的切线方向运动，即在 $z=-d$ 处垂直于固体边界的法向速度为零，满足：

$$u_n\big|_{z=-d}=\frac{\partial\varphi}{\partial n}\bigg|_{z=-d}=0 \tag{3-25}$$

### 2. 自由表面运动学边界条件

自由表面上的流体质点不能脱离自由表面运动，即自由表面上流体质点的法向速度应与自由表面本身移动的法向速度相同。若自由表面的运动边界表示为 $z=\eta(x,y,t)$，则应满足：

$$w\big|_{z=\eta}=\frac{\partial\varphi}{\partial z}\bigg|_{z=\eta}=\frac{\partial\eta}{\partial t}+\frac{\partial\varphi}{\partial x}\frac{\partial\eta}{\partial x}\bigg|_{z=\eta}+\frac{\partial\varphi}{\partial y}\frac{\partial\eta}{\partial y}\bigg|_{z=\eta} \tag{3-26}$$

### 3. 自由表面动力学边界条件

自由表面上的压强为大气压强 $p$(通常取相对压强，其值取 0)，把式(3-22)应用到自

由表面处，得到自由表面的动力学边界条件为

$$\left.\frac{\partial\varphi}{\partial t}\right|_{z=\eta}+g\eta+\frac{1}{2}(\nabla\varphi)\cdot(\nabla\varphi)\Big|_{z=\eta}=0 \tag{3-27}$$

4. 无穷远处的条件

当 $x\to\infty$，或 $y\to\pm\infty$，或 $z\to-\infty$时，$\varphi(x,y,z,t)$ 和 $\eta(x,y,t)$ 保持有界，有时甚至要求 $\varphi$ 和 $\eta$ 以及它们的导数趋于零。

除这些边界条件外，还要给出流场的初始条件，具体有

$$\eta(x,y,t)\big|_{t=0}=\eta(x,y) \tag{3-28}$$

$$\nabla\varphi(x,y,z,t)\big|_{t=0}=\nabla g(x,y,z) \tag{3-29}$$

式中，$\eta(x,y)$ 为水面起伏的初始位移；$\nabla g(x,y,z)$ 为波动场中的初始速度分布。

式(3-24)～式(3-29)就是研究表面波动问题所需要的基本方程、边界条件和初始条件，其中自由表面运动学边界条件和自由表面动力学边界条件都是非线性的。尽管拉普拉斯方程是线性的，但是求解区域的可变性和边界条件的非线性，要求出速度势的精确解是非常困难的。因此，至今尚未有一种波浪理论能够普遍适用于任意水深、波高和波长的海况条件。现有的波浪理论均在一定的假设条件下简化上述关系式得到，下面将介绍几种常见的波浪理论。

## 3.3　常见的波浪理论

由于波面 $\eta$ 总是围绕静水面 $(z=0)$ 上下变动，所以可以将出现在自由波面上的量在 $z=0$ 附近按泰勒级数展开：

$$f(z)\big|_{z=\eta}=f(z)\big|_{z=0}+\eta\left.\frac{\partial f}{\partial z}\right|_{z=0}+\frac{1}{2!}\eta^2\left.\frac{\partial^2 f}{\partial z^2}\right|_{z=0}+\cdots \tag{3-30}$$

在不同的波浪理论中，式(3-30)所包含的项数也不同。

### 3.3.1　微幅波(线性波)理论

微幅波是简化了的最简单的二维波动，如图 3.4 所示，其水面呈简谐形式起伏，水质点以固定圆频率 $\omega$ 做简谐振动，同时波形以一定波速 $C$ 向前传播，平分波高的中线与静水面相重合。尽管海洋中实际发生的波动一般都不符合微幅波，但分析这种最简单的波动，对解决较复杂的波动问题是十分必要的，它是研究较复杂的有限振幅波和随机波的基础。

微幅波理论假定：①波面高度相对波长而言无限小；②流体质点的运动速度缓慢；③流体是无黏性不可压缩的均匀流体；④流体做有势运动；⑤重力是唯一的外力；⑥流体自由表面上的压强 $p$ 等于大气压强 $p_a$；⑦海底为水平的固体边界。该理论是由艾里

(Airy)提出，所以又称为艾里波理论。

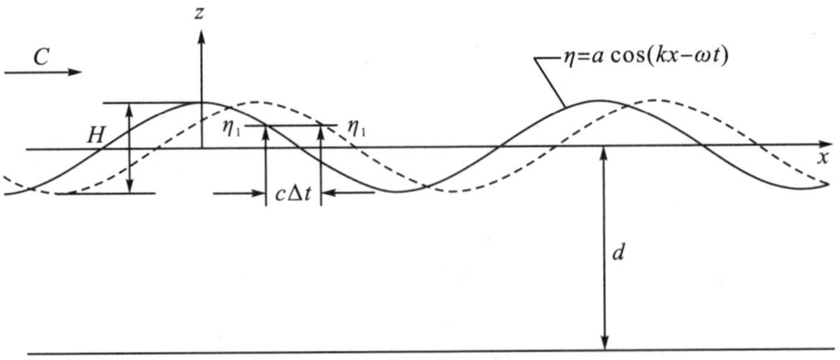


图 3.4 微幅波剖面

### 3.3.1.1 微幅波的基本方程

根据上述假定，此时速度势 $\varphi$ 满足的拉普拉斯方程为

$$\frac{\partial^2\varphi}{\partial x^2}+\frac{\partial^2\varphi}{\partial z^2}=0 \tag{3-31}$$

对应的自由表面运动学及动力学边界条件分别为

$$w\Big|_{z=\eta}=\frac{\partial\varphi}{\partial z}\Big|_{z=\eta}=\frac{\partial\eta}{\partial t}+\frac{\partial\varphi}{\partial x}\frac{\partial\eta}{\partial x}\Big|_{z=\eta} \tag{3-32}$$

$$\frac{\partial\varphi}{\partial t}\Big|_{z=\eta}+g\eta+\frac{1}{2}\left[\left(\frac{\partial\varphi}{\partial x}\right)^2+\left(\frac{\partial\varphi}{\partial z}\right)^2\right]\Bigg|_{z=\eta}=0 \tag{3-33}$$

由于微小振幅和缓慢流速的假定，式(3-32)中的 $\frac{\partial\varphi}{\partial x}$ 和 $\frac{\partial\eta}{\partial x}$ 均为小量，两个小量的乘积则为高一阶小量，相对于其他两项可忽略不计。式(3-33)中的 $\left(\frac{\partial\varphi}{\partial x}\right)^2+\left(\frac{\partial\varphi}{\partial z}\right)^2$ 相对于其他两项也是高阶小量，可忽略不计，于是得到线性化的自由表面运动学及动力学边界条件为

$$\frac{\partial\varphi}{\partial z}\Big|_{z=\eta}=\frac{\partial\eta}{\partial t} \tag{3-34}$$

$$\eta=-\frac{1}{g}\frac{\partial\varphi}{\partial t}\Big|_{z=\eta} \tag{3-35}$$

根据式(3-30)，$\frac{\partial\varphi}{\partial z}$ 和 $\frac{\partial\varphi}{\partial t}$ 可展开为

$$\frac{\partial\varphi}{\partial z}\Big|_{z=\eta}=\frac{\partial\varphi}{\partial z}\Big|_{z=0}+\eta\frac{\partial}{\partial z}\left(\frac{\partial\varphi}{\partial z}\right)\Big|_{z=0}+\frac{\eta^2}{2!}\left[\frac{\partial^2}{\partial z^2}\left(\frac{\partial\varphi}{\partial z}\right)\right]\Bigg|_{z=0}+\cdots \tag{3-36}$$

$$\frac{\partial\varphi}{\partial t}\Big|_{z=\eta}=\frac{\partial\varphi}{\partial t}\Big|_{z=0}+\eta\frac{\partial}{\partial z}\left(\frac{\partial\varphi}{\partial t}\right)\Big|_{z=0}+\frac{\eta^2}{2!}\left[\frac{\partial^2}{\partial z^2}\left(\frac{\partial\varphi}{\partial t}\right)\right]\Bigg|_{z=0}+\cdots \tag{3-37}$$

略去高阶小项(只保留第一项)，得

$$\left.\frac{\partial\varphi}{\partial z}\right|_{z=\eta}\approx\left.\frac{\partial\varphi}{\partial z}\right|_{z=0}\tag{3-38}$$

$$\left.\frac{\partial\varphi}{\partial t}\right|_{z=\eta}\approx\left.\frac{\partial\varphi}{\partial t}\right|_{z=0}\tag{3-39}$$

于是，

$$\frac{\partial\eta}{\partial t}=\left.\frac{\partial\varphi}{\partial z}\right|_{z=0}\tag{3-40}$$

$$\eta=-\frac{1}{g}\left.\frac{\partial\varphi}{\partial t}\right|_{z=0}\tag{3-41}$$

将式(3-41)对时间求导后代入式(3-40)，有

$$\left.\left(\frac{\partial\varphi}{\partial z}+\frac{1}{g}\frac{\partial^2\varphi}{\partial t^2}\right)\right|_{z=0}=0\tag{3-42}$$

因此，微幅波的速度势应满足的方程和边界条件总结为

$$\begin{cases}\dfrac{\partial^2\varphi}{\partial x^2}+\dfrac{\partial^2\varphi}{\partial z^2}=0\\ \left.\dfrac{\partial\varphi}{\partial z}\right|_{z=-d}=0\\ \left.\left(\dfrac{\partial\varphi}{\partial z}+\dfrac{1}{g}\dfrac{\partial^2\varphi}{\partial t^2}\right)\right|_{z=0}=0\end{cases},\quad -d\leqslant z\leqslant 0\tag{3-43}$$

### 3.3.1.2 微幅波的速度势

依据数理方程的知识，假设微幅波的波面方程为余弦函数：

$$\eta=a\cos(kx-\omega t)\tag{3-44}$$

可知振幅 $a$ 为波高 $H$ 的一半，$kx-\omega t$ 为波浪的相位。同一时间当 $x$ 增减一个波长 $L$ 时，波面高度 $\eta$ 应不变，于是有 $kL=2\pi$；当时间增减一个周期 $T$ 时，同一点的波面高度 $\eta$ 应不变，于是有 $\omega T=2\pi$，因此有

$$\begin{cases}k=\dfrac{2\pi}{L}\\ \omega=\dfrac{2\pi}{T}\end{cases}\tag{3-45}$$

我们把 $k$ 称为波数，$\omega$ 称为圆频率。由此可知，波速 $C$ 与波数 $k$ 和圆频率 $\omega$ 之间满足：

$$C=\frac{L}{T}=\frac{\omega}{k}\tag{3-46}$$

将式(3-44)代入式(3-41)中积分可得

$$\varphi|_{z=0}=\frac{gH}{2\omega}\sin(kx-\omega t)\tag{3-47}$$

由于$\varphi$ 还应与 $z$ 有关，因此，可设速度势的一般形式为

$$\varphi=A(z)\sin(kx-\omega t)\tag{3-48}$$

式中，$A(z)$为关于 $z$ 的函数。

将式(3-48)代入式(3-43)的拉普拉斯方程，可得

$$A''(z)-k^2A(z)=0 \tag{3-49}$$

其通解为

$$A(z)=A_1\mathrm{e}^{kz}+A_2\mathrm{e}^{-kz} \tag{3-50}$$

于是，速度势的通解为

$$\varphi=\left(A_1\mathrm{e}^{kz}+A_2\mathrm{e}^{-kz}\right)\sin(kx-\omega t) \tag{3-51}$$

1. **当水深无穷大时**

当 $z\to-\infty$，水底处的流速势应趋于 0，但$\sin(kx-\omega t)$不一定等于 0，即 $A(z)\big|_{z\to-\infty}=0$。于是，$A_2=0$，$A(z)=A_1\mathrm{e}^{kz}$，速度势为

$$\varphi=A_1\mathrm{e}^{kz}\sin(kx-\omega t) \tag{3-52}$$

为满足式(3-41)，有

$$\frac{gH}{2}\cos(kx-\omega t)-\omega A_1\cos(kx-\omega t)=0 \tag{3-53}$$

由此得

$$A_1=\frac{gH}{2\omega} \tag{3-54}$$

势函数为

$$\varphi=\frac{gH}{2\omega}\mathrm{e}^{kz}\sin(kx-\omega t) \tag{3-55}$$

将式(3-55)代入式(3-42)，得

$$-\frac{\omega gH}{2}\mathrm{e}^{kz}\sin(kx-\omega t)+\frac{kg^2H}{2\omega}\mathrm{e}^{kz}\sin(kx-\omega t)=0 \tag{3-56}$$

于是，

$$\omega^2=kg \tag{3-57}$$

结合式(3-45)，得无限水深时的波长为

$$L_0=\frac{gT^2}{2\pi} \tag{3-58}$$

波速为

$$C_0=\frac{L_0}{T}=\frac{gT}{2\pi} \tag{3-59}$$

于是，无限水深时的微幅波水质点速度为

$$\begin{cases} u=\dfrac{\partial\varphi}{\partial x}=\dfrac{\omega H}{2}\mathrm{e}^{kz}\cos(kx-\omega t) \\ w=\dfrac{\partial\varphi}{\partial z}=\dfrac{\omega H}{2}\mathrm{e}^{kz}\sin(kx-\omega t) \end{cases} \tag{3-60}$$

加速度为

$$\begin{cases} a_x \approx \dfrac{\partial u}{\partial t} = \dfrac{\omega^2 H}{2} \mathrm{e}^{kz} \sin(kx - \omega t) \\ a_z \approx \dfrac{\partial w}{\partial t} = -\dfrac{\omega^2 H}{2} \mathrm{e}^{kz} \cos(kx - \omega t) \end{cases} \tag{3-61}$$

### 2. 当水深有限时

当 $z=-d$ 时，由 $w = \dfrac{\partial \varphi}{\partial z}\Big|_{z=-d} = 0$，所以有

$$A'(z)\sin(kx - \omega t)\big|_{z=-d} = 0 \tag{3-62}$$

水底处的流速势应等于 0，但 $\sin(kx-\omega t)$ 不一定等于 0，所以有

$$A'(z) = kA_1\mathrm{e}^{kz} - kA_2\mathrm{e}^{-kz} = 0 \tag{3-63}$$

于是，有

$$A_2 = A_1\mathrm{e}^{-2kd} \tag{3-64}$$

令 $A = 2A_1\mathrm{e}^{-kd}$，将式(3-64)代入式(3-51)，得速度势为

$$\varphi = A\mathrm{ch}k(d+z)\sin(kx - \omega t) \tag{3-65}$$

为满足式(3-41)，有

$$\frac{gH}{2}\cos(kx - \omega t) - \omega A\mathrm{ch}kd\cos(kx - \omega t) = 0 \tag{3-66}$$

由此得

$$A = \frac{gH}{2\omega\mathrm{ch}kd} \tag{3-67}$$

势函数为

$$\varphi = \frac{gH}{2\omega}\frac{\mathrm{ch}k(d+z)}{\mathrm{ch}kd}\sin(kx - \omega t) \tag{3-68}$$

将式(3-68)代入式(3-42)，得

$$-\frac{\omega gH}{2}\sin(kx - \omega t) + \frac{kg^2H}{2\omega}\frac{\mathrm{sh}kd}{\mathrm{ch}kd}\sin(kx - \omega t) = 0 \tag{3-69}$$

于是，

$$\omega^2 = kg\mathrm{th}kd \tag{3-70}$$

结合式(3-45)，得有限水深时的波长为

$$L = \frac{gT^2}{2\pi}\mathrm{th}kd \tag{3-71}$$

波速为

$$C = \frac{L}{T} = \frac{gT}{2\pi}\mathrm{th}kd \tag{3-72}$$

于是，有限水深时的微幅波水质点速度为

$$\begin{cases} u = \dfrac{\partial \varphi}{\partial x} = \dfrac{kgH}{2\omega}\dfrac{\mathrm{ch}k(d+z)}{\mathrm{ch}kd}\cos(kx - \omega t) \\ w = \dfrac{\partial \varphi}{\partial z} = \dfrac{kgH}{2\omega}\dfrac{\mathrm{sh}k(d+z)}{\mathrm{ch}kd}\sin(kx - \omega t) \end{cases} \tag{3-73}$$

加速度为

$$\begin{cases} a_x \approx \dfrac{\partial u}{\partial t} = \dfrac{kgH}{2}\dfrac{\mathrm{ch}k(d+z)}{\mathrm{ch}kd}\sin(kx-\omega t) \\ a_z \approx \dfrac{\partial w}{\partial t} = -\dfrac{kgH}{2}\dfrac{\mathrm{sh}k(d+z)}{\mathrm{ch}kd}\cos(kx-\omega t) \end{cases} \tag{3-74}$$

### 3.3.1.3 水质点的运动轨迹

如图 3.5 所示，在波动场内水质点在静止时位于 $(x_0,z_0)$ 处。在波浪运动中水质点以速度 $\dfrac{\mathrm{d}\xi}{\mathrm{d}t}$、$\dfrac{\mathrm{d}\eta}{\mathrm{d}t}$ 运动。在运动的任一瞬间，水质点的位置在 $x=x_0+\xi$、$z=z_0+\eta$ 处。假定水质点只在它静止位置的周围做微幅运动，因此可认为任何时刻水质点的运动速度都等于在流场中点 $(x_0,z_0)$ 处的速度，而不计速度在点 $(x_0+\xi,z_0+\eta)$ 与点 $(x_0,z_0)$ 之间的差别，即

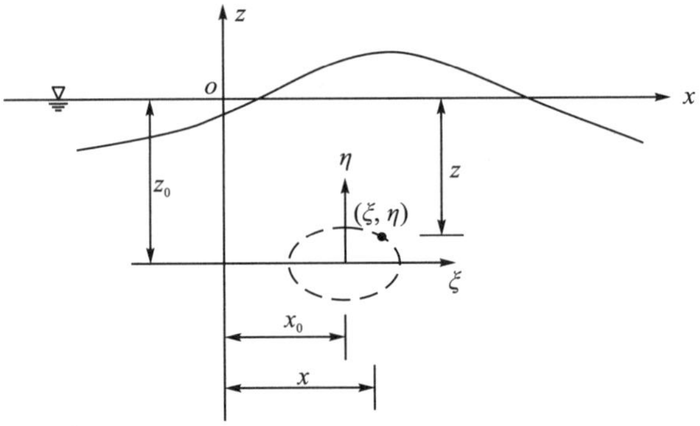


图 3.5 水质点的运动轨迹

$$\begin{cases} \left.\dfrac{\mathrm{d}\xi}{\mathrm{d}t}\right| = u = \left.\dfrac{\partial \varphi}{\partial x}\right|_{x=x_0,z=z_0} \\ \left.\dfrac{\mathrm{d}\eta}{\mathrm{d}t}\right| = w = \left.\dfrac{\partial \varphi}{\partial z}\right|_{x=x_0,z=z_0} \end{cases} \tag{3-75}$$

积分得

$$\begin{aligned} \xi &= \int_0^t \left.\frac{\partial \varphi}{\partial x}\right|_{x=x_0,z=z_0} \mathrm{d}t = -\frac{kgH}{2\omega^2}\frac{\mathrm{ch}k(d+z_0)}{\mathrm{ch}kd}\sin(kx_0-\omega t) \\ &= -\frac{H}{2}\frac{\mathrm{ch}k(d+z_0)}{\mathrm{sh}kd}\sin(kx_0-\omega t) \end{aligned} \tag{3-76}$$

$$\begin{aligned} \eta &= \int_0^t \left.\frac{\partial \varphi}{\partial z}\right|_{x=x_0,z=z_0} \mathrm{d}t = \frac{kgH}{2\omega^2}\frac{\mathrm{sh}k(d+z_0)}{\mathrm{ch}kd}\cos(kx_0-\omega t) \\ &= \frac{H}{2}\frac{\mathrm{sh}k(d+z_0)}{\mathrm{sh}kd}\cos(kx_0-\omega t) \end{aligned} \tag{3-77}$$

当 $z_0$=0 时，$\eta=\eta_0=\dfrac{H}{2}\cos\left(kx_0-\omega t\right)$，即为前面我们的假设。由式(3-76)、式(3-77)可得任意时刻水质点的位置$(x,z)$为

$$\begin{cases} x=x_0-\dfrac{H}{2}\dfrac{\text{ch}k\left(z_0+d\right)}{\text{sh}kd}\sin\left(kx_0-\omega t\right)=x_0-\alpha\sin\left(kx_0-\omega t\right) \\ z=z_0+\dfrac{H}{2}\dfrac{\text{sh}k\left(z_0+d\right)}{\text{sh}kd}\cos\left(kx_0-\omega t\right)=z_0+\beta\cos\left(kx_0-\omega t\right) \end{cases} \tag{3-78}$$

因此，静止时在$(x_0,z_0)$处的水质点在波浪运动中的运动方程为

$$\frac{\left(x-x_0\right)^2}{\alpha^2}+\frac{\left(z-z_0\right)^2}{\beta^2}=1 \tag{3-79}$$

其中，

$$\begin{cases} \alpha=\dfrac{H}{2}\dfrac{\text{ch}k\left(z_0+d\right)}{\text{sh}kd} \\ \beta=\dfrac{H}{2}\dfrac{\text{sh}k\left(z_0+d\right)}{\text{sh}kd} \end{cases} \tag{3-80}$$

式(3-79)是一个椭圆方程，水平长轴为 $\alpha$，短轴为 $\beta$，表明水质点循封闭椭圆轨迹做振荡运动。当 $z_0$=0，$\beta_0=\dfrac{H}{2}$（即为波幅）时，$\alpha_0=\dfrac{H}{2}\text{cth}kd$；当 $z_0=-d$，$\beta_d=0$（水质点沿水底做水平运动）时，$\alpha_d=\dfrac{H}{2\text{sh}kd}$；当水无限深时，$\text{ch}k\left(z_0+d\right)\approx\text{sh}k\left(z_0+d\right)$，于是有

$$\alpha=\beta=\frac{H}{2}\frac{\frac{1}{2}\left[\text{e}^{k\left(z_0+d\right)}\pm\text{e}^{-k\left(z_0+d\right)}\right]_{d\to\infty}}{\frac{1}{2}\left[\text{e}^{kd}-\text{e}^{-kd}\right]_{d\to\infty}}=\frac{H}{2}\text{e}^{kz_0} \tag{3-81}$$

由此得到的水质点运动轨迹方程为

$$\left(x-x_0\right)^2+\left(z-z_0\right)^2=\left(\frac{H}{2}\text{e}^{kz_0}\right)^2 \tag{3-82}$$

该轨迹是一个半径 $r$ 为$\dfrac{H}{2}\text{e}^{kz_0}$的圆，即水质点循封闭圆轨迹做振荡运动。在水面处，$z_0=0$，轨迹圆的半径为$\dfrac{H}{2}$。随着深度的增加，轨迹圆的半径迅速减小。在深度为一个波长处，$z_0=-L$，轨迹圆的半径仅为$\dfrac{H}{2}$的$\dfrac{1}{535}$，可认为水质点近似不动。在$z_0=\dfrac{-L}{2}$处，其质点运动轨迹圆的半径为$\dfrac{H}{2}$的$\dfrac{1}{23}$，一般情况下也可认为水质点基本不动了。因此，在工程上常将 $d=0.5L$ 作为无限水深和有限水深的分界。

由此规定，$d\geqslant 0.5L$ 中的波浪为深水波；$0.05L\leqslant d<0.5L$ 中的波浪为浅水波；$d<0.05L$ 中的波浪为极浅水波。这三种波浪的水质点运动轨迹以及运动速度随深度的变化如图 3.6 所示。

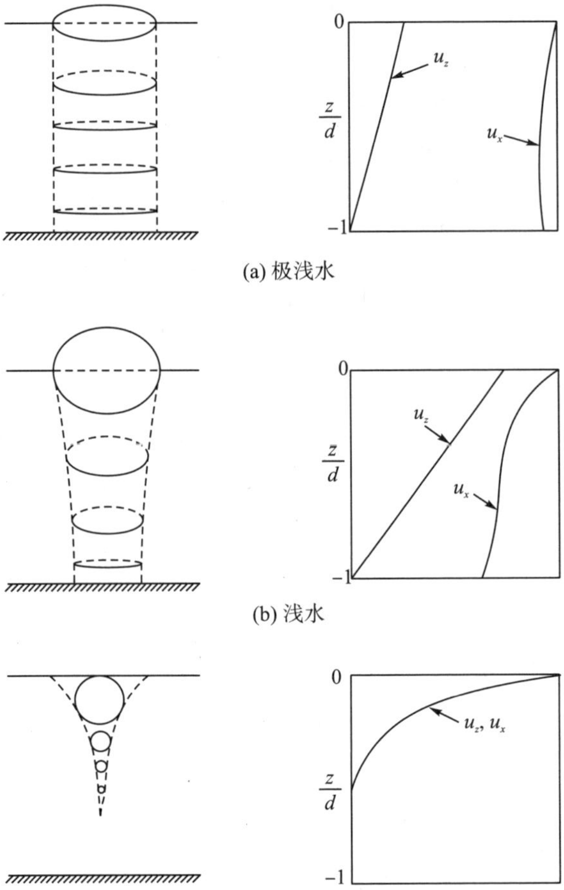


(a) 极浅水

(b) 浅水

(c) 深水

图 3.6　质点轨迹、速度随深度变化的示意图

#### 3.3.1.4　波压强分布

对于微幅波，由式(3-22)可知，在波浪中任一点处的波压强为

$$p = -\rho g z - \rho \frac{\partial \varphi}{\partial t} \tag{3-83}$$

结合前面的速度势表达式，浅水情况下的压强为

$$p = -\rho g z + \frac{\rho g H}{2} \frac{\mathrm{ch} k(z+d)}{\mathrm{ch} kd} \cos(kx - \omega t) \tag{3-84}$$

深水情况下的压强为

$$p = -\rho g z + \frac{\rho g H}{2} \mathrm{e}^{kz} \cos(kx - \omega t) \tag{3-85}$$

根据以上分析，我们将微幅波的公式列于表 3.1 中。

表 3.1　微幅波运动的表达式

| 波浪参数 | 浅水(一般表达式) | 深水 | 极浅水 |
| --- | --- | --- | --- |
| 波面 | — | $\eta=\dfrac{H}{2}\cos(kx-\omega t)=\dfrac{H}{2}\cos\theta$ | — |
| 波速 | $C=\dfrac{g}{\omega}\text{th}kd$ | $C=\dfrac{g}{\omega}$ | $C=\sqrt{gd}$ |
| 波长 | $L=\dfrac{gT}{\omega}\text{th}kd$ | $L=\dfrac{gT}{\omega}$ | $L=T\sqrt{gd}$ |
| 水平速度 | $u=\dfrac{H\pi}{T}\dfrac{\text{ch}k(z+d)}{\text{sh}kd}\cos\theta$ | $u=\dfrac{H\pi}{T}e^{kz}\cos\theta$ | $u=\dfrac{H}{2}\sqrt{\dfrac{g}{d}}\cos\theta$ |
| 垂直速度 | $w=\dfrac{H\pi}{T}\dfrac{\text{sh}k(z+d)}{\text{sh}kd}\sin\theta$ | $w=\dfrac{H\pi}{T}e^{kz}\sin\theta$ | $w=\dfrac{H\pi}{T}\left(1+\dfrac{z}{d}\right)\sin\theta$ |
| 水平加速度 | $a_x=\dfrac{Hg\pi}{L}\dfrac{\text{ch}k(z+d)}{\text{ch}kd}\sin\theta$ | $a_x=2H\left(\dfrac{\pi}{T}\right)^2e^{kz}\sin\theta$ | $a_x=\dfrac{H\pi}{T}\sqrt{gd}\sin\theta$ |
| 垂直加速度 | $a_z=-\dfrac{Hg\pi}{L}\dfrac{\text{sh}k(z+d)}{\text{ch}kd}\cos\theta$ | $a_z=-2H\left(\dfrac{\pi}{T}\right)^2e^{kz}\cos\theta$ | $a_z=-2H\left(\dfrac{\pi}{T}\right)^2\left(1+\dfrac{z}{d}\right)\cos\theta$ |
| 水平位移 | $\xi=-\dfrac{H}{2}\dfrac{\text{ch}k(d+z_0)}{\text{sh}kd}\sin\theta$ | $\xi=-\dfrac{H}{2}e^{kz}\sin\theta$ | $\xi=-\dfrac{H}{2\varpi}\sqrt{\dfrac{g}{d}}\sin\theta$ |
| 垂直位移 | $\eta=\dfrac{H}{2}\dfrac{\text{sh}k(d+z_0)}{\text{sh}kd}\cos\theta$ | $\eta=\dfrac{H}{2}e^{kz}\cos\theta$ | $\eta=\dfrac{H}{2}\left(1+\dfrac{z}{d}\right)\cos\theta$ |
| 压强 | $p=\rho\eta g\dfrac{\text{ch}k(z+d)}{\text{ch}kd}-\rho gz$ | $p=g\rho\eta e^{kz}-gz\rho$ | $p=g\rho(\eta-z)$ |
| 速度势 | $\varphi=\dfrac{HC}{2}\dfrac{\text{ch}k(z+d)}{\text{sh}kd}\sin\theta$ | $\varphi=\dfrac{HC}{2}e^{kz}\sin\theta$ | $\varphi=\dfrac{Hg}{2\omega}\sin\theta$ |

注：当水深与波长相比很小时，根据双曲函数特性，$\text{th}kd\approx kd$。

## 3.3.2　斯托克斯波理论

实际波浪的波高相对于波长(或水深)而言是有限的，在这种有限振幅波中，必须考虑非线性的自由表面运动条件和动力条件，所以有限振幅波又称非线性波。现今已有若干种非线性波理论，工程中常用的有斯托克斯波理论、椭圆余弦波理论和孤立波理论。

微幅波只保留了 $H/L$ 的一阶小量，而斯托克斯波考虑了 $H/L$ 的高阶小量。斯托克斯波理论假定速度势 $\varphi$ 和波面 $\eta$ 可以用 $H/L$ 的幂级数形式表示：

$$\begin{cases}\varphi=\sum\limits_{i=1}^{n}\left(\dfrac{H}{L}\right)^i\varphi_i=\left(\dfrac{H}{L}\right)^1\varphi_1+\left(\dfrac{H}{L}\right)^2\varphi_2+\left(\dfrac{H}{L}\right)^3\varphi_3+\cdots+\left(\dfrac{H}{L}\right)^n\varphi_n\\ \eta=\sum\limits_{i=1}^{n}\left(\dfrac{H}{L}\right)^i\eta_i=\left(\dfrac{H}{L}\right)^1\eta_1+\left(\dfrac{H}{L}\right)^2\eta_2+\left(\dfrac{H}{L}\right)^3\eta_3+\cdots+\left(\dfrac{H}{L}\right)^n\eta_n\end{cases}\tag{3-86}$$

每个 $\varphi_i$ 都应满足拉普拉斯方程和底部边界条件：

$$\begin{cases}\dfrac{\partial^2\varphi_i}{\partial x^2}+\dfrac{\partial^2\varphi_i}{\partial z^2}=0, & i=1,2,\cdots,n\\ \dfrac{\partial\varphi_i}{\partial z}=0, & z=-d;i=1,2,\cdots,n\end{cases}\tag{3-87}$$

将自由表面处 $\varphi$ 按式(3-30)展开：

$$\varphi\big|_{z=\eta}=\varphi\big|_{z=0}+\eta\frac{\partial\varphi}{\partial z}\bigg|_{z=0}+\frac{1}{2!}\eta^2\frac{\partial^2\varphi}{\partial z^2}\bigg|_{z=0}+\frac{1}{3!}\eta^3\frac{\partial^3\varphi}{\partial z^3}\bigg|_{z=0}+\cdots\tag{3-88}$$

代入二维(考虑 $x$、$z$ 方向)的式(3-26)和式(3-27)，可得此时的自由表面运动学与动力学边界条件为

$$\begin{cases}\dfrac{\partial}{\partial z}\left(\varphi+\eta\dfrac{\partial\varphi}{\partial z}+\cdots\right)=\dfrac{\partial\eta}{\partial t}+\dfrac{\partial\eta}{\partial x}\dfrac{\partial}{\partial x}\left(\varphi+\eta\dfrac{\partial\varphi}{\partial z}+\cdots\right)\\ \dfrac{\partial}{\partial t}\left(\varphi+\eta\dfrac{\partial\varphi}{\partial z}+\cdots\right)+g\eta+\dfrac{1}{2}\left[\dfrac{\partial}{\partial x}\left(\varphi+\eta\dfrac{\partial\varphi}{\partial z}+\cdots\right)\right]^2+\dfrac{1}{2}\left[\dfrac{\partial}{\partial z}\left(\varphi+\eta\dfrac{\partial\varphi}{\partial z}+\cdots\right)\right]^2=0\end{cases}\tag{3-89}$$

将式(3-86)代入式(3-89)，按小参数 $H/L$ 的幂次归并整理，得

$$\begin{cases}\left(\dfrac{H}{L}\right)^1\left(\dfrac{\partial\varphi_1}{\partial z}-\dfrac{\partial\eta_1}{\partial t}\right)+\left(\dfrac{H}{L}\right)^2\left(\dfrac{\partial\varphi_2}{\partial z}-\dfrac{\partial\eta_2}{\partial t}+\eta_1\dfrac{\partial^2\varphi}{\partial z^2}-\dfrac{\partial\eta_1}{\partial x}\dfrac{\partial\varphi_1}{\partial x}\right)+\left(\dfrac{H}{L}\right)^3(\cdots)+\cdots=0\\ \left(\dfrac{H}{L}\right)^1\left(\dfrac{\partial\varphi_1}{\partial t}+g\eta_1\right)+\left(\dfrac{H}{L}\right)^2\left\{g\eta_2+\dfrac{\partial\varphi_2}{\partial t}+\eta_1\dfrac{\partial^2\varphi_1}{\partial t\partial z}+\dfrac{1}{2}\left[\left(\dfrac{\partial\varphi_1}{\partial x}\right)^2+\left(\dfrac{\partial\varphi_1}{\partial z}\right)^2\right]\right\}\\ \qquad+\left(\dfrac{H}{L}\right)^3(\cdots)+\cdots=0\end{cases}\tag{3-90}$$

由于 $H/L$ 是小于 1 的常数，要使式(3-90)成立，只有使 $(H/L)^n$ 前面的系数为零，这样就得到一系列独立于 $H/L$ 的偏微分方程组：

(1)一阶：

$$\begin{cases}\dfrac{\partial\varphi_1}{\partial z}-\dfrac{\partial\eta_1}{\partial t}=0\\ \dfrac{\partial\varphi_1}{\partial t}+g\eta_1=0\end{cases}\tag{3-91}$$

(2)二阶：

$$\begin{cases}\dfrac{\partial\varphi_2}{\partial z}-\dfrac{\partial\eta_2}{\partial t}+\eta_1\dfrac{\partial^2\varphi_1}{\partial z^2}-\dfrac{\partial\eta_1}{\partial x}\dfrac{\partial\varphi_1}{\partial x}=0\\ \dfrac{\partial\varphi_2}{\partial t}+g\eta_2+\eta_1\dfrac{\partial^2\varphi_1}{\partial t\partial z}+\dfrac{1}{2}\left[\left(\dfrac{\partial\varphi_1}{\partial x}\right)^2+\left(\dfrac{\partial\varphi_1}{\partial z}\right)^2\right]=0\end{cases}\tag{3-92}$$

(3) $n$ 阶：

$$\begin{cases}\dfrac{\partial\varphi_n}{\partial z}-\dfrac{\partial\eta_n}{\partial t}+f_{n-1}(\varphi_{n-1},\eta_{n-1})=0\\ \dfrac{\partial\varphi_n}{\partial t}+g\eta_n+f'_{n-1}(\varphi_{n-1},\eta_{n-1})=0\end{cases}\tag{3-93}$$

可见，根据一阶时的式(3-91)可得

$$\left(\frac{\partial\varphi_1}{\partial z}+\frac{1}{g}\frac{\partial^2\varphi_1}{\partial t^2}\right)\bigg|_{z=0}=0 \tag{3-94}$$

这就是线性化的自由表面边界条件式(3-42)(用于微幅波理论)。

求得一阶时的 $\varphi_1$ 和 $\eta_1$ 后，将结果代入式(3-92)，即可得同时满足拉普拉斯方程和海底边界条件的 $\varphi_2$ 和 $\eta_2$。依此类推，由低阶到高阶逐步解出这些偏微分方程，可得各阶的近似解 $\varphi_n$ 和 $\eta_n$。表 3.2 给出了斯托克斯二阶波的表达式。

**表 3.2 斯托克斯二阶波的表达式**

| 特征量 | 表达式 |
|---|---|
| 波面 | $\eta=\frac{H}{2}\cos\theta+\frac{H}{8}\frac{\pi H}{L}\frac{\mathrm{ch}kd}{\mathrm{sh}^3kd}(2+\mathrm{ch}^2kd)\cos2\theta$ |
| 波速 | $C=\sqrt{\frac{g}{k}\mathrm{th}kd}$ |
| 水平速度 | $u=\frac{\pi H}{T}\frac{\mathrm{ch}kS}{\mathrm{sh}kd}\cos\theta+\frac{3}{4}\frac{\pi H}{T}\frac{\pi H}{L}\frac{\mathrm{ch}^2kS}{\mathrm{sh}^4kd}\cos2\theta$ |
| 垂直速度 | $w=\frac{\pi H}{T}\frac{\mathrm{sh}kS}{\mathrm{sh}kd}\sin\theta+\frac{3}{4}\frac{\pi H}{T}\frac{\pi H}{L}\frac{\mathrm{sh}^2kS}{\mathrm{sh}^4kd}\sin2\theta$ |
| 水平加速度 | $a_x=\frac{2\pi^2H}{T^2}\frac{\mathrm{ch}kS}{\mathrm{sh}kd}\sin\theta+\frac{3\pi^2H}{T^2}\frac{\pi H}{L}\frac{\mathrm{ch}^2kS}{\mathrm{sh}^4kd}\sin2\theta$ |
| 垂直加速度 | $a_z=\frac{2\pi^2H}{T^2}\frac{\mathrm{sh}kS}{\mathrm{sh}kd}\cos\theta-\frac{3\pi^2H}{T^2}\frac{\pi H}{L}\frac{\mathrm{sh}^2kS}{\mathrm{sh}^4kd}\cos2\theta$ |
| 速度势 | $\varphi=\frac{\pi H}{kT}\frac{\mathrm{ch}k(d+\eta)}{\mathrm{sh}kd}\sin\theta+\frac{3}{8}\frac{\pi H}{kT}\frac{\pi H}{L}\frac{\mathrm{ch}v}{\mathrm{sh}^4kd}\sin2\theta$ |

注：$S=d+\eta$，$\theta=kx-\omega t$。

### 3.3.3 椭圆余弦波理论

在逐渐变浅的水域中，斯托克斯波理论给出的波面和质点速度就不够精确了。这时的 $H/d$ 和 $H/L$ 都成为决定波动性质的主要因素。椭圆余弦波是指水深较浅条件下的有限振幅、长周期波，它用椭圆余弦函数 cn 来描述它的波剖面，因此得名。此理论最早由科特韦格(Korteweg)和德弗里斯(De Vries)于 1895 年提出，它也是根据满足浅水波动的基本方程和边界条件，借助于小参数展开法而导出的。推导过程极为烦琐，所得结果解析式也不便于直接计算。因此，为简化计算，维格尔(Wiegel)制成一套图表，才使该理论应用于工程实际中。这里给出椭圆余弦波的一些主要结果，如表 3.3 所示。

表 3.3 椭圆余弦波的主要表达式

| 特征量 | 表达式 |
|---|---|
| 波长 | $L=4d\sqrt{\dfrac{d}{3H}}kK(k)$ |
| 波速 | $C=\sqrt{gd}\left\{1+\dfrac{H}{d}\left[-1+\dfrac{1}{k^2}\left(2-3\dfrac{E(k)}{K(k)}\right)\right]\right\}^{1/2}$ |
| 周期 | $T=\dfrac{4dkK(k)}{\sqrt{3gH}}\left\{1+\dfrac{H}{d}\left[-1+\dfrac{1}{k^2}\left(2-3\dfrac{E(k)}{K(k)}\right)\right]\right\}^{-1/2}$ |
| 波峰顶到海底的距离 | $z_c=d+\dfrac{16d^3}{3L^2}K(k)\left[K(k)-E(k)\right]$ |
| 波谷底到海底的距离 | $z_t=d-H+\dfrac{16d^3}{3L^2}K(k)\left[K(k)-E(k)\right]$ |
| 波面 | $\eta=-H+\dfrac{16d^3}{3L^2}K(k)\left[K(k)-E(k)\right]+H\mathrm{cn}^2\left[2K(k)\left(\dfrac{x}{L}-\dfrac{t}{T}\right),k\right]$ |

注：$K(k)$ 和 $E(k)$ 分别为第一类和第二类椭圆积分，$K(k)=\int_0^{\frac{\pi}{2}}\dfrac{\mathrm{d}\theta}{\sqrt{1-k^2\sin^2\theta}}$，$E(k)=\int_0^{\frac{\pi}{2}}\sqrt{1-k^2\sin^2\theta}\mathrm{d}\theta$；cn[]是雅可比椭圆余弦函数。

当模数 $k$ 为 0 时，有

$$K(k)=E(k)=\int_0^{\frac{\pi}{2}}\mathrm{d}\theta=\frac{\pi}{2} \tag{3-95}$$

$$\mathrm{cn}^2\left[2K(k)\left(\frac{x}{L}-\frac{t}{T}\right),k\right]=\cos^2\left[\pi\left(\frac{x}{L}-\frac{t}{T}\right)\right] \tag{3-96}$$

这时，椭圆余弦波的波面方程为

$$\eta=H\cos^2\left[\pi\left(\frac{x}{L}-\frac{t}{T}\right)\right]-H=H\cos^2\left[\frac{1}{2}(kx-\omega t)\right]-H=\frac{H}{2}\cos(kx-\omega t) \tag{3-97}$$

这与微幅波理论相同。可见，当 $k$=0 时，椭圆余弦波转化为类似微幅波的浅水余弦波。

### 3.3.4 孤立波理论

孤立波发生在极浅水域，波峰变尖，波谷变平，波峰形状变得和波长、周期无关，表现为一个孤立的移动波，整个波峰都处于静水面以上。令椭圆余弦波的模数 $k$=1，得到的即为孤立波，其相关表达式如表 3.4 所示。

表 3.4 孤立波的表达式

| 特征量 | 表达式 |
|---|---|
| 波速 | $C=\sqrt{g(d+H)}$ |

续表

| 特征量 | 表达式 |
|---|---|
| 波面 | $\eta = H\text{sech}^2\left[\sqrt{\frac{3H}{4d^3}}(x-Ct)\right]$ |
| 水平速度 | $u = H\sqrt{\frac{g}{d}}\text{sech}^2\left[\sqrt{\frac{3H}{4d^3}}(x-Ct)\right]$ |
| 垂直速度 | $w = \frac{Hz}{d^2}\sqrt{3gH}\text{sech}^2\left[\sqrt{\frac{3H}{4d^3}}(x-Ct)\right]\tanh\left[\sqrt{\frac{3H}{4d^3}}(x-Ct)\right]$ |

孤立波只向前推移，波峰到来之前，离波峰 $x=10d$ 处的水质点几乎尚未运动，随着波峰的到来，水质点做向上和向前运动。在波峰通过时刻，水质点水平速度达到最大，垂直速度为零，质点向上位移达到最大。

### 3.3.5　几种常见波浪理论的适用范围

前面已经对微幅波、斯托克斯波、椭圆余弦波以及孤立波四种波浪理论进行了讨论。但这些波浪理论都是通过某些假定与简化得到的。不同的假设与简化，理论计算结果有差异，适用范围也不相同。为确定各种波浪理论的适用范围，不少研究者针对波面形状、波速、水质点的运动速度和加速度、水质点的运动轨迹线形状、波浪的极限波陡等波浪特性，进行了理论分析或实验观测。

1970 年，迪安(Dean)对各种波浪理论及自由水面运动和动力边界条件做了适应程度计算，划定了各种波浪理论的使用范围，如图 3.7 所示，其中 $H_B$ 为破碎波高。

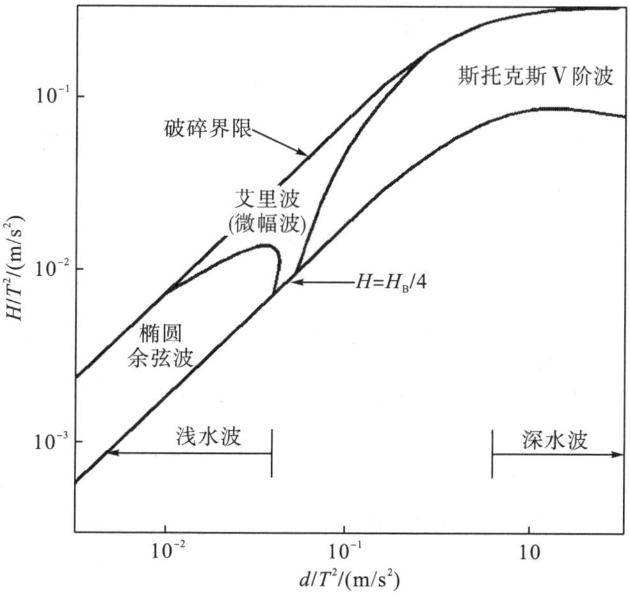


图 3.7　Dean 提出的各种波浪理论的适用范围

1976 年，勒·梅沃特采用两个量纲为一的独立参数 $H/(gT^2)$、$d/(gT^2)$ 为纵、横坐标，把各种波浪理论的适用范围近似地表示在图 3.8 中。

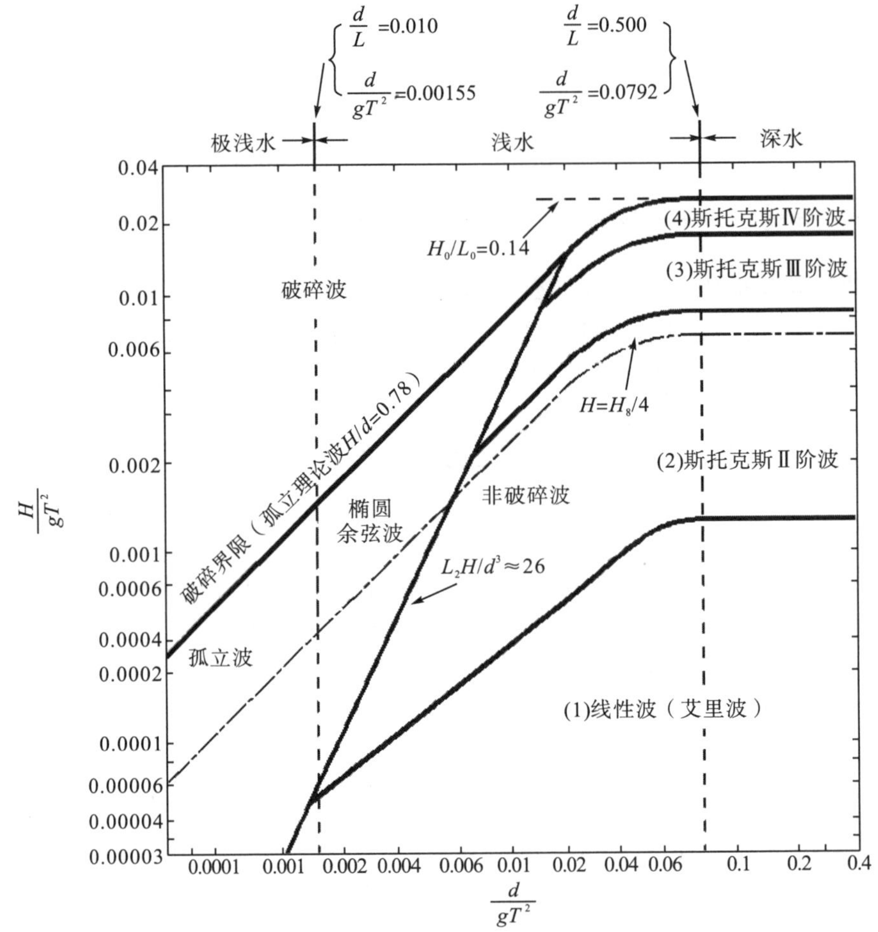


图 3.8　勒·梅沃特提出的各种波浪理论的适用范围

## 3.4　随机波浪理论

实际海面上的波浪高低不等，长短不齐，此起彼伏，瞬息万变，杂乱无章，似无规律可循。在数学上，所谓的随机过程是指不能用确定的解决办法来描述，而是只能用非限定性的或者统计的方式来分析的一种过程。虽然这些波浪的随机运动可能是不确定的，但是它们的统计特征却能出现显著的规律，或者说规律寓于大量的不确定的变化之中。表征这种随机现象的变量为随机变量，它不能以确定性的数字标定，而只能以统计平均或概率的数学语言来描述。因此，可以应用随机过程和概率论的数学方法，讨论波浪运动的规律，寻求波浪运动的数字特征，用以区别不同类型的随机波浪运动。

## 3.4.1　随机变量的统计特征值

### 3.4.1.1　数学期望(均值)和均方根值

数学期望是指随机函数 $x(t)$ 的总体平均值，用 $E[x]$ 表示。如果随机函数 $x(t)$ 的概率密度分布函数为 $p(x)$，则数学期望为

$$E[x]=\int_{-\infty}^{\infty}xp(x)\mathrm{d}x \tag{3-98}$$

均方值是指随机函数 $x(t)$ 平方的总体平均值，记为 $E[x^2]$，定义如下：

$$E[x^2]=\int_{-\infty}^{\infty}x^2p(x)\mathrm{d}x \tag{3-99}$$

均方值的平方根称为均方根(root mean square，RMS)值，记为 $x_{\mathrm{rms}}$。

$$x_{\mathrm{rms}}=\sqrt{E[x^2]} \tag{3-100}$$

### 3.4.1.2　方差和均方差

方差表明随机变量偏离其均值的程度，等于随机变量的二阶中心矩。

$$D[x]=E[(x-E[x])^2]=E[x^2]-(E[x])^2 \tag{3-101}$$

随机函数 $x(t)$ 方差的平方根称为均方差或标准差，记为

$$\sigma_x=\sqrt{D[x]} \tag{3-102}$$

### 3.4.1.3　自相关函数

随机函数 $x(t)$ 的自相关函数描述一个时刻 $t$ 的随机函数值 $x(t)$ 与另一个时刻 $t+\tau$ 时的随机函数值 $x(t+\tau)$ 的相关程度。当 $\tau$ 很小时，$x(t)$ 与 $x(t+\tau)$ 密切相关，随着 $\tau$ 的增大，相关关系随之减弱并直至为零。

随机函数 $x(t)$ 的自相关函数定义为

$$R(t,t+\tau)=E[x(t)\cdot x(t+\tau)] \tag{3-103}$$

当随机过程的总体平均的统计特征值不随时间变化时，该随机过程称为平稳随机过程。而若按时间平均的均值、自相关函数等统计特征值等于该随机过程的总体平均的统计特征值时，则称该平稳随机过程具有各态历经性。

对平稳的具有各态历经性的随机过程，可以用其一次实现代替总体，且统计特征值与时间起点无关，均值和自相关函数分别为

$$E[x(t)]=\overline{x(t)}=\lim_{T\to\infty}\frac{1}{T}\int_0^T x(t)\mathrm{d}t \tag{3-104}$$

$$R(\tau)=\overline{x(t)\cdot x(t+\tau)}=\lim_{T\to\infty}\frac{1}{T}\int_0^T x(t)x(t+\tau)\mathrm{d}t \tag{3-105}$$

## 3.4.2　海浪的描述

对海浪来说，随机过程的平稳性和各态历经性有着重要的意义。因为海浪是难以观

测的，对同一海域，通常只能设置有限个观测点。那么有限测点的数据能否用于海浪总体统计特征分析呢？一般来说，某随机过程的一个样本是不能代表随机过程的总体特征的。但如果把海浪看作是平稳的、各态历经性的随机过程，其中的一个样本就具有代表性了。那么，海浪是否具有这些特征呢?

根据理论和经验分析，海浪可看作是由无数余弦波叠加而成，波面高度$\eta$的平均值$E[\eta]=0$，即不随时间变化，符合平稳性要求。其次，波面的方差$D[\eta]$与单位面积铅直水柱的波浪能量成比例，当海浪处于稳定阶段时，能量的增减速率都很小，波面高度的方差变化缓慢，所以在短时间内，海浪可以看作是平稳随机过程。最后，从自相关函数分析，海浪波面的自相关函数$R(\tau)$通常随$\tau$的增大而迅速减小，基本上符合各态历经的要求。

综上所述，海浪具备了平稳性和各态历经性的条件，能够利用单个或少数几个测点的波浪记录，从任意时刻开始选取合适的时段进行统计分析，求出相关统计特征值来表示海浪的总体特征值。

### 3.4.3 随机波浪的统计特征

对于不规则波的海浪要素，一般采用上跨零线相交法进行定义，如图 3.9 所示，为一条在某固定点记录的波面随时间的波动过程曲线，即波剖面$\zeta(t)$。图中的横轴代表时间 $t$，称为零线。将波动曲线由下向上及由上向下跨过零线的交点分别定义为上跨零点和下跨零点，如图 3.9 中$A_1$、$A_2$、$A_3$等为上跨零点，$B_1$、$B_2$、$B_3$等为下跨零点。相邻的上、下跨零点之间的曲线最高点就是波峰，其间的最低点是波谷。

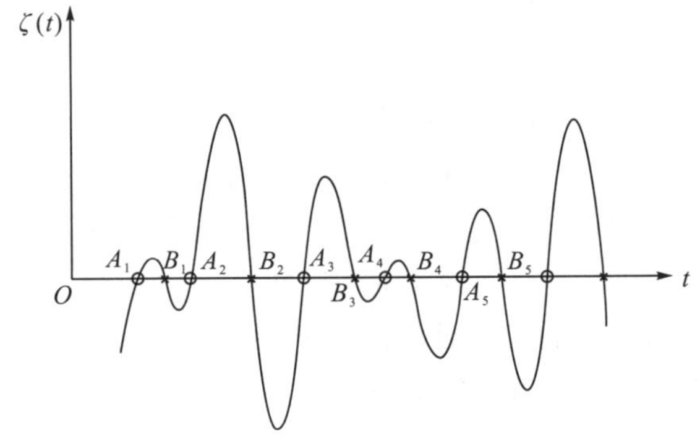


图 3.9 不规则波的海浪要素

两相邻上跨零点(或下跨零点)间的时间间隔定义为周期$T_i$，其所有周期的平均值为平均周期：$\overline{T}=\dfrac{1}{N}\sum_{i=1}^{N}T_i$，式中 $N$ 为数据总数。两相邻上跨零点间的波峰顶和波谷底的垂直距离定义为波高$H_i$，若横轴代表的是位置，则两相邻上(下)跨零点间的水平距离定义为波长$\lambda_i$。

海浪的波高代表了海浪的能量，而自由波动的海面具有不同的波高，研究中常使用几种不同定义的波高代表不同意义的波系特征，这种波也称为常用特征波。

### 1. 平均波高 $\bar{H}$

$\bar{H}$ 就是将连续观测到的各个波高相加求和后再除以观测波的总个数，即

$$\bar{H}=\frac{1}{N}\sum_{i=1}^{N}H_i \tag{3-106}$$

式中，$H_i$ 为第 $i$ 个波高；$N$ 为波高观测总个数。

或用加权平均为

$$\bar{H}=\sum_{i=1}^{K_i}\frac{H_i n_i}{N} \tag{3-107}$$

式中，$n_i$ 为波高 $H_i$ 的对应记录次数；$N$ 为波高总个数，$N=\sum_{i=1}^{K_i}n_i$ 。

### 2. 有义波高 $H_{1/3}$

将连续观测得到的波高值按由大到小的顺序排列，对前 $N/3$ 个大波求平均值得到的波高称为 1/3 大波的平均波高，亦称有义波高或有效波高(significant wave height)，可用 $H_{1/3}$ 表示(也可用 $H_\mathrm{s}$ 表示)：

$$H_{1/3}=\frac{3}{N}\sum_{i=1}^{N/3}H_i \tag{3-108}$$

对应前 $N/3$ 个波浪周期取平均值得到有义波周期 $T_{H_{1/3}}$ 。

有义波高由于与目测得到的波高值相近而得到广泛应用，尤其是在海洋工程领域。

### 3. 1/10 大波平均波高 $H_{1/10}$

将连续观测的波高值按由大到小的顺序排列，对前 $N/10$ 个大波求平均值得到的波高称为 1/10 大波的平均波高，亦称显著波高：

$$H_{1/10}=\frac{10}{N}\sum_{i=1}^{N/10}H_i \tag{3-109}$$

对应前 $N/10$ 个波浪周期取平均值得到 1/10 大波周期 $T_{H_{1/10}}$ 。

### 4. 累积率波高 $H_F$

$H_F$ 指累积率 $F$ 对应的波高值，即等于或大于该波高 $H_F$ 的波浪在波列中的出现概率为 $F$(%)。

累积率 $F=n/N\times100\%$。式中，$n$ 为波高值大于或等于 $H_F$ 的波的出现次数，亦称累积数；$N$ 为总波数。

设有 1000 个波，按波高值从大到小排列，其第 10 个(累积率 $F$=1%)最大波高为 5m，则称累积率为 1%的波高为 5m，即 $H_{1\%}$=5m。

部分大波平均波高和累积频率波高可由实测资料经过统计分析得到。大量的资料表明，$H_{13\%} \approx H_{1/3}$，$H_{4\%} \approx H_{1/10}$。

5. **最大波高** $H_{\max}$

取波高观测记录中出现的最大波高值或重现期为 50 年或 100 年的最大波高值，其所对应最大波高的周期为$T_{H_{\max}}$。

(1) 波高分布函数。平稳海况下的海浪可视为平稳的具有各态历经性的随机过程。其波面可由无数个振幅不等、频率不同、初相位随机的余弦波叠加而成，波面表达式可表示为

$$\eta(t) = \sum_{n=1}^{\infty} a_n \cos(\omega_n t + \varepsilon_n) \tag{3-110}$$

式中，$a_n$ 和 $\omega_n$ 为各组成波的振幅和圆频率；$\varepsilon_n$ 为各组成波的初相位，在 $(0,2\pi)$ 内均匀分布。

假定海浪为窄带谱随机过程，其波浪能量集中在某一频率附近，波面过程的包络线如图 3.10 所示。各个波的振幅变化缓慢，振动频率远小于波面的变化频率，因此可以近似地用波面包络线的纵坐标值代替波面的振幅值，这样可以用包络线讨论波面振幅的概率分布。

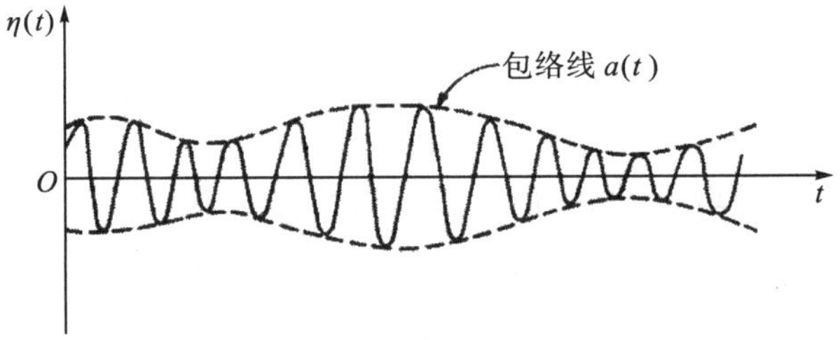


图 3.10 窄带谱的包络线

$a$ 为振幅，$t$ 为时间

$$\begin{aligned}\eta(t) &= \sum_{n=1}^{\infty} a_n \cos(\omega_n t + \varepsilon_n) \\ &= \sum_{n=1}^{\infty} a_n \cos\{[(\omega_n - \bar{\omega})t + \varepsilon_n] + \bar{\omega}t\} \\ &= X_{\mathrm{c}}(t)\cos\bar{\omega}t - X_{\mathrm{s}}(t)\sin\bar{\omega}t\end{aligned} \tag{3-111}$$

式中，

$$\begin{cases} X_{\mathrm{c}}(t) = \sum_{n=1}^{\infty} a_n \cos[(\omega_n - \bar{\omega})t + \varepsilon_n] \\ X_{\mathrm{s}}(t) = \sum_{n=1}^{\infty} a_n \sin[(\omega_n - \bar{\omega})t + \varepsilon_n] \end{cases} \tag{3-112}$$

式中，$\bar{\omega}$ 为能量集中的频带的代表值。

令

$$\begin{cases} A(t)=\sqrt{X_c^2(t)+X_s^2(t)} \\ \phi(t)=\arctan[X_s(t)/X_c(t)] \end{cases} \tag{3-113}$$

则

$$\begin{cases} X_c(t)=A(t)\cos\phi(t) \\ X_s(t)=A(t)\sin\phi(t) \end{cases} \tag{3-114}$$

则波面方程式可写成

$$\eta(t)=A(t)\cos[\bar{\omega}t+\phi(t)] \tag{3-115}$$

为了研究波浪振幅 $A(t)$ 的分布，先研究 $X_c(t)$、$X_s(t)$ 的分布。由式(3-112)的定义，根据中心极限定理，可知 $X_c(t)$、$X_s(t)$ 都是均值为零的正态随机过程，它们的方差为

$$E\left[X_c^2\right]=E\left[X_s^2\right]=E\left[\eta^2\right]=\sigma^2=m_0 \tag{3-116}$$

式中，$m_0$ 为方差谱(也是波浪频谱)的零阶矩，而 $E[X_cX_s]=0$，故 $X_c(t)$、$X_s(t)$ 是相互独立的，其联合概率分布为

$$p(X_c,X_s)=p(X_c)p(X_s) \tag{3-117}$$

$$p(X_c,X_s)=\frac{1}{2\pi m_0}\exp\left[-\frac{X_c^2+X_s^2}{2m_0}\right] \tag{3-118}$$

由概率统计理论可知

$$p(A,\phi)\mathrm{d}A\mathrm{d}\phi=p(X_c,X_s)\mathrm{d}X_c\mathrm{d}X_s \tag{3-119}$$

$$p(A,\phi)=p(X_c,X_s)\frac{\mathrm{d}X_c\mathrm{d}X_s}{\mathrm{d}A\mathrm{d}\phi}=p(X_c,X_s)\boldsymbol{J} \tag{3-120}$$

式中，$\boldsymbol{J}$ 为雅可比变换，即

$$\boldsymbol{J}=\frac{\mathrm{d}X_c\mathrm{d}X_s}{\mathrm{d}A\mathrm{d}\phi}=\begin{vmatrix} \frac{\partial X_c}{\partial A} & \frac{\partial X_c}{\partial \phi} \\ \frac{\partial X_s}{\partial A} & \frac{\partial X_s}{\partial \phi} \end{vmatrix} \tag{3-121}$$

根据式(3-114)可得 $\boldsymbol{J}=A\cos^2\phi(t)+A\sin^2\phi(t)=A$，则

$$p(A,\phi)=\frac{A}{2\pi m_0}\exp\left[-\frac{A^2}{2m_0}\right] \tag{3-122}$$

因为 $A$ 和 $\phi$ 是相互独立的，$p(A,\phi)=p(A)p(\phi)$。式(3-122)中不含 $\phi$，说明 $p(\phi)$ 是常数，因此可以认为 $\phi$ 在 $(0,2\pi)$ 内均匀分布，$p(\phi)=1/(2\pi)$。从而得到波幅 $A(t)$ 的概率分布密度函数为

$$p(A)=p(A,\phi)/p(\phi)=\frac{A}{m_0}\exp\left[-\frac{A^2}{2m_0}\right] \tag{3-123}$$

式(3-123)称为瑞利(Rayleigh)分布。因为理论上假定波形是线性的，即波峰与波谷的概率分布是对称的，可认为波高 $H=2A$，因此波高的概率密度分布函数为

$$p(H)=\frac{H}{4m_0}\exp\left[-\frac{H^2}{8m_0}\right] \tag{3-124}$$

由式(3-124)可以求出平均波高和均方波高

$$\bar{H}=\int_0^{\infty}Hp(H)\mathrm{d}H=\sqrt{2\pi m_0} \tag{3-125}$$

$$H_{\mathrm{rms}}^2=\int_0^{\infty}H^2p(H)\mathrm{d}H=8m_0 \tag{3-126}$$

若将式(3-125)代入式(3-124)，可得

$$p(H)=\frac{\pi H}{2\overline{H}^2}\exp\left[-\frac{\pi H^2}{4\overline{H}^2}\right] \tag{3-127}$$

同理可得

$$p(H)=\frac{2H}{H_{\mathrm{rms}}^2}\exp\left[-\left(\frac{H}{H_{\mathrm{rms}}}\right)^2\right] \tag{3-128}$$

大量的观测结果表明，瑞利分布与深水中的波浪是基本相符的，但随着水深减小，实测波高的分布逐渐偏离瑞利分布。格鲁霍夫斯基系统地观测和分析了浅水中的海浪波高分布，提出了与水深有关的经验累积率公式，即

$$F(H)=\exp\left[-\frac{\pi}{4\left(1+\frac{H^*}{\sqrt{2\pi}}\right)}\left(\frac{H}{\overline{H}}\right)^{2/\left(1-H^*\right)}\right] \tag{3-129}$$

对应的波高概率密度函数为

$$p(H)=\frac{\pi}{2\overline{H}\left(1-H^*\right)\left(1+\frac{H^*}{\sqrt{2\pi}}\right)}\left(\frac{H}{\overline{H}}\right)^{\frac{1+H^*}{1-H^*}}\exp\left[-\frac{\pi}{4\left(1+\frac{H^*}{\sqrt{2\pi}}\right)}\left(\frac{H}{\overline{H}}\right)^{2/\left(1-H^*\right)}\right] \tag{3-130}$$

以上两个公式中，参量 $H^*=\overline{H}/d$ 反映了水深 $d$ 的影响。当水深较大时，$H^*\to 0$，以上两个公式分别转化为瑞利分布。

(2)特征波高。有了波高的概率密度分布函数，就可以推导求得特征波高。特征波高包括波列累积率波高和部分大波平均波高。

波列累积率波高 $H_F$ 是指波列中超过 $H_F$ 的波高的概率为 $F$(%)，或称为累积概率为 $F$ 的波高。如果已知波高的概率密度分布函数 $p(H)$，可以得到

$$F(H)=P(H\geqslant H_F)=\int_{H_F}^{\infty}p(H)\mathrm{d}H \tag{3-131}$$

将深水波高的概率密度分布函数式(3-127)代入式(3-131)，可得

$$F(H)=\exp\left(-\frac{\pi}{4}\frac{H^2}{\overline{H}^2}\right) \tag{3-132}$$

从而有

$$H_F=\left(\frac{4}{\pi}\ln\frac{1}{F}\right)^{1/2}\overline{H} \tag{3-133}$$

如 $H_{1\%}/\bar{H}=2.42$， $H_{5\%}/\bar{H}=1.95$， $H_{10\%}/\bar{H}=1.71$，如表 3.5 所示。

**表 3.5　平均波高与累积率波高**

| $F$/% | 0 | 0.1 | 1 | 2 | 3 | 5 | 10 | 20 | 30 | 50 | 60 | 70 | 80 | 90 | 100 |
|---|---|---|---|---|---|---|---|---|---|---|---|---|---|---|---|
| $\frac{H_F}{\bar{H}}$ | ∞ | 2.96 | 2.42 | 2.23 | 2.11 | 1.95 | 1.71 | 1.43 | 1.24 | 0.94 | 0.81 | 0.53 | 0.53 | 0.37 | 0.00 |

相应地，可在各累积率波高 $H_F$ 之间进行换算，如 $H_{1\%}/H_{5\%}=1.24$， $H_{5\%}/H_{10\%}=1.14$。

为求 $1/p$ 大波平均波高 $H_{1/p}$，先要确定累积率为$1/p\times100\%$的波高，以 $H_{1/p\times\%}$ 表示。例如，要求 $H_{1/3}$，必先确定 $H_{33.3\%}$，然后计算大于 $H_{33.3\%}$ 部分波高的平均值即得 $H_{1/3}$。

根据超值累积概率的定义，可以确定 $H_{1/p\times\%}$，即

$$P(H\geqslant H_{1/p\times\%})=\int_{H_{1/p\times\%}}^{\infty}p(H)\mathrm{d}H=1/p\times100\% \tag{3-134}$$

$1/p$ 大波平均波高为 $H_{1/p}$，可由下式求得

$$\begin{aligned}H_{1/p}&=\frac{\int_{H_{1/p\times\%}}^{\infty}Hp(H)\mathrm{d}H}{\int_{H_{1/p\times\%}}^{\infty}p(H)\mathrm{d}H}=p\int_{H_{1/p\times\%}}^{\infty}Hp(H)\mathrm{d}H\\&=p\int_{H_{1/p\times\%}}^{\infty}\frac{\pi H^2}{2\bar{H}^2}\exp\left[-\frac{\pi H^2}{4\bar{H}^2}\right]\mathrm{d}H\end{aligned} \tag{3-135}$$

利用分部积分法对式(3-135)积分，可以得出

$$\frac{H_{1/p}}{\bar{H}}=\frac{2}{\sqrt{\pi}}(\ln p)^{1/2}+p\{1-\mathrm{erf}[(\ln p)^{1/2}]\} \tag{3-136}$$

式中，erf( )为误差函数，其定义为

$$\mathrm{erf}\,(t)=\frac{2}{\sqrt{\pi}}\int_0^t \mathrm{e}^{-t^2}\mathrm{d}t \tag{3-137}$$

$H_{1/100}/\bar{H}=2.663$， $H_{1/10}/\bar{H}=2.032$， $H_{1/3}/\bar{H}=1.598$，如表 3.6 所示。

**表 3.6　平均波高与部分大波平均波高**

| $1/N$ | 0.01 | 0.05 | 0.10 | 0.20 | 0.25 | 0.30 | 0.33 | 0.40 | 0.50 | 0.60 | 0.70 | 0.80 | 0.90 | 1.00 |
|---|---|---|---|---|---|---|---|---|---|---|---|---|---|---|
| $\frac{H_{1/N}}{\bar{H}}$ | 2.663 | 2.242 | 2.032 | 1.796 | 1.712 | 1.642 | 1.598 | 1.520 | 1.418 | 1.327 | 1.244 | 1.164 | 1.086 | 1.000 |

相应地，各部分大波平均波高 $H_{1/N}$ 之间存在换算关系： $H_{1/100}/H_{1/10}=1.311$， $H_{1/10}/H_{1/3}=1.272$。

(3) 最大波高。最大波高是一个随机量，其值与波高样本个数 $N$ 及波高分布函数有关。由朗吉特-希金斯(Longuet-Higgins)给出的最大波高计算式(当 $N$ 很大时)为

$$\frac{\bar{H}_{\max}}{H_{1/3}}=0.706\left(\sqrt{\ln N}+\frac{\gamma}{2\sqrt{\ln N}}\right)\approx1.07\sqrt{\lg N} \tag{3-138}$$

式中，欧拉常数$\gamma$ =0.5772。

中国船级社《海上固定平台入级与建造规范》(2012)建议对东海、南海的可能最大波高$H_{max}$取 2.0$H_{1/3}$(相应波数 $N$=2000)，对黄海、渤海的可能最大波高$H_{max}$取(1.53～2.0)$H_{1/3}$(相应波数$N$=100～2000)。

由合田推荐的最大波高计算公式为

$$H_{max}=(1.6\sim2.0)H_{1/3} \tag{3-139}$$

海洋工程结构物多采用上式系数的最大值，即 2.0。

波长和周期也都属于海浪要素，它们多是用半经验半理论的方法计算或海浪观测记录进行统计分析得到的。各特征周期与特征波高之间并没有对应的关系，最大波高的波其周期不一定是最大的，各特征周期之间至今也没有一个统一的换算公式。

合田提出这样一个换算公式：

$$T_{H\max}\approx T_{H_{1/10}}\approx T_{H_{1/3}}=(1.1\sim1.3)\bar{T} \tag{3-140}$$

我国根据实测资料得出的经验公式如下：

$$T_{H_{1/3}}=(1.12\sim1.14)\bar{T} \tag{3-141}$$

设计波浪的重现期指的是波浪的某一特征波高(如$H_{1/3}$、$H_{1/10}$、$H_{max}$等)平均每隔多少年能够出现一次，它反映了该波浪要素的长期统计分布规律，它们在设计中的取值将直接关系海洋工程建设的投资成本及生产运营中的安全，这依赖于结构物的重要程度。对桩柱式海洋结构物，西方国家多选用最大波高$H_{max}$作为设计用特征波高。

在我国《海港水文规范》(JTS 145—2—2013)中对直墙式和墩柱式建筑物以及Ⅰ～Ⅱ级斜坡式建筑物的设计波浪重现期要求是 50 年，而在中国船级社《海上固定平台入级与建造规范》(2012)中规定取设计波浪重现期为 100 年。BLRS 对设计波浪的重现期要求是 100 年。

### 3.4.4 海浪的长期分布规律

在海洋工程领域中，环境条件对于海洋结构物的影响尤为重要，如风、浪、流等，所有这些都称为海况作用。对于海洋结构物和远洋船舶来说，在设计、制造和实践操作过程中，应对极端海况是一项重要的工程，因为几乎都无法规避这些极端的工作条件。所谓极端海况，是海洋结构物生存期内(使用年限内)遭遇的最恶劣的海况。众所周知，极端海况是一个小概率事件。

目前，有关海洋结构物的设计建造规范明确规定了这一极端事件的概率(百年一遇或五十年一遇)。如百年一遇的波浪(波高和周期，重现周期为 100 年)，通常，这一事件的出现概率仅为 $10^{-9}$(十亿分之一)，在数学上或可称之为“不可能发生事件”。然而，计算表明，对于一个设计寿命为 20 年的结构物，遭遇百年一遇的极端海况的概率竟高达 18%，想必没有人会再怀疑注重该海况的必要性了。

于是，分析和研究波浪运动短期统计特征的长期分布规律，以期确定极端情况的参数，对于船舶与海洋结构物的设计是十分必要的。

对于这种海况的统计特征的计算，需要一个足够大容量的样本数据。波浪观察数据短期统计特征的长期分布可以组成一个新样本，它对极端海况参数的确定是很有必要的。大量的观察和研究表明，这种新的样本表现为一个随机过程，也有它本身的统计特征。

### 3.4.4.1　海浪统计特征的长期分布

#### 1. 有义波高的概率密度函数

海上定点波浪观测短期子样的统计特征，有义波高的长期累计子样为：$[H_{S,j}], j=1,2,\cdots,N(N\to\infty)$。$[H_{S,j}]$ 也是一个随机过程，并且有其自身的概率特征。

大量观测分析表明，子样代表的随机过程仍然是一个平稳的随机过程，可以寻求适当的概率密度函数来拟合观测结果。含有 3 个参数的威布尔(Weibull)概率密度函数可以用来拟合有义波高的概率密度分布，并且具有令人满意的精度。这个函数为

$$p(H_S)=\frac{\xi}{H_C-H_0}\left(\frac{H_S-H_0}{H_C-H_0}\right)^{\xi-1}\exp\left[-\left(\frac{H_S-H_0}{H_C-H_0}\right)^{\xi}\right] \tag{3-142}$$

式中，$H_0$ 为最小阈限水平；$H_C$ 为尺度因子；$\xi$ 为形状因子。

可以看出，当 $H_0=0$ 且 $\xi=2$ 时，Weibull 函数退化成瑞利函数。相应的累积概率函数为

$$P(H_S)=\int_{H_0}^{H}p(H_S)\mathrm{d}H_S=1-\exp\left[-\left(\frac{H_S-H_0}{H_C-H_0}\right)^{\xi}\right] \tag{3-143}$$

采取什么样的概率函数，只取决于对于子样的拟合精度和置信度。因此，Weibull 函数并非该问题的唯一解，不排斥用其他概率函数来描述波浪短期分布统计特征的长期分布规律。

此外，有义波高的均值和方差分别如下：

$$E(H_S)=\int_{H_0}^{\infty}H_S p(H_S)\mathrm{d}H_S=(H_C-H_0)\Gamma\left(1+\frac{1}{\xi}\right) \tag{3-144}$$

$$\sigma^2=E(H_S)^2-\left[E(H_S)\right]^2=(H_C-H_0)\left\{\Gamma\left(1+\frac{2}{\xi}\right)-\left[\Gamma\left(1+\frac{1}{\xi}\right)\right]^2\right\} \tag{3-145}$$

式中，$\Gamma$ 为伽马函数。

#### 2. Weibull 函数三参数的确定

对 Weibull 累积概率函数进行线性化，移项，取对数，得

$$\ln\left[1-P(H_S)\right]=-\left(\frac{H_S-H_0}{H_C-H_0}\right)^{\xi} \tag{3-146}$$

移动负号，再取对数，得

$$\lg\left\{-\ln\left[1-P(H_S)\right]\right\}=\xi\lg(H_S-H_0)-\xi\lg(H_C-H_0) \tag{3-147}$$

做变量置换，得

$$\begin{cases} Y = \lg\left\{-\ln\left[1 - P\left(H_S\right)\right]\right\} \\ X = \lg\left(H_S - H_0\right) \\ B = -\xi \lg\left(H_C - H_0\right) \end{cases} \tag{3-148}$$

则

$$Y = B + \xi X \tag{3-149}$$

为截距 $B$ 和斜率 $\xi$ 的直线方程。给定子样：$\left[H_{S,i}, P\left(H_{S,i}\right)\right], i = 1,2,\cdots,N$ 。考虑到直线方程只能解两个未知数，对第三个未知数必须假定。通常，取 $H_0$=0(第一次近似)。可以用作图法和最小二乘法计算得到另外两个参数，即 $B$ 和 $\xi$：

$$\begin{cases} \xi = \dfrac{\sum\limits_{i=1}^{N} X_i Y_i - \dfrac{1}{N}\left(\sum\limits_{i=1}^{N} X_i\right)\left(\sum\limits_{i=1}^{N} Y_i\right)}{\sum\limits_{i=1}^{N} X_i^2 - \dfrac{1}{N}\left(\sum\limits_{i=1}^{N} X_i\right)^2} \\ B = \overline{Y} - \xi \overline{X} \end{cases} \tag{3-150}$$

则

$$H_C = 10^{-\frac{B}{\xi}} + H_0 \tag{3-151}$$

同时，可以得到本次近似计算的拟合误差平方和 $\sigma_1$ 。根据不同 $H_0$ 对应的拟合误差平方和不同，可以找出拟合误差平方和最小的 $H_0$，作为拟合结果。在一系列 $H_0$ 的假定下，重复上述计算，得到相应的拟合误差平方和集(子样)：$\left[\sigma_k\right]$，其中，$k = 1,2,\cdots$。

由此得到其最小值 $\sigma_{\min}$ 和对应的 $H_0$，再重复一次计算，最后得到关于三个参数的最优解：$\left[H_0, H_C, \xi\right]_{\sigma_{\min}}$ 。

### 3.4.4.2 有义波高的平均周期

在最大波的定义中，不仅波高重要，而且相应的波周期也十分重要。众所周知，波浪的过零周期是一个随机变量。许多学者已经尝试采取一种与波高分析相类似的方法来研究波周期的概率分布，然而，他们发现，周期值与其发生概率之间的关系是非常分散的。幸运的是，正在进行的设计波的研究只是关心周期和波高的关系。因此，已经有学者开始对波浪平均过零周期和相应的平均波高之间的长期关系进行研究。

对于波高和周期的联合概率分布，目前尚没有有效的方法计算，只有一些研究性工作，如采用幂函数拟合有义波高和对应这一波高的海浪的平均有效周期的关系。

$$T_S = \alpha H_S^{\gamma} \tag{3-152}$$

式中，$T_S$ 为平均有效周期；$\alpha$ 、$\gamma$ 为拟合参数。

同样可以用两边取对数的方法进行线性化并用最小二乘方法拟合。

Houmb 和 Overvik(1976)根据从北大西洋海中提取的一个有义波高及其对应的平均过零周期的子样，认为可以用一个二参数的 Weibull 函数来拟合该周期的长期分布：

$$P\left(T_Z\big|_{H_S}\right) = 1 - \exp\left[-\left(\frac{T_Z}{\alpha}\right)^{\gamma}\right] \tag{3-153}$$

式中，

$$\begin{cases} \alpha = 6.05\exp\left(0.07H_S\right) \\ \gamma = 2.35\exp\left(0.21H_S\right) \end{cases} \tag{3-154}$$

#### 3.4.4.3　应用实例

基于上述提到的方法，对于波浪观察数据分析和设计波参数预测(wave observed data analysis & design wave parameter predict，WODA & DWPP)的计算机代码已经由 Wang(1988)开发出来，并且在 1969～1979 年，对 36 个站收集的波浪观察数据进行了分析计算。这些都是由中国国家海洋局提供的数据。由所有站提供的长期样本的统计平均数约为 $10^3$，近海地区样本数约为 $10^4$。

通过月最大波来计算波高，通过应用月平均波高和相应的平均周期计算波周期。计算结果包括最大波高长期分布函数中的参数 $H_0$、$H_C$、$\xi$ 和将平均周期与平均波高联系起来的函数中的参数 $b$、$k$。统计测验表明标准的适合误差为 $\sigma$=2%～5%，并且置信度为 95%。对于中国四大海的所有计算结果在表 3.7 中列出。

**表 3.7　中国海域相对于有义波高的 Weibull 函数计算结果**

| 项目 | 参数 | 南海 | 东海 | 黄海 | 渤海湾 |
|---|---|---|---|---|---|
| | | 0.08 | 0.26 | 0.17 | 0.26 |
| | $H_C$/m | 1.46 | 1.86 | 1.40 | 1.23 |
| Weibull F. | $\xi$ | 1.1965 | 1.0780 | 1.3276 | 0.9304 |
| | $\sigma$/% | 2.1 | 1.1 | 1.7 | 1.4 |
| | $b$ | 4.39 | 4.79 | 4.67 | 4.37 |
| Power F. | $k$ | 0.4664 | 0.3189 | 0.3899 | 0.3798 |
| | $\sigma$/% | 2.3 | 4.9 | 4.9 | 0.7 |

图 3.11～图 3.14 中，$P_e$ 为超越概率，表示波高 $H_m$ 超过某一特定值的概率；$H_m$ 表示实际波高，m；$\bar{H}$ 为波浪的平均波高，表示某一统计时间内所有波高的平均值，m；$\bar{T}_g$ 为波浪的平均周期，指波浪从一个波峰到下一个波峰所需的平均时间，s。从图 3.11～图 3.14 中可以发现，对于具有大概率的小波高地区符合精度较低，但是对于具有小概率的大波高地区符合精度较高。这种现象表明：从理论预测得到的最大波高也许相当大，这样预测是保守的。此外，平均波周期和平均波高之间关系的观察结果和理论结果也在这些图中给出，从图中可以看出，符合精度相当高。

Wang(1988)基于海洋调查船收集到的数据，给出了中国海域波浪统计特征的长期分布函数中的参数。对于有义波高，$H_0$=0.24m、$H_C$=1.17m、$\xi$=1.0651；对于平均周期，$T_0$=1.44s、$T_C$=4.90s、$\eta$=1.6691。这些都是对于 Weibull 概率密度函数而言的。

Kawamoto 等(1982)给出的北大西洋有义波高长期分布的 Weibull 概率密度函数参数为 $H_0$=0、$H_C$=2.513m、$\xi$=1.520，观测数据为 1961～1975 年某海洋环境调查船的观测结果。

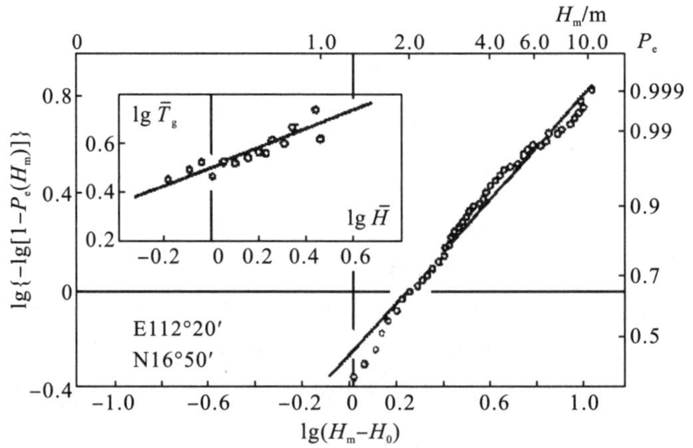


图 3.11 南海西沙海域波高和平均周期的长期分布计算

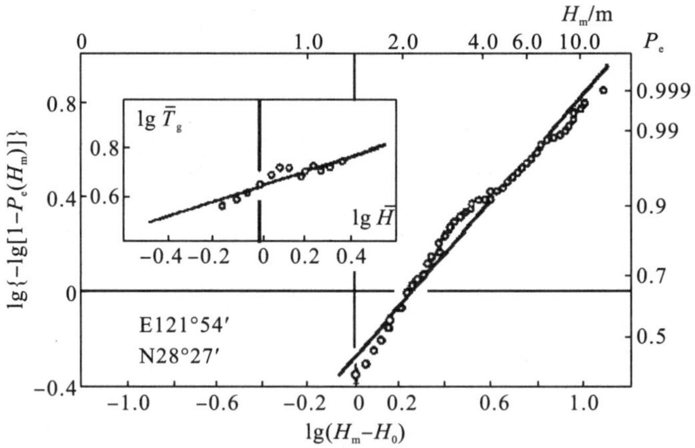


图 3.12 东海大陈海域波高和平均周期的长期分布计算

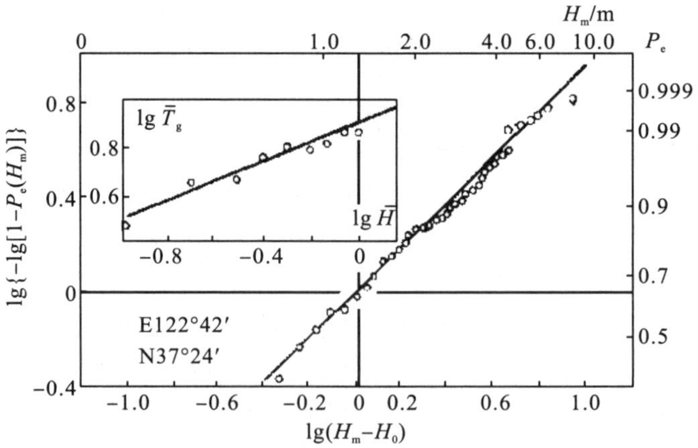


图 3.13 黄海成山头海域波高和平均周期的长期分布计算

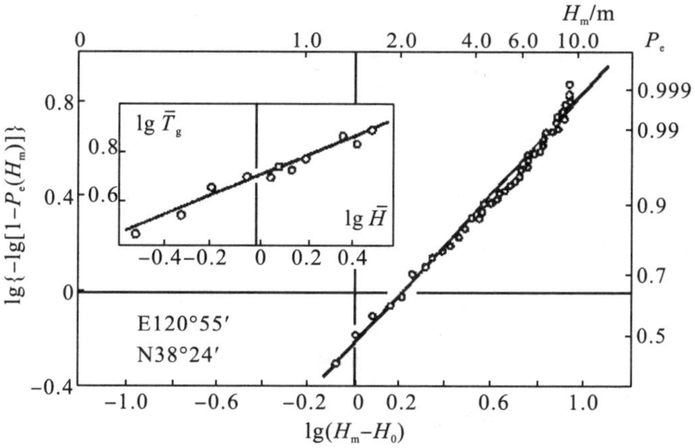


图 3.14　渤海湾北隍城海域波高和平均周期的长期分布计算

## 3.4.5　设计波

海洋结构物是一种海上结构，它的服役寿命可以达到 10 年、20 年、30 年或者更长时间。这种服役寿命用符号 $T_L$(年)来表示。在设计实践过程中，应该注意的是某种极端条件，它是结构物在服役寿命期间内遭遇的，这种极端条件往往具有非常小的发生概率。而海洋环境的分析都依赖长期的观察，因此，为了确定某种小概率事件，要保证结构物在足够长时间的环境条件下考量，通常为 10 年、50 年、100 年甚至更长时间。

海洋结构物一生遭遇的极端海况的重现周期记作 $T_C$(年)，规范规定为 100 年。在海洋结构物设计中，这个百年一遇的波称作设计波。设计波在不同领域的定义是不同的，在这里，设计波定义为每隔 $T_C$ 年发生一次的最大波。海洋工程工作者关注的问题是：如何根据海洋结构物工作海域的波浪长期分布资料确定设计波的具体参数。

设计波法是用假想的等效规则波代替实际不规则波。规则波的周期和波长可用观测值来确定，便于考虑波浪载荷的非线性因素，可用非线性波理论计算水质点的速度和加速度，并可简单地估算流的影响，被广泛应用于海洋结构物初始设计。

### 3.4.5.1　设计波参数的确定

在工作海况下，平均波周期是 $T_Z$(单位：s)，在 $T_C$ 年内出现的波浪个数为 $N$：

$$N = T_C \times 365 \times 24 \times 3600 / T_Z = 3.15 \times 10^7 \frac{T_C}{T_Z} \tag{3-155}$$

这样，最大波在 $T_C$ 年内发生一次的概率为

$$P\left(H_{\max}\right) = \frac{1}{N} = 3.17 \times 10^{-8} \frac{T_Z}{T_C} \tag{3-156}$$

假定最大波高 $H_{\max}$ 为极端海况条件下的有义波高 $H_S$，那么上述的概率可以用 Weibull 函数表达：

$$1-P\left(H_{\mathrm{S}}\right)=\exp\left[-\left(\frac{H_{\mathrm{S}}-H_0}{H_{\mathrm{C}}-H_0}\right)^{\xi}\right]=3.17\times10^{-8}\frac{T_{\mathrm{Z}}}{T_{\mathrm{C}}} \tag{3-157}$$

按定义，式中的 $H_{\mathrm{S}}$ 就是待定的设计波的波高 $H_{\mathrm{D}}$，解得

$$H_{\mathrm{D}}=\left(H_{\mathrm{C}}-H_0\right)\left[17.27+\ln T_{\mathrm{C}}-\ln T_{\mathrm{Z}}\right]^{\frac{1}{\xi}}+H_0 \tag{3-158}$$

根据随船波浪资料，中国海域的设计波的波高计算结果由 Wang(1988)给出，如下式：

$$H_{\mathrm{D}}=0.19+\left\{\ln\left[1-P\left(H_{\mathrm{D}}\right)\right]^{-0.7165}\right\}^{0.939} \tag{3-159}$$

式中，$1-P\left(H_{\mathrm{D}}\right)=P\left(H>H_{\mathrm{D}}\right)$ 为 $H_{\mathrm{D}}$ 的超越概率。

中国海域的设计波参数计算结果如表 3.8 所示。

表 3.8 中国海域地区的设计波参数

| $H_{\mathrm{D}}/T_{\mathrm{Z}}$/(m/s) | 南海 | 东海 | 黄海 | 渤海湾 |
|---|---|---|---|---|
| 10 年一遇 | 15.72/14.10 | 19.35/12.35 | 11.18/11.45 | 22.54/11.00 |
| 25 年一遇 | 16.38/14.35 | 20.24/12.53 | 11.60/11.62 | 24.73/11.22 |
| 50 年一遇 | 16.87/14.54 | 20.92/12.66 | 11.91/11.74 | 24.63/11.38 |
| 100 年一遇 | 17.35/14.72 | 21.59/12.79 | 12.21/11.85 | 25.53/11.53 |

对于欧洲北海来说，设计波参数可以基于下面的公式得到。

$$H_{\mathrm{D}}=2.07\left[2.3\left(\lg T_{\mathrm{C}}-\lg T_{\mathrm{Z}}+7.5\right)\right]^{0.91} \tag{3-160}$$

式中，$T_{\mathrm{Z}}$=6.3s。百年一遇的设计波波高为 $H_{\mathrm{D}}$=31.5m。

### 3.4.5.2 设计波遭遇概率的确定

尽管设计波波高($H_{\mathrm{D}}$)的发生概率是一个非常小的值，通常只有 $10^{-9}$，但是设计者却比较关注结构物遭遇这种波高的概率。

结构物在服役寿命期内遭遇的波浪总数为

$$M=T_{\mathrm{L}}\times365\times24\times3600/T_{\mathrm{Z}}=3.15\times10^{7}\frac{T_{\mathrm{L}}}{T_{\mathrm{Z}}} \tag{3-161}$$

现假定 $M$ 个波是相互独立的，那么 $H_i\leqslant H_{\mathrm{D}}$ 的概率为

$$P\left(H_{\mathrm{D}}\right)=\prod_{i=1}^{M}P\left(H_i\leqslant H_{\mathrm{D}}\right) \tag{3-162}$$

代入平均概率：

$$P(H_{\mathrm{D}})=\left(1-3.17\times10^{-8}\frac{T_{\mathrm{Z}}}{T_{\mathrm{C}}}\right)^{M} \tag{3-163}$$

写成指数形式，有

$$P\left(H_{\mathrm{D}}\right)=\exp\left[M\ln\left(1-3.17\times10^{-8}\frac{T_{\mathrm{Z}}}{T_{\mathrm{C}}}\right)\right]=\exp\left[3.15\times10^{7}\frac{T_{\mathrm{L}}}{T_{\mathrm{Z}}}\times\ln\left(1-\frac{T_{\mathrm{Z}}}{3.15\times10^{7}T_{\mathrm{C}}}\right)\right] \tag{3-164}$$

根据泰勒级数展开有以下近似：

$$\ln\left(1-\frac{T_Z}{3.15\times10^7 T_C}\right)\approx-\frac{T_Z}{3.15\times10^7 T_C} \tag{3-165}$$

这样：

$$P(H_D)=e^{-\frac{T_L}{T_C}} \tag{3-166}$$

因此，海洋结构物在设计寿命期间遭遇设计海况的概率为式(3-166)的超越概率，即

$$P_E=1-P(H_D)=1-e^{-\frac{T_L}{T_C}} \tag{3-167}$$

例如，对于工作 20 年的海洋结构物在其工作海域遭遇百年一遇的设计波的概率为

$$P_E(H_D)=1-e^{-\frac{20}{100}}\approx18\% \tag{3-168}$$

因此，这种情况应该引起海洋工程工作者的足够重视。遭遇的概率已在图 3.15 中清晰地展现出来。

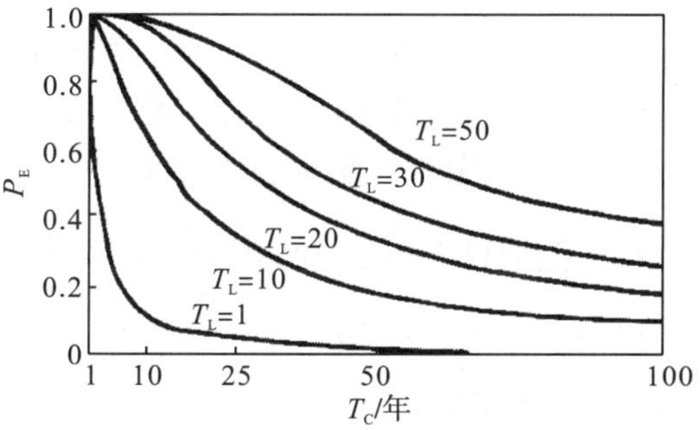


图 3.15　设计波的遭遇概率

## 3.4.6　随机过程海浪的谱分析

自然界中的海浪波面在时间和空间上随机发生变化，并可被看成具有高斯正态分布的特征，随机过程是平稳的和各态历经性的，这已被大量的实测资料所证明。随机过程的海浪远比以上采用一个确定函数描述的规则波复杂，属于非周期性的不规则波，各种海浪要素都是随机变量，一般采用统计分布或波谱方法来开展研究。

波动过程为外界输入能量所致，因此波动过程本身是能量演变的过程。谱分析方法的计算效率高，对一大类信号过程能给出合理的结果。实际工程中，可以通过海浪谱来描述海浪的内部组成结构、研究海浪的生成机制、分析和预报海浪。

### 3.4.6.1　海浪谱

对于海浪，海面关于时间序列的记录 $\eta(t)$ 代表在 $t$ 时刻海面的瞬时升高。记录表明，其过程 $\eta(t)$ 具有不同的周期，可以分解成不同频率的单波。随机海浪过程可以看作是由多个具有不同单频的规则波过程以随机相位叠加构成的，图 3.16 为某固定点 5 个简

谐波叠加得到的合成海面波动结果。

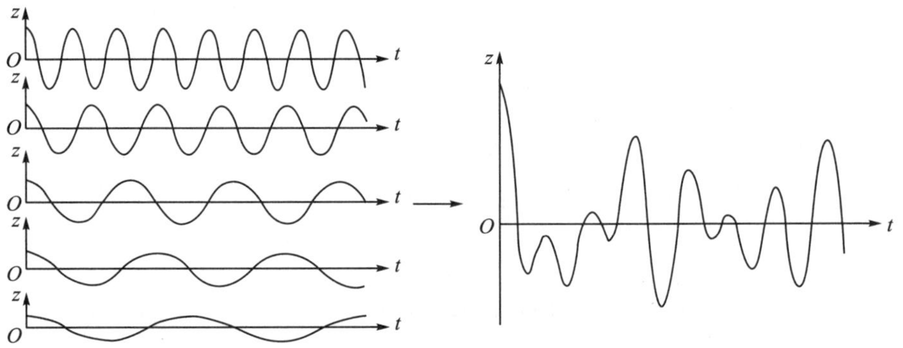


图 3.16 简谐波叠加的合成海面波动

海浪可视作由无限多个振幅不同、频率不同、方向不同、相位杂乱的组成波组成，这些组成波便构成海浪谱。

研究海浪随机过程的一个主要方法是将这种不规则波动分解成许多简单波动的叠加，各个组成波的振幅、频率或相位都是随机变量，叠加得到的是随机函数的波面函数，使问题得以简化处理。多个随机余弦波相叠加的时间历程可表示为

$$\eta(t)=\sum_{n=1}^{\infty}\eta(\omega_n)=\sum_{n=1}^{\infty}A(\omega_n)\cos(\omega_n t+\varphi_n) \tag{3-169}$$

式中，$A(\omega_n)$ 为相对于圆频率 $\omega_n$ 的单波幅值；$\omega_n$ 为常频，是第 $n$ 个组成波的频率；$\varphi_n$ 为第 $n$ 个组成波的相位，它是一个随机变量，服从正态分布。

这些组成波就构成海浪谱，海浪的能量由各组成波提供。

海浪谱是对海浪进行理论研究的一种有效手段，并在实际工作中得到应用，如描述海浪的内部组成结构，研究海浪的生成机制及对海浪进行观测与分析、海浪预报等方面都主要借助谱的概念和方法进行，围绕海浪谱对海浪进行研究。

#### 3.4.6.2 常见的海浪谱

众所周知，海浪谱与海区位置和环境密切相关。事实上，对于海浪谱，尝试去找到一个通用的表达式是不可能的，也是没有必要的。应用数学及物理上的理论研究海浪谱是有必要的，但是海洋环境的观测研究对于海浪谱的确定却具有重要作用。当前，卫星遥感测量技术已经为我们提供了如此多的海洋环境信息，并且能对海洋环境数据进行处理的庞大的计算机系统也已发展起来。

幸运的是，大量的调查研究已经表明，大部分风浪频谱具有纽曼(Neumann)于 1953 年提出的一般形式：

$$S(\omega)=\frac{A}{\omega^p}\exp\left[-\frac{B}{\omega^q}\right] \tag{3-170}$$

式中，$p$ 常取 4～6；$q$ 取 2～4；$A$、$B$ 常以风要素(风速、风时、风区)或海浪要素(波

高、周期)作为参量；$p$、$q$、$A$、$B$ 由同海区的实测资料确定。

**1. 皮尔逊-莫斯科维茨(Pierson-Moskowitz)谱(P-M 谱)**

该谱于 1964 年由 Pierson 和 Moskowitz 依据北大西洋的实测资料推导而得，适用于外海无限风区充分成长的波浪。P-M 谱为经验谱。根据 1955～1960 年的数据，其中包括 460 个光谱分析。

$$S(\omega)=\frac{\alpha g^2}{\omega^5}\exp\left[-\beta\left(\frac{g}{U\omega}\right)^4\right] \tag{3-171}$$

式中，$\alpha=8.10\times10^{-3}$；$\beta=0.74$；$U=U_{19.5}$ 是位于海平面以上 19.5m 高度处的风速，单位是 m/s；$S(\omega)$ 的单位是 $m^2s$。

波谱峰值频率可以表达为

$$\omega_{\mathrm{p}}=0.877\frac{g}{U} \tag{3-172}$$

有义波高可以确定如下：

$$H_{\mathrm{S}}=2.14\times10^{-2}U^2 \tag{3-173}$$

**2. 国际拖曳水池会议(International Towing Tank Conference，ITTC，1987)双参数谱 国际船舶结构力学会议(International Ship and Offshore Structure Congress，ISSC)**

在式(3-170)中，

$$A=\frac{173H_{\mathrm{S}}^2}{T_1^4},\quad B=\frac{691}{T_1^4} \tag{3-174}$$

其中，$T_1=2\pi m_0/m_1$，$H_{\mathrm{S}}=4\sqrt{m_0}$。基于 $m_0$ 和 $m_1$ 的定义，可将它们写成如下形式：

$$\begin{cases} m_0=\int_0^{\infty}S(\omega)\mathrm{d}\omega=\int_0^{\infty}A\omega^{-5}\exp\left(-\dfrac{B}{\omega^4}\right)\mathrm{d}\omega=\dfrac{A}{4B} \\ m_1=\int_0^{\infty}\omega S(\omega)\mathrm{d}\omega=\int_0^{\infty}A\omega^{-4}\exp\left(-\dfrac{B}{\omega^4}\right)\mathrm{d}\omega=1.2254\dfrac{A}{4B^{3/4}} \end{cases} \tag{3-175}$$

ITTC 指出 $T_1$ 几乎等于目测波周期。波谱极端值为 $S(\omega_{\mathrm{p}})=0.065H_{\mathrm{S}}^2T_1\mathrm{e}^{-5/4}$，$\omega_{\mathrm{p}}=4.58T_1^{-1}$。$S(\omega)$ 的单位是 $m^2s$。

**3. 联合北海波项目(Joint North Sea Wave Project，JONSWAP，1972)谱**

该谱是由英国、荷兰、美国、联邦德国于 1968～1969 年联合研究北海波浪的成果。它对 P-M 谱进行了修正，说明了有限风区波浪谱的效应，并且提供了一个更为锋利的峰值波谱，其表达式为

$$S(\omega)=S^{(P\text{-M})}(\omega)\cdot F \tag{3-176}$$

式中，$S(\omega)$ 的单位是 $m^2/(rad/s)$；$F$ 为考虑有限风区影响的校正因子，它可以表达为

$$F=F_1^{-1}\cdot\gamma^{\exp\left[-\frac{(\omega-\omega_{\mathrm{p}})^2}{2\sigma^2\omega_{\mathrm{p}}^2}\right]} \tag{3-177}$$

式中，$\gamma$为谱峰的升高因子，这里指 JONSWAP 谱和 P-M 谱极端值的比，即 P-M 谱的极端值在有限风区条件下的升高值，$\gamma$的取值范围为 1.5～6.0，平均值为 3.3；$F_1$为 JONSWAP 谱和 P-M 谱在相同风区和风速条件下的谱面积比。

JONSWAP 谱和 P-M 谱的对比情况在图 3.17 中给出。

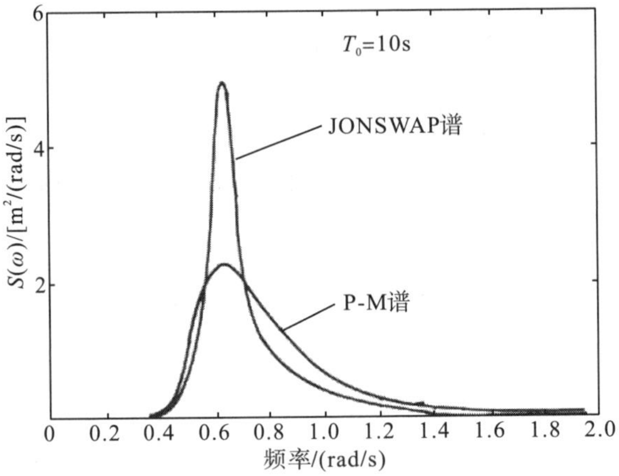


图 3.17 JONSWAP 谱和 P-M 谱的对比

$\sigma$ 为轮廓参数：

$$\begin{cases}\sigma = 0.07, & \omega \leqslant \omega_p \\ \sigma = 0.09, & \omega > \omega_p\end{cases} \tag{3-178}$$

如果仅依赖$\gamma$来确定$F_1$，那么可以得出如表 3.9 所示的关系。

**表 3.9 $F_1$ 和 $\gamma$ 之间的关系**

| | $\gamma$ | | | | | | |
|---|---|---|---|---|---|---|---|
| | 1 | 2 | 3 | 4.3 | 4 | 5 | 6 |
| $F_1$ | 1.00 | 1.24 | 1.46 | 1.52 | 1.66 | 1.86 | 2.04 |

除上面介绍的波浪频谱外，还有一些谱型如纽曼(Neumann)谱、布氏(Bretschneider)谱、沃洛普斯(Wallops)谱、斯科特(Scott)谱、文氏谱等。

### 3.4.6.3 海浪谱与海浪要素之间的关系

谱的方法是从波动的内部结构上研究海浪谱的特征，统计方法是从波面外观上研究海浪的统计特性，二者之间具有内在的联系。频谱可利用波面记录、谱分析等方法得到，由其谱矩就可计算得到波高、周期等海浪特征值。

平均波高：$\bar{H} = 2.507\sqrt{m_0}$。

平均周期：$\bar{T} = \dfrac{2\pi m_0}{m_1}$。

平均频率：$\overline{\omega}=\dfrac{m_1}{m_0}$。

式中，$m_0$ 和 $m_1$ 分别为海浪频谱的零阶矩阵和一阶矩阵。

$$m_0=\int_{-\infty}^{\infty}S(\omega)\mathrm{d}\omega，\quad m_1=\int_{-\infty}^{\infty}\omega S(\omega)\mathrm{d}\omega \tag{3-179}$$

其他特征波高可利用波高分布函数得到。

$$H_{1/3}=4.005\sqrt{m_0}，\quad H_{1/10}=5.091\sqrt{m_0}，\quad H_{1/100}=6.672\sqrt{m_0} \tag{3-180}$$

## 3.5　近岸波浪传播的变形

波浪从深水进入浅水的过程中，由于水深变浅、海底摩擦、水流作用及障碍物的影响，波高、波长、波速以及波浪剖面形状都会发生变化。波浪由此出现的浅水变形，以及折射、绕射、反射、破碎等现象是近岸波浪的重要特征。

### 3.5.1　浅水影响

波浪从深水进入浅水时，周期变化极小，根据线性波浪理论，有

$$\begin{cases} L/L_0=\tanh\dfrac{2\pi d}{L}\leqslant 1.0 \\ C/C_0=\dfrac{L/T}{L_0/T_0}=L/L_0=\tanh\dfrac{2\pi d}{L} \end{cases} \tag{3-181}$$

可见随水深变浅，波长和波速迅速减小。

深水波正向传入浅水区时，波向线保持平行。假定两条波向线之间的能量基本不变，波能量无横向穿越波向线，略去海底摩擦和渗透波能损耗，两波向线间的波能守恒，表示为

$$EnCb=E_0n_0C_0b_0 \tag{3-182}$$

式中，$E$ 为浅水中单位面积水柱的波动能量，J/m$^2$；$E_0$ 为深水中单位面积水柱的波动能量，J/m$^2$；$C$ 为浅水中的波速，m/s；$C_0$ 为深水中的波速，m/s；$b$ 为浅水中两波向线的间隔，m；$b_0$ 为深水中两波向线的间隔，m；$n$ 为浅水中的波能传递率；$n_0$ 为深水中的波能传递率。

波能传递率 $n$ 表示一个周期内波浪向前传播的部分能量 $E_n$ 与全部能量 $E$ 之比，即 $n=E_n/E$。按线性波浪理论，深、浅水中波能量传递率的表达式分别为

$$\begin{cases} n_0=\dfrac{1}{2} \\ n=\dfrac{1}{2}\left[1+\dfrac{\dfrac{4\pi d}{L}}{\tanh\dfrac{4\pi d}{L}}\right] \end{cases} \tag{3-183}$$

根据线性波浪理论，单位面积水柱的波能量正比于波高的平方，即

$$\begin{cases} E_0 = \dfrac{1}{8}\rho g H_0^{\ 2} \\ E = \dfrac{1}{8}\rho g H^2 \end{cases} \tag{3-184}$$

代入式(3-182)，得

$$\frac{H}{H_0} = \sqrt{\frac{n_0 C_0}{nC}} = \sqrt{\frac{n_0 L_0}{nL}} = K_s \tag{3-185}$$

式中，$K_s$ 为浅水系数。

可见，浅水系数仅与波长和水深有关，其随相对水深变化的曲线如图 3.18 所示。在波浪进入浅水区初期，波高略有减小，但当波浪进入 $d/L_0<0.163$ 的区域后，波高则逐渐增大，并超过深水波高，直至波陡太大，波形无法维持而破碎。

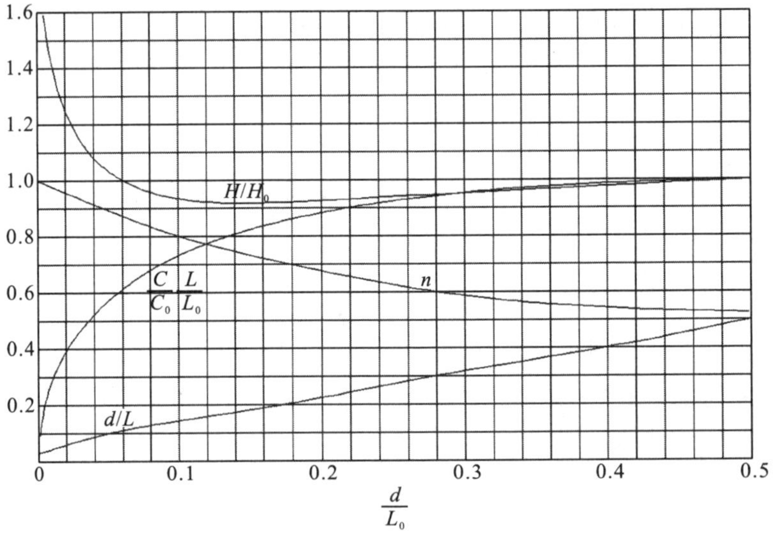


图 3.18 波浪要素随水深变化的曲线

### 3.5.2 波浪的折射

波浪向岸边传播时，若波峰线与等深线成一定角度，由于同一波峰线上不同点处的水深不同，波速也不同。波速随水深减小而降低，水较深处，波速较大，波浪传播较快；水较浅处，波速较小，波浪传播较慢，致使水深处的波峰传播快于水浅处的波峰，使波峰线与等深线间的夹角减小，即波峰线逐渐趋于与等深线平行，如图 3.19 所示。

与光波折射相似，波峰线与等深线间夹角的变化也服从光波折射定律。如图 3.20 所示，设一平均等深线两侧水深分别为 $d_1$ 与 $d_2$，波浪由深水传入浅水($d_1>d_2$)。在水深为 $d_1$ 时，波向线与等深线的夹角为 $\alpha_1$，波速为 $C_1$。取两根相距很近的波向线，其中波峰线的一端传至平均等深线时(交点 $B$)，另一端刚到 $A$ 点；经过时间 $\Delta t$ 后，当这一端也到达

等深线时(由 $A$ 点传至 $E$ 点)，先到 $B$ 点的那端已经在 $d_2$ 深度区域内，以 $C_2$ 的速度传播了 $C_2\Delta t$ 的距离至 $F$ 点。由于波向线与波峰线垂直，根据三角关系，有

$$\frac{AE}{\sin\alpha_1}=\frac{BF}{\sin\alpha_2} \tag{3-186}$$

由此得

$$\frac{C_1}{C_2}=\frac{\sin\alpha_1}{\sin\alpha_2} \tag{3-187}$$

式中，$\alpha_2$ 为折射后波峰线与平均等深线间的夹角。

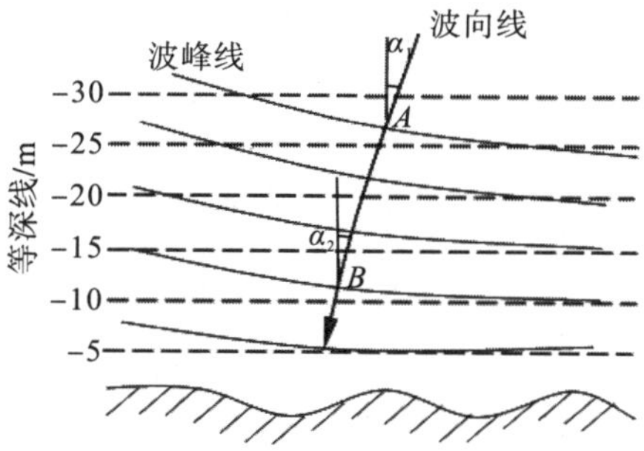


图 3.19　波浪的折射

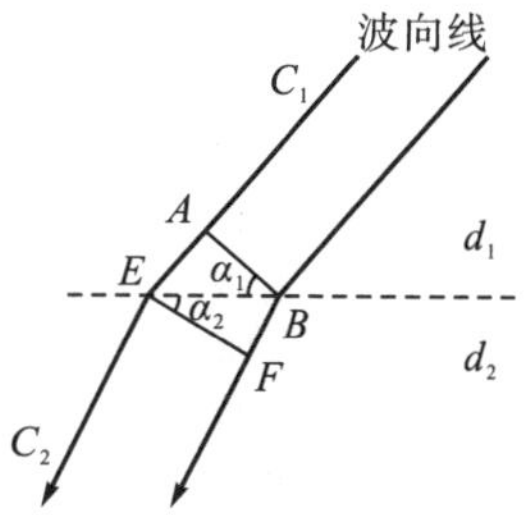


图 3.20　波浪折射定律推导

由于折射，波向线进入浅水后不再保持平行，根据波能流守恒有

$$\frac{H}{H_0}=\sqrt{\frac{n_0L_0}{nL}}\cdot\sqrt{\frac{b_0}{b}}=K_sK_r \tag{3-188}$$

式中，$K_r$ 为折射系数，$K_r=\sqrt{b_0/b}$；$b_0$ 为两波向线在深水处的间距，m；$b$ 为两波向线在浅水处的间距，m。

根据线性波浪理论，$K_r$ 由波浪周期、等深线和初始波浪方向决定。当波峰方向发生改变时，波向线就要收敛或扩散。波向线的收敛可以使波能强度增加，波高增大；波向线的扩散使单位面积的能量减小，造成波高的降低(如波浪经过浅滩时)。

### 3.5.3　波浪的绕射

波浪绕射是波浪在传播过程中与建筑物或岛屿、防波堤等障碍物相遇后绕过障碍物向被掩护的水域传播、扩散的现象。

借鉴光学原理中的刚性薄壁半无限屏后光波的绕射问题，导出绕射的理论解，这是目前波浪绕射计算的理论基础，如防波堤后某点的绕射波高 $H_d$ 可表示为

$$H_d=K_d\cdot H \tag{3-189}$$

式中，$K_d$ 为防波堤后某点的绕射系数，即某点波高与入射波高之比。

维格尔给出了绕射系数 $K_d$ 关于入射角 $\theta$、关注点与堤头的连线与防波堤之间的夹角 $\beta$、关注点与堤头之间的距离和入射波波长的比值($r/L$)的关系(表 3.10)。

表 3.10 波浪绕射系数 $K_d$

| $\theta$ | $r/L$ | $\beta$ | | | | | | |
|---|---|---|---|---|---|---|---|---|
| | | 0° | 30° | 60° | 90° | 120° | 150° | 180° |
| 30° | 0.5 | 0.61 | 0.68 | 0.87 | 1.03 | 1.03 | 0.99 | 1.00 |
| | 1 | 0.50 | 0.63 | 0.95 | 1.05 | 0.98 | 0.99 | 1.00 |
| | 5 | 0.27 | 0.55 | 1.04 | 1.02 | 0.99 | 1.01 | 1.00 |
| | 10 | 0.20 | 0.54 | 1.06 | 0.99 | 1.00 | 1.00 | 1.00 |
| 60° | 0.5 | 0.40 | 0.45 | 0.60 | 0.85 | 1.04 | 1.03 | 1.00 |
| | 1 | 0.31 | 0.36 | 0.57 | 0.96 | 1.06 | 0.98 | 1.00 |
| | 5 | 0.14 | 0.18 | 0.53 | 1.04 | 1.03 | 0.99 | 1.00 |
| | 10 | 0.10 | 0.13 | 0.52 | 1.07 | 0.98 | 1.00 | 1.00 |
| 90° | 0.5 | 0.31 | 0.33 | 0.41 | 0.59 | 0.85 | 1.03 | 1.00 |
| | 1 | 0.22 | 0.24 | 0.33 | 0.56 | 0.96 | 1.05 | 1.00 |
| | 5 | 0.10 | 0.11 | 0.16 | 0.53 | 1.04 | 1.02 | 1:00 |
| | 10 | 0.07 | 0.08 | 0.13 | 0.52 | 1.07 | 0.99 | 1.00 |
| 120° | 0.5 | 0.25 | 0.27 | 0.31 | 0.41 | 0.60 | 0.87 | 1.00 |
| | 1 | 0.18 | 0.19 | 0.23 | 0.33 | 0.57 | 0.95 | 1.00 |
| | 5 | 0.08 | 0.08 | 0.11 | 0.16 | 0.53 | 1.04 | 1.00 |
| | 10 | 0.06 | 0.06 | 0.07 | 0.13 | 0.52 | 1.06 | 1.00 |
| 150° | 0.5 | 0.23 | 0.24 | 0.27 | 0.33 | 0.45 | 0.68 | 1.00 |
| | 1 | 0.16 | 0.17 | 0.19 | 0.24 | 0.36 | 0.63 | 1.00 |
| | 5 | 0.07 | 0.08 | 0.08 | 0.11 | 0.18 | 0.55 | 1.00 |
| | 10 | 0.05 | 0.06 | 0.06 | 0.08 | 0.13 | 0.54 | 1.00 |
| 180° | 0.5 | 0.20 | 0.23 | 0.25 | 0.31 | 0.40 | 0.61 | 1.00 |
| | 1 | 0.10 | 0.16 | 0.18 | 0.22 | 0.31 | 0.50 | 1.00 |
| | 5 | 0.02 | 0.07 | 0.07 | 0.10 | 0.14 | 0.27 | 1.00 |
| | 10 | 0.01 | 0.05 | 0.06 | 0.07 | 0.10 | 0.20 | 1.00 |

## 3.5.4 波浪的反射

波浪在传播过程中遇到任何一种边界时，波浪的一部分总是被边界反射的现象称为波浪反射，如图 3.21 所示。

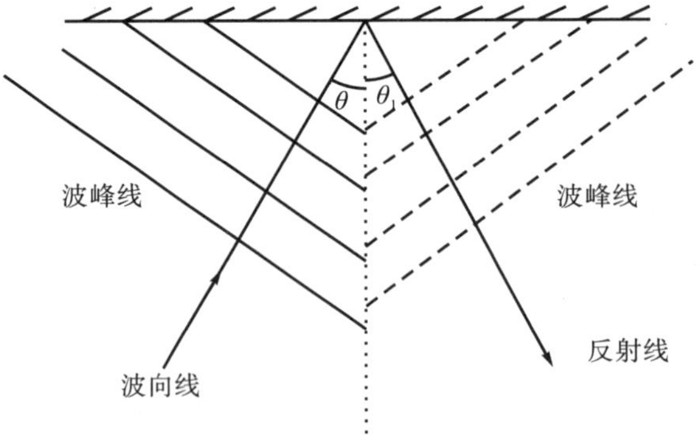


图 3.21 波浪的反射

反射波具有和入射波相同的波长和周期。定义反射波高($H_R$)与入射波高($H$)之比为反射率，又称反射系数，以 $K_R$ 表示，即

$$H_R = K_R \cdot H \tag{3-190}$$

由于受到边界坡度、糙度、空隙率、波浪的陡度及入射角等因素的影响，波的反射率很难精确确定。

### 3.5.5　波浪的破碎

当波浪传播到逐渐变浅的海域，水质点的轨迹就从圆形变为椭圆形，波峰向前倾斜。当波峰处的水质点速度达到或超过波速时，波浪就开始破碎。波浪破碎形态主要取决于深水中的波陡和近岸水底的坡度，大致分为三种类型，如图 3.22 所示。

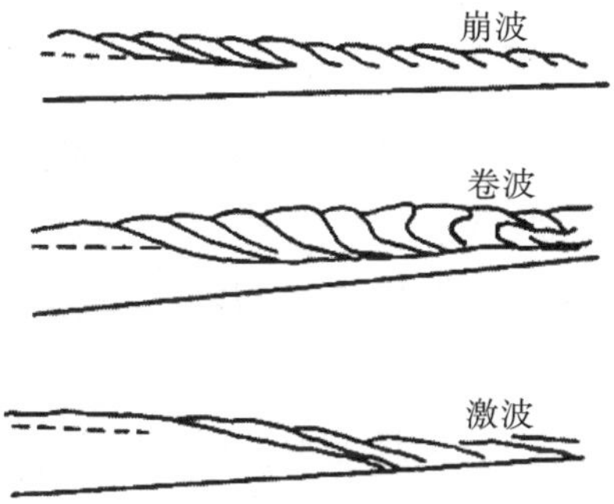


图 3.22　波浪破碎形态

(1) 崩波型：波陡较大的波浪沿缓坡传播时发生崩波，首先在波峰顶出现浪花，随后逐渐扩大到波峰前坡，整个波形仍基本上保持对称，传至岸线附近时波峰前坡布满泡沫，最后波浪消失在岸坡上。

(2) 卷波型：波陡较小的波浪在较陡的底坡上传播时发生卷波，波峰前坡逐渐陡直，最终整个波峰卷曲形成水舌而倾倒破碎，空气被卷入水体而发生轰鸣，波形发生明显变形而失去对称性。

(3) 激波型：波高较小的长波在较缓的底坡上传播时产生激波，波峰变陡后从其前坡下部开始出现浪花并扩大到整个前峰面，呈激散破碎，随波峰推带着前进，最后与波峰一起破散在岸滩上。

这三种形式的破碎波之间并无严格界限，它们常常交错出现。

波浪破碎处的水深称为破碎水深，用 $d_b$ 表示，相应的波高为破碎波高，用 $H_b$ 表示。$H_b$ 是水深 $d_b$ 条件下可能出现的最大波高，又称为极限波高。破碎波高和破碎水深是海岸工程设计中的重要参数。目前，理论上可采用能量法或根据倾斜海底边界条件求解有关控制方程来确定它们，但尚不能给出准确解。人们主要还是通过实验模拟和现场观测来分析它们的规律。图 3.23 是我国《海港水文规范》(JTS 145—2—2013)给出的规则

波条件下模型实验的结果，图中横坐标为破碎水深与深水波长之比，纵坐标为破碎波高与破碎水深之比。

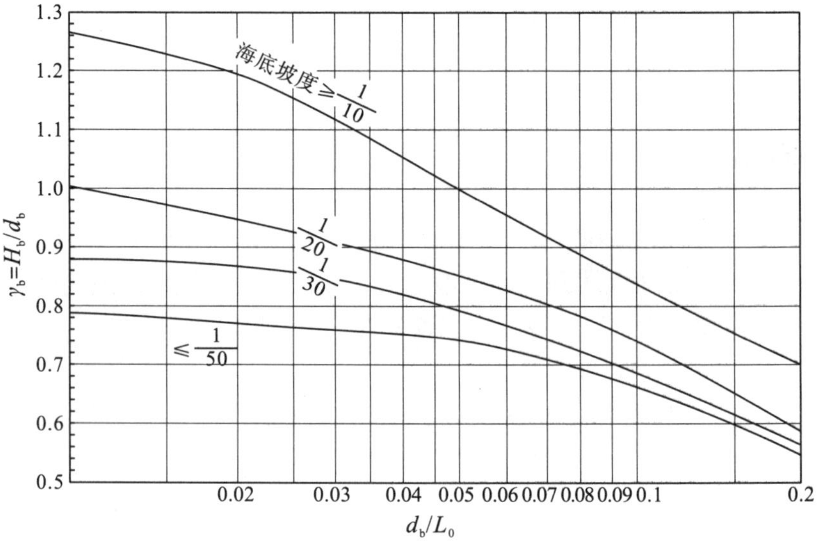


图 3.23 规则波条件下模型实验的结果

## 3.6 结构物上的波浪力

波浪对固定海洋工程结构一般会产生四种效应，如表 3.11 所示。

**表 3.11 波浪对固定海洋工程结构的四种效应**

<table>
<tr><th colspan="2">名称</th><th>产生原因</th><th>作用物</th></tr>
<tr><td colspan="2">黏滞效应</td><td>因流体(海水)的黏滞性引起</td><td rowspan="2">与入射波的波长相比尺度较小的结构物，如孤立桩柱、水下输油管道等</td></tr>
<tr><td colspan="2">附加质量效应</td><td>因流体的惯性以及结构物的存在，使结构物周围波动场的速度分布发生改变而引起的</td></tr>
<tr><td rowspan="2">绕射效应</td><td>散射效应</td><td>因结构物本身对入射波浪的散射作用而产生</td><td rowspan="2">与入射波的波长相比尺度较大的结构物，如平台的大型基础沉垫、大型石油储罐等</td></tr>
<tr><td>自由表面效应</td><td>因结构物本身的相对高度(结构物高度与工作水深之比)较大，结构物在海水中的存在对原波动场的自由表面产生影响</td></tr>
</table>

与入射波的波长相比尺度较小的结构物，如孤立桩柱、水下输油管道等，它们的存在对波浪运动无显著影响，波浪对结构物的作用主要为黏滞效应和附加质量效应。然而，随着结构物尺度的增大，如平台的大型基础沉垫、大型石油储罐等，它们的存在对波浪运动有显著影响，必须考虑散射效应和自由表面效应。所以，对于海洋工程结构物上的波浪力，一般分为与波长相比尺度较小和较大的两类来分别考虑。

## 3.6.1　小尺度结构物上的波浪力

### 3.6.1.1　绕流力

#### 1. 绕流拖曳力

当定常均匀水流绕过柱体时，沿流动方向作用在柱上的力称为绕流拖曳力，一般由摩擦拖曳力和压差拖曳力两部分组成。摩擦拖曳力是水流作用在柱体表面各点的摩擦切应力在流动方向上的投影之和，它与柱体表面附近边界层内流体的流态和柱体表面的粗糙度有关。压差拖曳力是水流作用在柱体表面各点的法向压应力在流动方向上的投影之和，它与柱体表面附近边界层内流体的流态和柱体沿流向的形状有关。

与风载荷的绕流拖曳力一样，波浪作用在柱体上的拖曳力为

$$F_{\mathrm{D}} = \frac{1}{2} C_{\mathrm{D}} \rho A v_0^2 \tag{3-191}$$

式中，$v_0$ 为柱前未受绕流影响而垂直于圆柱轴线的流速分量，m/s；$\rho$ 为水流密度，kg/m$^3$；$A$ 为柱体垂直于流动方向的投影面积，m$^2$；$C_{\mathrm{D}}$ 为阻力系数，与雷诺数($Re$)和柱面粗糙度有关，一些剖面形状不同的光滑柱体的阻力系数与雷诺数的变化关系如图 3.24 所示。

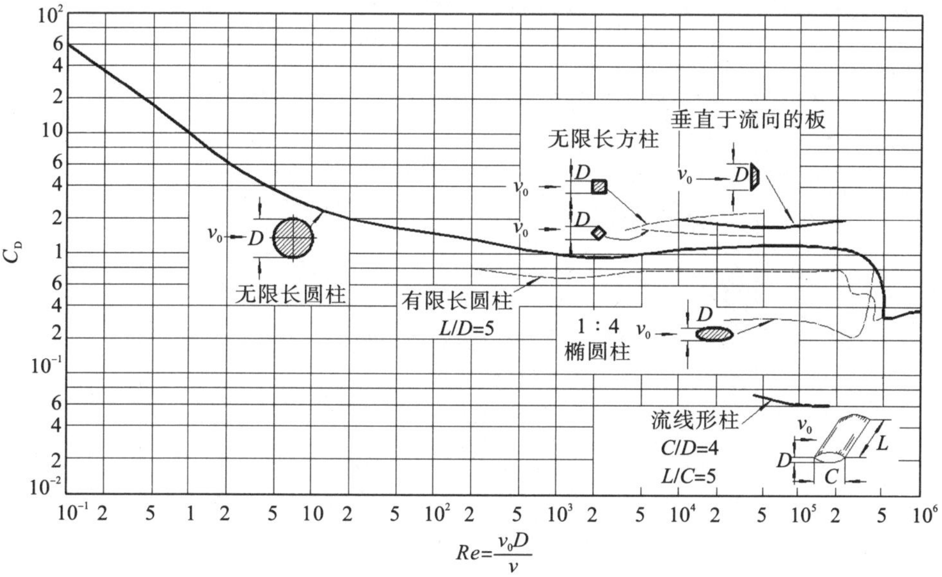


图 3.24　光滑柱体的阻力系数随雷诺数的变化

#### 2. 绕流横向力

柱体尾流涡街的存在，使柱体除受到沿流向的拖曳力 $F_{\mathrm{D}}$ 外，还受到一个垂直于流向的横向力 $F_{\mathrm{L}}$。横向力的频率 $f$ 等于漩涡的泄放频率，与斯特劳哈尔数 $Sr$ 有关。

对于光滑直立圆柱体，实验得到的斯特劳哈尔数($Sr$)与雷诺数($Re$)的关系如图 3.25 所示。

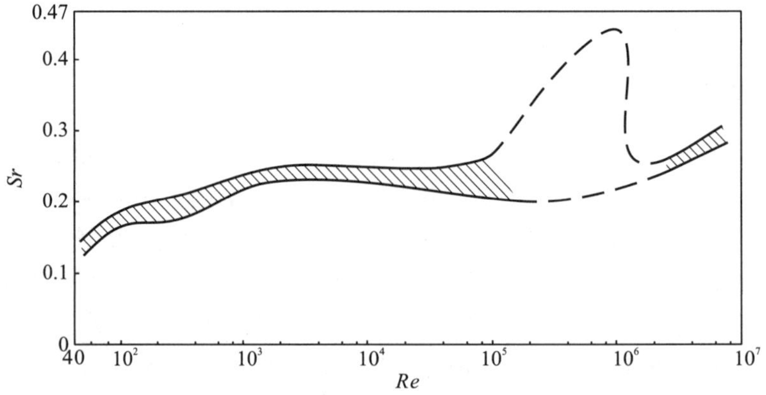


图 3.25 光滑直立圆柱体的 $Sr$ 与 $Re$ 的关系

垂直于流向的横向力 $F_L$ 可表示为

$$F_L = \frac{1}{2} C_L \rho A v_0^2 \cos(2\pi f t) \tag{3-192}$$

式中，$f$ 为漩涡泄放频率；$t$ 为时间，s；$C_L$ 为升力系数，也与雷诺数有关。图 3.26 给出了圆柱体升力系数的均方根 $C_{L(rms)}$ 与雷诺数($Re$)的关系。

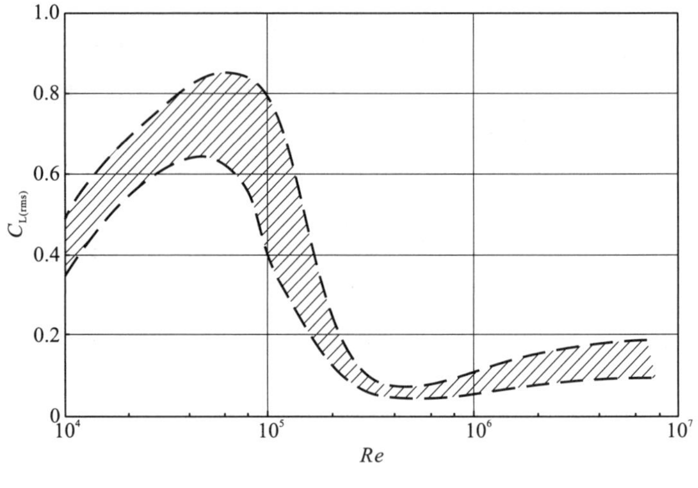


图 3.26 圆柱体的 $C_{L(rms)}$ 与 $Re$ 的关系

### 3. 绕流惯性力

非定常绕流对柱体还会产生流体加速度引起的惯性力。设排水体积为 $V$ 的柱体固定在理想不可压缩水流的流场中，绕流时柱体两侧流体加速，原本柱体所在位置的水体(被柱体置换的那部分体积的水体）本来应该与该处流场一样相应地做加速运动，但实际上由于柱体的存在，这个体积的水体将被减速至静止不动。因此，加速的流体将对柱体沿流动方向产生一个惯性力，这个惯性力就是未受柱体存在影响的流体压强对柱体沿流动方向的作用力，表示为

$$F_{\mathrm{k}}=\rho V\left(\frac{\mathrm{d}v}{\mathrm{d}t}\right)_{\mathrm{a}} \tag{3-193}$$

式中，$\rho$ 为水流密度，$\mathrm{kg/m^3}$；$V$ 为柱体排水体积，$\mathrm{m^3}$；$\left(\frac{\mathrm{d}v}{\mathrm{d}t}\right)_{\mathrm{a}}$ 为体积 $V$ 内未扰动水体的平均加速度，$\mathrm{m/s^2}$，对于细长圆柱体来说，可用柱体轴中心位置处流体的加速度来表示。

柱体的存在，必将使柱体周围的流体质点受到扰动而引起速度的变化，这种变化在柱体表面附近为最大，随着距柱体距离的增加而逐渐减小，衰减规律取决于柱体截面形状和流体的流动方向。所以，受到柱体扰动影响的周围流体（称为附加流体）沿流动方向也将对柱体产生一个附加惯性力，又称附加质量力。因此，加速的流体沿流动方向真正作用在柱体上的绕流惯性力可表示为

$$F_{\mathrm{I}}=\left(M_0+M_{\mathrm{w}}\right)\frac{\mathrm{d}v}{\mathrm{d}t} \tag{3-194}$$

令 $M_{\mathrm{w}}=C_{\mathrm{m}}M_0$，则

$$F_{\mathrm{I}}=\left(1+C_{\mathrm{m}}\right)M_0\frac{\mathrm{d}v}{\mathrm{d}t}=C_{\mathrm{M}}M_0\frac{\mathrm{d}v}{\mathrm{d}t} \tag{3-195}$$

式中，$M_0$ 为柱体排水质量，$M_0=\rho V$，kg；$M_{\mathrm{w}}$ 为柱体周围受影响水体的附加质量，kg；$C_{\mathrm{m}}$ 为附加质量系数；$C_{\mathrm{M}}$ 为惯性力系数，$C_{\mathrm{M}}=1+C_{\mathrm{m}}$，集中反映了由于流体的惯性以及柱体的存在使柱体周围流场的速度改变而引起的附加质量效应。

少数规则形状物体的附加质量可以用势流理论推导求得，但大多数形状物体的附加质量需要通过实验确定。表 3.12 给出了几种常见形状物体的惯性力系数。

**表 3.12　几种常见形状物体的惯性力系数**

| 物体的形状 | | 基准体积 | 惯性力系数 |
|---|---|---|---|
| 圆柱 | 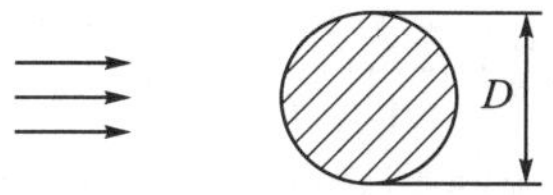 | $\frac{\pi}{4}D^2$ | $2.00(L>D)$ |
| 方柱 | 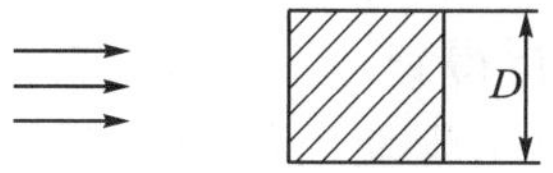 | $D^2$ | $2.19(L>D)$ |
| 平板 | 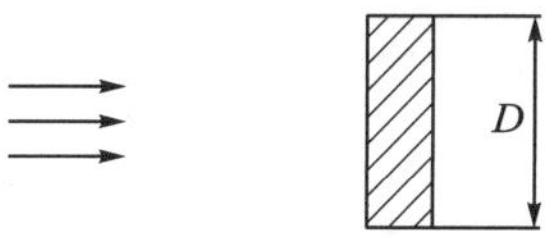 | $\frac{\pi}{4}D^2$ | $1.00(L>D)$ |
| 球 |  | $\frac{\pi}{6}D^3$ | 1.50 |

续表

| 物体的形状 | | 基准体积 | 惯性力系数 |
|---|---|---|---|
| 立方体 | 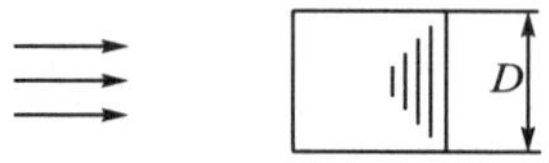 | $D^3$ | 1.67 |

### 3.6.1.2　莫里森公式

对于小尺度细长柱体（如圆柱体 $D/L \leqslant 0.2$），可用莫里森(Morison)方程计算任意高度 $z$ 处单位长度上的水平波浪力：

$$\begin{aligned} f_{\mathrm{H}} &= f_{\mathrm{D}} + f_{\mathrm{I}} = \frac{1}{2}C_{\mathrm{D}}\rho A_{\mathrm{p}}u|u| + \rho V_{\mathrm{p}}\frac{\mathrm{d}u}{\mathrm{d}t} + C_{\mathrm{m}}\rho V_{\mathrm{p}}\frac{\mathrm{d}u}{\mathrm{d}t} \\ &= \frac{1}{2}C_{\mathrm{D}}A_{\mathrm{p}}u|u| + C_{\mathrm{M}}\rho V_{\mathrm{p}}\frac{\mathrm{d}u}{\mathrm{d}t} \end{aligned} \tag{3-196}$$

式中，$f_{\mathrm{D}}$ 为单位长度的拖曳力，N/m；$f_{\mathrm{I}}$ 为单位长度的惯性力，N/m；$A_{\mathrm{p}}$ 为单位长度柱体垂直于波向的投影面积，m，对于圆柱体，等于直径 $D$；$V_{\mathrm{p}}$ 为单位长度的柱体排开体积，$\mathrm{m}^2$，等于柱体的横剖面面积；$u$ 为柱体轴中心位置波浪水平方向的速度，m/s，这里假设流动方向沿 $x$ 轴，由于波浪水质点做周期性的往复振荡运动，水平速度 $u$ 时正时负，因而对柱体的拖曳力也时正时负，故式中取 $u|u|$ 以保持拖曳力的正负性质。

对于圆柱体，式(3-196)可写成

$$f_{\mathrm{H}} = \frac{1}{2}C_{\mathrm{D}}\rho Du|u| + C_{\mathrm{M}}\rho\frac{\pi D^2}{4}\frac{\mathrm{d}u}{\mathrm{d}t} \tag{3-197}$$

当 $D/L \leqslant 0.2$ 时，可以认为柱体的存在对波浪运动无显著影响，所以式(3-197)中的速度和加速度可近似地分别用柱体未插入波浪时对应柱体轴中心位置处水质点的水平速度和水平加速度代替。

若柱体本身还在运动，假设柱体运动方向与波浪运动方向一致，在 $z$ 处的水平位移为 $x$，速度为 $\dot{x}$，加速度为 $\ddot{x}$，则应用于运动柱体的莫里森方程为

$$\begin{aligned} f_{\mathrm{H}} &= \frac{1}{2}C_{\mathrm{D}}\rho D(u-\dot{x})|(u-\dot{x})| + \rho\frac{\pi D^2}{4}\frac{\partial u}{\partial t} + C_{\mathrm{m}}\rho\frac{\pi D^2}{4}\left(\frac{\partial u}{\partial t} - \ddot{x}\right) \\ &= \frac{1}{2}C_{\mathrm{D}}\rho D(u-\dot{x})|(u-\dot{x})| + C_{\mathrm{M}}\rho\frac{\pi D^2}{4}\frac{\partial u}{\partial t} - C_{\mathrm{m}}\rho\frac{\pi D^2}{4}\ddot{x} \end{aligned} \tag{3-198}$$

莫里森方程中的拖曳力是按真实黏性流体绕过柱体时产生的作用力分析得到的，而惯性力是按理想流体的有势非定常流理论分析得到，两者没有共同的理论基础。所以，莫里森方程在理论上是有缺陷的。但几十年工程使用经验表明，它尚能给出满意的结果，至今仍是小尺度结构上波浪力计算的主要方法。

### 3.6.1.3　直立单柱体上的波浪力

如图 3.27 所示的坐标系，作用在单个圆柱体高 d$z$ 上的水平波浪力为

$$\mathrm{d}F_{\mathrm{H}} = f_{\mathrm{H}}\mathrm{d}z = \frac{1}{2}C_{\mathrm{D}}\rho Du|u|\mathrm{d}z + C_{\mathrm{M}}\rho\frac{\pi D^2}{4}\frac{\partial u}{\partial t}\mathrm{d}z \tag{3-199}$$

则某一段柱体$(z_2-z_1)$上的水平波浪力为

$$F_{\mathrm{H}}=\int_{z_1}^{z_2} f_{\mathrm{H}}\mathrm{d}H=\int_{z_1}^{z_2}\frac{1}{2}C_{\mathrm{D}}\rho Du|u|\mathrm{d}z+\int_{z_1}^{z_2}C_{\mathrm{M}}\rho\frac{\pi D^2}{4}\frac{\partial u}{\partial t}\mathrm{d}z \tag{3-200}$$

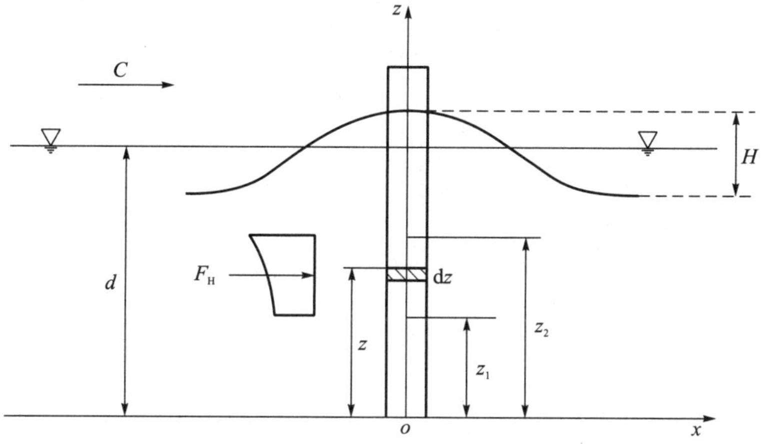


图 3.27 小尺度直立柱体波浪力计算的坐标系统

当 $z_1=0$，$z_2=d+\eta$ 时，可得到整个柱体上的总水平波浪力：

$$F_{\mathrm{H}}=\int_{0}^{d+\eta}\frac{1}{2}C_{\mathrm{D}}\rho Du|u|\mathrm{d}z+\int_{0}^{d+\eta}C_{\mathrm{M}}\rho\frac{\pi D^2}{4}\frac{\partial u}{\partial t}\mathrm{d}z \tag{3-201}$$

于是，整个柱体上的总水平波浪力力矩(对海底求矩)为

$$M_{\mathrm{H}}=\int_{0}^{d+\eta} zf_{\mathrm{H}}\mathrm{d}z=\int_{0}^{d+\eta}\frac{1}{2}C_{\mathrm{D}}\rho Du|u|z\mathrm{d}z+\int_{0}^{d+\eta}C_{\mathrm{M}}\rho\frac{\pi D^2}{4}\frac{\partial u}{\partial t}z\mathrm{d}z \tag{3-202}$$

总水平波浪力的作用点距海底的距离为

$$e=\frac{M_{\mathrm{H}}}{F_{\mathrm{H}}} \tag{3-203}$$

要求解上述各式，需要根据所在海域的水深和设计波的波高 $H$、周期 $T$ 等条件选用一种适宜的波浪理论来计算波浪的 $\eta$、$u$ 和 $\frac{\partial u}{\partial t}$，并选取合理的阻力系数 $C_{\mathrm{D}}$ 和惯性力系数 $C_{\mathrm{M}}$。

若选择线性波浪理论，将波面 $\eta$、水平方向速度 $u$ 及加速度 $a_x$(公式中坐标原点移至海底)代入式(3-201)，得

$$F_{\mathrm{H}}=\int_{0}^{\eta+d}\frac{1}{2}C_{\mathrm{D}}\rho D\left(\frac{kgH}{2\omega}\frac{\mathrm{ch}kz}{\mathrm{ch}kd}\right)^2|\cos\theta|\cos\theta\mathrm{d}z+\int_{0}^{\eta+d}C_{\mathrm{M}}\rho\frac{\pi D^2}{4}\frac{kgH}{2}\frac{\mathrm{ch}kz}{\mathrm{ch}kd}\sin\theta\mathrm{d}z \tag{3-204}$$

对式(3-204)积分得

$$F_{\mathrm{H}}=F_{\mathrm{D\,max}}|\cos\theta|\cos\theta+F_{\mathrm{I\,max}}\sin\theta \tag{3-205}$$

其中，

$$F_{\mathrm{D\,max}}=C_{\mathrm{D}}\frac{\rho gD}{2}H^2K_1 \tag{3-206}$$

$$F_{\mathrm{Imax}} = C_{\mathrm{M}} \frac{\rho g \pi D^2}{8} H K_2 \tag{3-207}$$

$$K_1 = \frac{2k(\eta + d) + \mathrm{sh}^2 k(\eta + d)}{8\mathrm{sh}^2 kd} \tag{3-208}$$

$$K_2 = \frac{\mathrm{sh}k(\eta + d)}{\mathrm{ch}kd} \tag{3-209}$$

式(3-205)中，$F_{\mathrm{Dmax}}$为拖曳力的最大值，N；$F_{\mathrm{Imax}}$为惯性力的最大值，N。

拖曳力与惯性力二者相位差90°，在总波浪力中所占的比例与$D/L$有关。

同理可得波浪力力矩为

$$M_{\mathrm{H}} = M_{\mathrm{Dmax}} |\cos\theta| \cos\theta + M_{\mathrm{Imax}} \sin\theta \tag{3-210}$$

其中，

$$M_{\mathrm{Dmax}} = C_{\mathrm{D}} \frac{\rho g D}{k} H^2 K_3 \tag{3-211}$$

$$M_{\mathrm{Imax}} = C_{\mathrm{M}} \frac{\rho g \pi D^2}{8k} H K_4 \tag{3-212}$$

$$K_3 = \frac{1}{32\mathrm{sh}^2 kd}\left[2k^2(\eta + d) + 2k(\eta + d)\mathrm{sh}^2 k(\eta + d) - \mathrm{ch}^2 k(\eta + d) + 1\right] \tag{3-213}$$

$$K_4 = \frac{1}{\mathrm{ch}kd}\left[k(\eta + d)\mathrm{sh}k(\eta + d) - \mathrm{ch}k(\eta + d) + 1\right] \tag{3-214}$$

式(3-210)中，$M_{\mathrm{Dmax}}$为拖曳力的最大力矩，N·m；$M_{\mathrm{Imax}}$为惯性力的最大力矩，N·m。

由式(3-205)可见，波浪力与相位$\theta$有关，令波浪力对$\theta$求导等于零：

$$\begin{aligned}\frac{\partial F_{\mathrm{H}}}{\partial \theta} &= \frac{\partial(F_{\mathrm{Dmax}} |\cos\theta| \cos\theta + F_{\mathrm{Imax}} \sin\theta)}{\partial \theta} \\ &= -2F_{\mathrm{Dmax}} |\cos\theta| \sin\theta + F_{\mathrm{Imax}} \cos\theta = 0\end{aligned} \tag{3-215}$$

可得极值出现的条件

$$\cos\theta = 0 \rightarrow F_{\mathrm{Dmax}} < 0.5F_{\mathrm{Imax}} \tag{3-216}$$

或

$$\sin\theta \frac{|\cos\theta|}{\cos\theta} = \frac{F_{\mathrm{Imax}}}{2F_{\mathrm{Dmax}}} \rightarrow F_{\mathrm{Dmax}} \geqslant 0.5F_{\mathrm{Imax}} \tag{3-217}$$

(1) 当 $F_{\mathrm{Dmax}} < 0.5F_{\mathrm{Imax}}$，最大水平波浪力只能出现在 $\cos\theta = 0$ 时，即 $x$=0 且 $\theta = kx - \omega t = \pm\frac{\pi}{2}$，故 $t = \pm\frac{\pi}{2\omega} = \pm\frac{T}{4}$，相当于波面经过静水面的时刻，此时 $F_{\mathrm{I}} = F_{\mathrm{Imax}}$，$F_{\mathrm{Dmax}} = 0$，$|F_{\mathrm{Hmax}}| = F_{\mathrm{Imax}}$。

(2) 当 $F_{\mathrm{Dmax}} = 0.5F_{\mathrm{Imax}}$，此时 $\sin\theta = \sin(-\omega t) = \pm 1$，上述两个条件均满足，$|F_{\mathrm{Hmax}}| = F_{\mathrm{Imax}}$。

(3) 当 $F_{\mathrm{Dmax}} > 0.5F_{\mathrm{Imax}}$，$\sin\theta \frac{|\cos\theta|}{\cos\theta} < 1$，$F_{\mathrm{Hmax}} = F_{\mathrm{Dmax}} \cos^2\theta + F_{\mathrm{Imax}} \frac{F_{\mathrm{Imax}}}{2F_{\mathrm{Dmax}}} = F_{\mathrm{Dmax}}\left[1 + \left(\frac{F_{\mathrm{Imax}}}{2F_{\mathrm{Dmax}}}\right)^2\right]$，表明：若$\left(\frac{F_{\mathrm{Imax}}}{2F_{\mathrm{Dmax}}}\right)^2 \ll 1$（如 $F_{\mathrm{Dmax}} \geqslant 2F_{\mathrm{Imax}}$），波浪力 $F_{\mathrm{H}}$ 主要取决

于拖曳力 $F_{\mathrm{Dmax}}$；若 $\left(\dfrac{F_{\mathrm{Imax}}}{2F_{\mathrm{Dmax}}}\right)^2 \approx 1$（如 $2F_{\mathrm{Imax}} > F_{\mathrm{Dmax}} > 0.5F_{\mathrm{Imax}}$），波浪力 $F_{\mathrm{H}}$ 既受惯性力 $F_{\mathrm{I}}$ 的支配，也受拖曳力 $F_{\mathrm{D}}$ 的影响。

#### 3.6.1.4　群柱体上的波浪力

如图 3.28 所示，计算群柱体上总水平波浪力时，可将坐标原点设在 $(i=1, j=1)$ 的直立柱体处，则作用在柱体 $(i,j)$ 处的水平波浪力和水平波浪力力矩分别为

$$F_{\mathrm{H}_{i,j}} = F_{\mathrm{HD}_{\max i,j}} \cos\left(kx_{i,j} - \omega t\right)\left|\cos\left(kx_{i,j} - \omega t\right)\right| + F_{\mathrm{HI}_{\max i,j}} \sin\left(kx_{i,j} - \omega t\right) \tag{3-218}$$

$$M_{\mathrm{H}_{i,j}} = M_{\mathrm{HD}_{\max i,j}} \cos\left(kx_{i,j} - \omega t\right)\left|\cos\left(kx_{i,j} - \omega t\right)\right| + M_{\mathrm{HI}_{\max i,j}} \sin\left(kx_{i,j} - \omega t\right) \tag{3-219}$$

其中，

$$x_{i,j} = (i-1)a\cos\alpha - (j-1)b\sin\alpha \tag{3-220}$$

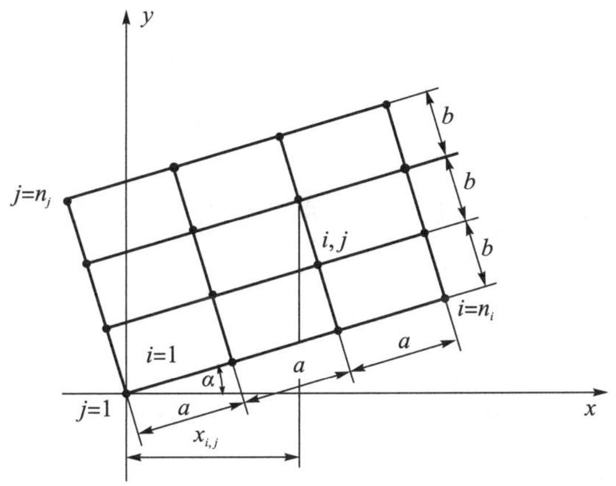


图 3.28　群柱体的布置示意图

于是，作用在整个群体上的水平合波浪力和水平合波浪力力矩分别为

$$\begin{cases} F_{\mathrm{H}} = \sum\limits_{i}\sum\limits_{j} F_{\mathrm{H}_{i,j}} \\ M_{\mathrm{H}} = \sum\limits_{i}\sum\limits_{j} M_{\mathrm{H}_{i,j}} \end{cases} \tag{3-221}$$

实际计算过程中，还应考虑群柱之间的遮蔽效应和干扰效应。实验研究认为，群柱体的遮蔽效应和干扰效应主要取决于柱体之间的间距 $l$ 与柱径 $D$ 的比值。当 $l/D \geqslant 4$ 时，柱体之间的遮蔽效应和干扰效应可以忽略不计，当 $l/D < 4$ 时，则需要考虑。交通运输部制订的《港口工程技术规范》(1987) 中规定，当 $l/D < 4$ 时，需要引入群柱系数 $K$，如表 3.13 所示，于是有

$$\begin{cases} F_{\mathrm{H}} = \sum\limits_{i}\sum\limits_{j} K_{i,j} F_{\mathrm{H}_{i,j}} \\ M_{\mathrm{H}} = \sum\limits_{i}\sum\limits_{j} K_{i,j} M_{\mathrm{H}_{i,j}} \end{cases} \tag{3-222}$$

表 3.13　群柱系数 $K$

| 柱体排列方向 | $l/D$ | | |
|---|---|---|---|
| | 2 | 3 | 4 |
| 垂直于波向 | 1.50 | 1.25 | 1.00 |
| 平行于波向 | 0.70 | 0.80 | 1.00 |

注：$l$ 为柱体间距，$D$ 为柱径。

当柱体有附着生物时，柱体表面粗糙度和柱径增加，相应柱段上的波浪力还应乘以附着系数 $n$。《港口工程技术规范》(1987)规定，一般附生($\varepsilon/D\leqslant 0.02$，$\varepsilon$ 为附着生物的平均厚度)时，$n=1.15$；中等附生($0.02<\varepsilon/D<0.04$)时，$n=1.25$；严重附生($\varepsilon/D\geqslant 0.02$)时，$n=1.40$。

### 3.6.1.5　倾斜柱体上的波浪力

对于空间任一倾斜柱体，必须考虑速度与波浪力的方向，故单位长度上的波浪力可表示为

$$\boldsymbol{f}_{\mathrm{H}}=\frac{1}{2}C_{\mathrm{D}}\rho D\boldsymbol{U}_n\left|\boldsymbol{U}_n\right|+C_{\mathrm{M}}\rho\frac{\pi D^2}{4}\frac{\partial \boldsymbol{U}_n}{\partial t} \tag{3-223}$$

式中，$\boldsymbol{f}_{\mathrm{H}}$ 为作用于倾斜柱体任意高度 $z$ 处单位长度的波浪力矢量；$\boldsymbol{U}_n$ 为与柱轴正交的水质点速度矢量；$\left|\boldsymbol{U}_n\right|$ 为速度矢量 $\boldsymbol{U}_n$ 的模。

### 3.6.1.6　海底管道上的波浪力

海底管道并不都是埋入海底土壤中的，当管道暴露在海底表面上或与海底表面之间尚有一定间隙时，必须考虑波浪对海底管道的作用力。

波浪对海底管道的作用力不仅与雷诺数、波浪周期参数、管道表面粗糙度有关，还与管道离海底的相对间隙有关，如图 3.29 所示的 $e$、$D$。由于海底管道的直径 $D$ 相对于波长 $L$ 是较小的，故海底管道的波浪力计算仍可采用莫里森公式。

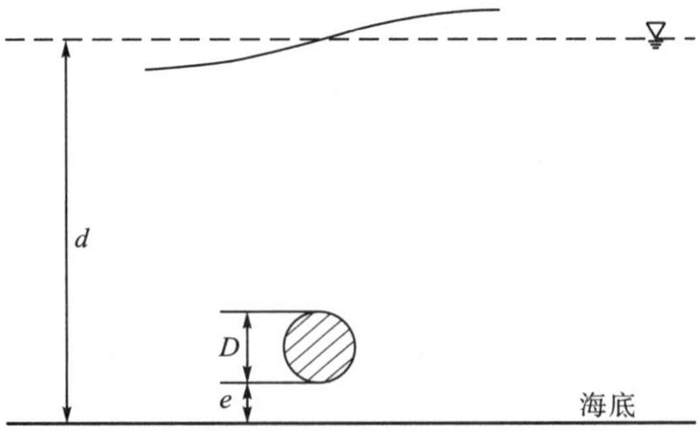


图 3.29　海底管道示意图

假设海底管道轴线平行于波峰线，作用于管道长度 $\mathrm{d}l$ 上的水平波浪力和垂直波浪力分别为

$$\mathrm{d}F_{\mathrm{H}} = \mathrm{d}F_{\mathrm{DH}} + \mathrm{d}F_{\mathrm{IH}} = \frac{1}{2}C_{\mathrm{D}}\rho Du|u|\mathrm{d}l + C_{\mathrm{M}}\rho\frac{\pi D^2}{4}\frac{\partial u}{\partial t}\mathrm{d}l \tag{3-224}$$

$$\mathrm{d}F_{\mathrm{V}} = \mathrm{d}F_{\mathrm{DV}} + \mathrm{d}F_{\mathrm{IV}} + \mathrm{d}F_{\mathrm{L}} = \frac{1}{2}C_{\mathrm{D}}\rho Dw|w|\mathrm{d}l + C_{\mathrm{M}}\rho\frac{\pi D^2}{4}\frac{\partial w}{\partial t}\mathrm{d}l + \frac{1}{2}C_{\mathrm{L}}\rho Du^2\mathrm{d}l \tag{3-225}$$

由于近海底波浪水质点的垂向速度 $w$ 和垂向加速度 $\frac{\partial w}{\partial t}$ 均较小，故垂直方向的拖曳力 $F_{\mathrm{DV}}$ 和惯性力 $F_{\mathrm{IV}}$ 可以忽略不计。但是，近海底的波浪水流以速度 $u$ 绕管道流动时，由于管道靠近海底，使得管道上、下部流速不等，上部压强低于下部压强而形成了压强差，又由于管道漩涡尾流区的形成，产生的横向力 $F_{\mathrm{L}}$ 必须考虑。这样，式(3-225)又可写为

$$\mathrm{d}F_{\mathrm{V}} = \mathrm{d}F_{\mathrm{L}} = \frac{1}{2}C_{\mathrm{L}}\rho Du^2\mathrm{d}l \tag{3-226}$$

同样，式(3-226)中的 $u$ 需要根据管道敷设区的水深 $d$、波高 $H$ 和波周期 $T$ 等条件选取适宜的波浪理论计算确定。

由于上述计算的前提是假设管道轴线平行于波峰线，波浪以同一位相作用于管道，但实际上管道长度较长，将受到不同位相的波浪作用。所以，还需要乘以反映波浪位相差的系数进行修正，此系数称为折减系数，如表 3.14 所示。

**表 3.14　海底管道波浪力的折减系数**

| 管道长度 | $<0.25L$ | $(0.25\sim0.5)L$ | $(0.5\sim1.0)L$ | $>L$ |
|---|---|---|---|---|
| 波浪力折减系数 | 0.8 | 0.7 | 0.6 | 0.5 |

### 3.6.2　大尺度结构物上的波浪力

对于 $D/L>0.2$ 的大尺度海洋工程结构物，如重力式平台、大型石油储罐等，需要考虑入射波浪的散射效应以及自由表面效应。此时莫里森方程依据的基本假定(结构物存在对入射波动场无显著影响)不再有效，所以计算大尺度结构物上的波浪力时，莫里森方程不再适用。

计算大尺度结构物上的波浪力可基于绕射理论计算，而忽略黏滞效应。黏滞效应主要取决于 $H/l$($H$ 为波高，$l$ 为结构物的特征长度)，如图 3.30 所示，当 $H/l\leqslant1$ 时，可忽略黏滞效应，以绕射理论为基础的波浪力计算方法适用于全部 $l/L$。而当 $l/L\leqslant0.2$ 时，可忽略绕射效应，以绕流理论为基础的莫里森方程适用于全部 $H/l$，当 $H/l\leqslant1$ 且 $l/L\leqslant0.2$ 时，则为两种计算方法都适用的范围。在这一范围内，当 $C_{\mathrm{D}}\to0$ 时，只需要计算惯性波浪力。当 $H/l>1$ 且 $l/L>0.2$ 时，黏滞效应和绕射效应都较大，因此这两种方法都不适用。但在实际计算中，基本上不会出现 $H/l>1$ 且 $l/L>0.2$ 的情况。

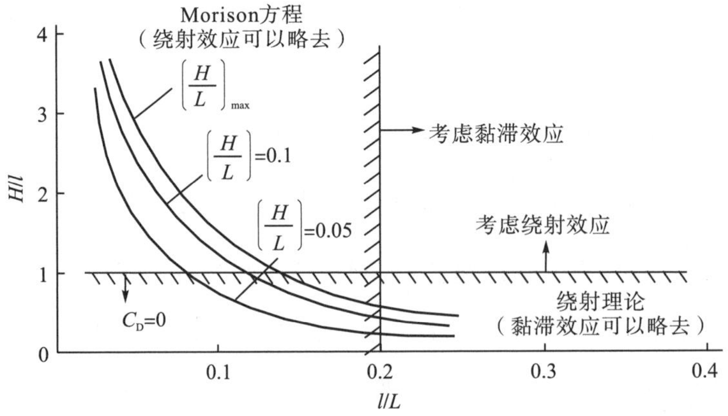


图 3.30 两种计算波浪力方法的适用范围

### 3.6.2.1 线性绕射

假设不可压缩理想有势流体中入射波为波高很小的线性波，且波浪与结构物的相互作用是线性的，此时的绕射问题为线性绕射问题。如图 3.31 所示，当波浪传播遇到结构物后，在结构物表面产生一个向外散射的波，入射波与散射波的叠加达到稳态时，形成一个新的波动场，其内任一点的总速度势 $\varPhi$ 由入射波的速度势 $\varPhi_{\mathrm{I}}$ 和散射波的速度势 $\varPhi_{\mathrm{S}}$ 组成，即

$$\varPhi(x,y,z,t)=\varPhi_{\mathrm{I}}(x,y,z,t)+\varPhi_{\mathrm{S}}(x,y,z,t) \tag{3-227}$$

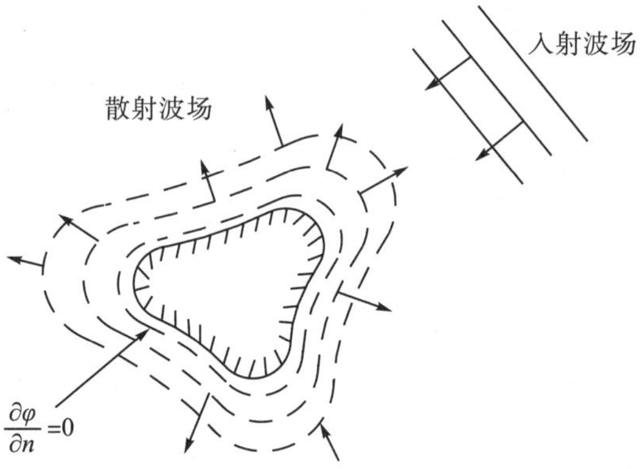


图 3.31 入射波场和散射波场

对于线性简谐运动的波浪，可以将时间变量单独分离出来，故总速度势 $\varPhi$ 可表示为

$$\varPhi(x,y,z,t)=\varphi(x,y,z,t)\mathrm{e}^{-\mathrm{i}\omega t}=\left[\varphi_{\mathrm{I}}(x,y,z,t)+\varphi_{\mathrm{S}}(x,y,z,t)\right]\mathrm{e}^{-\mathrm{i}\omega t} \tag{3-228}$$

由于总速度势 $\varPhi$ 在整个波动场内应满足拉普拉斯方程，所以入射波速度势 $\varPhi_{\mathrm{I}}$ 和散射波速度势 $\varPhi_{\mathrm{S}}$ 都应分别满足拉普拉斯方程。根据自由水面边界条件$\left(\frac{\partial\varphi}{\partial z}-\frac{\omega^2}{g}\varphi=0\right)$、海

底面边界条件$\left(\dfrac{\partial\varphi}{\partial z}=0\right)$、结构表面边界条件$\left(\dfrac{\partial\varphi_S}{\partial n}=-\dfrac{\partial\varphi_I}{\partial n}\right)$，以及无穷远处边界条件$\left[\lim\limits_{r\to\infty}\sqrt{r}\left(\dfrac{\partial\varphi_s}{\partial r}-\mathrm{i}k\varphi_s\right)=0，r\text{为径向距离}\right]$，可以求得 $\varphi_I$ 和 $\varphi_S$，相加得到 $\varphi$。若不计静压强，利用线性化的伯努利方程可得到结构物表面上的波压强分布：

$$p=-\rho\frac{\partial\Phi}{\partial t}=\omega\rho\,\mathrm{R_{ez}}\left[\mathrm{i}\varphi\mathrm{e}^{-\mathrm{i}\omega t}\right] \tag{3-229}$$

式中，$\mathrm{R_{ez}}[\ ]$表示取复数表达式的实部。

于是，得到作用在结构物上的总水平波浪力和总波浪力力矩分别为

$$\boldsymbol{F}=-\rho\omega\iint_S \mathrm{R_{ez}}\left[\mathrm{i}\varphi\mathrm{e}^{-\mathrm{i}\omega t}\right]\boldsymbol{n}\mathrm{d}S \tag{3-230}$$

$$\boldsymbol{M}=-\rho\omega\iint_S \mathrm{R_{ez}}\left[\mathrm{i}\varphi\mathrm{e}^{-\mathrm{i}\omega t}\right](\boldsymbol{r}\times\boldsymbol{n})\mathrm{d}S \tag{3-231}$$

式中，$\boldsymbol{n}$ 为结构物表面 $S$ 上某点的单位外法向矢量；$\boldsymbol{r}$ 为结构物表面 $S$ 上某点到取力矩那点的径向矢量。

#### 3.6.2.2　大直径圆柱上的波浪力

利用线性波浪理论，按照前述步骤可求得作用在大直径圆柱上的波浪力为

$$F_\mathrm{H}=\frac{2\rho gH}{k^2}\cdot\frac{\mathrm{sh}k(d+\eta)}{\mathrm{ch}kd}\cdot f_\mathrm{A}\cdot\cos(\omega t-\alpha) \tag{3-232}$$

对海底的弯矩为

$$M_\mathrm{H}=\frac{2\rho gH}{k^3}\cdot\frac{f_\mathrm{A}}{\mathrm{ch}kd}\left[k(\eta+d)\cdot\mathrm{sh}k(\eta+d)-\mathrm{ch}k(\eta+d)+1\right]\cdot\cos(\omega t-\alpha) \tag{3-233}$$

其中，

$$f_\mathrm{A}=\frac{1}{\sqrt{\left[J_1'\left(\dfrac{\pi D}{L}\right)\right]^2+\left[Y_1'\left(\dfrac{\pi D}{L}\right)\right]^2}} \tag{3-234}$$

$$\alpha=\arctan\left[\frac{J_1'\left(\dfrac{\pi D}{L}\right)}{Y_1'\left(\dfrac{\pi D}{L}\right)}\right] \tag{3-235}$$

式中，$J_1'(\ )$为一阶贝塞尔函数的导数；$Y_1'(\ )$为一阶第二类贝塞尔函数的导数。

$f_\mathrm{A}$及 $\alpha$ 与相对直径 $D/L$ 有关，可查图 3.32 得到。

对于作用在任意形状大尺度结构物上的波浪，由于其散射波速度势不可能取得解析解，目前只能通过数值计算的方法来求得数值解。常用的有三维源分布法和有限单元法，关于它们的计算原理，读者可以查阅相关书籍，这里不做介绍。

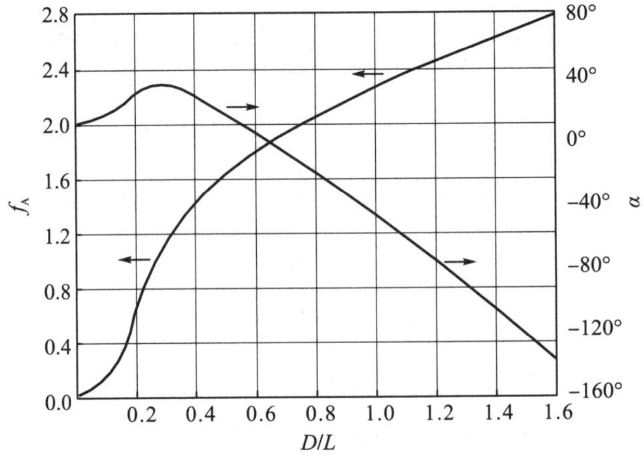


图 3.32 $f_A$及 $\alpha$ 与相对直径 $D/L$ 的关系

## 思考题与习题

1.画出规则波的二维剖面，并在图上标注出主要的波浪要素(包括波峰、波谷、波向、波高、波长等)。

2.试利用数学物理方程的知识，求解微幅波速度势方程。

3.介绍微幅波理论、斯托克斯波理论、椭圆余弦波理论、孤立波理论的异同点，阐述它们的适用范围并做简要解释。

4.某防波堤遭遇波浪的入射角为 30°，入射波波长为 20m，波高为 0.3m，现在防波堤后的一观测点观测绕射波高，若观测点和堤头的连线与防波堤之间的夹角为 90°，观测点与堤头之间的距离为 100m，求观测点处的波高。

5.一直径为 0.102m 的桩柱，处于水深 3.5m 的海水中，桩柱伸出水面，海水表面波浪的波高为 0.066m，波浪周期为 2.11s，按微幅波计算作用在桩柱上的最大水平波浪力(阻力系数取 1.2，质量系数取 1.0)。

6.对于一个设计寿命为 20 年的结构物，遭遇百年一遇的极端海况的概率是多少?如何计算?

7.如何确定 Weibull 分布的三个参数?

8.根据某一海域的长期观测结果(表 1)，计算该海域波高的 Weibull 分布函数的三个参数，并求解设计波高。

表 1 某海域长期观测数据

| | | | | | | | | | | | | |
|---|---|---|---|---|---|---|---|---|---|---|---|---|
| 有义波高 | 下限 | 0.0 | 0.5 | 1.0 | 1.5 | 2.0 | 2.5 | 3.0 | 3.5 | 4.0 | 4.5 | 5.0 |
| | 上限 | 0.49 | 0.99 | 1.49 | 1.99 | 2.49 | 2.99 | 3.49 | 3.99 | 4.49 | 4.99 | 5.49 |
| 数量 | | 1639 | 3216 | 1949 | 1247 | 786 | 576 | 326 | 224 | 40 | 4 | 2 |
| 合计 | | 10009 | | | | | | | | | | |

# 第4章　海 洋 潮 汐

海洋潮汐是引潮力产生的海水长周期波动现象。海洋工程，船只航行、进出港，舰艇活动，沿海地区的农业、渔业、盐业、港口建设、大地测量、环境保护等，都必须掌握潮汐的变化规律。此外，利用潮汐进行发电，也是海洋能源开发的一个重要方面。因此，本章重点介绍潮汐现象及潮汐成因、引潮力的计算、潮汐动力理论、潮流及潮流运动方程、风暴潮以及水位设计。

## 4.1　潮汐现象及潮汐成因

### 4.1.1　影响潮汐的天文因素

地球上的潮汐现象是由地、月、日等天体的相对运动及它们之间引力的变化所产生的。它在垂直方向表现为潮位的升降，在水平方向表现为潮流的流动。天体引潮力与天体的相对位置有关。

#### 4.1.1.1　天球

事实上，各天体同地球上观测者的距离都不相同。但由于天体距观测者的距离与观测者随地球在空间移动的距离相比要大得多，人肉眼很难分辨天体的远近，感觉它们似乎都离我们一样远，就好像散布在以观测者为中心的一个圆球的球面上。其实，我们看到的是天体在这个巨大的圆球球面上的投影位置，这个圆球就称为天球。

我们可以用与地球类似的经纬线来划分天球。假想以地球为中心，无限扩大地球半径，使之与天球相交。如图 4.1 所示，将地球的赤道面无限延伸后与天球相交的大圆圈，叫作天球赤道，简称天赤道；将地轴无限延长与天球的交点叫天极，与地球北极对应的那点叫北天极，或天球北极，与地球南极对应的那点叫南天极，或天球南极。天球南、北极位于地球南、北极的正上方；过天极的大圆叫赤经圈，任何一个赤经圈都和天赤道相垂直；与天赤道平行，位于天赤道和两极之间的圆圈为赤纬圈。从赤道沿赤经圈向北到某一天体的视位置称为该天体的北赤纬 $\delta$，沿纬圈向西为赤经 $\alpha$，如图 4.2 所示。

将地球上观察者所在位置 $O$ 点视为天球中心，如图 4.3 所示，其铅垂线的无限延伸与天球交于两点，朝上的交点称为天顶($Z$)，朝下的交点称为天底($Z'$)。过天球中心点 $O$ 且与铅垂线相垂直的平面称为地平面，地平面与天球相交的大圆称为地平圈，经天顶的任何大圆称为地平经圈，过天极的地平经圈称为子午圈，即同时通过天顶和天极的大圆就是子午圈。通过太阳(或其他天体)和天极的大圆称为时圈。子午圈和时圈在天赤道所截取的圆弧用角度表示，称时角 $t$。时角从正午算起，顺时针方向(也就是向西)计算，取 0°～360°。

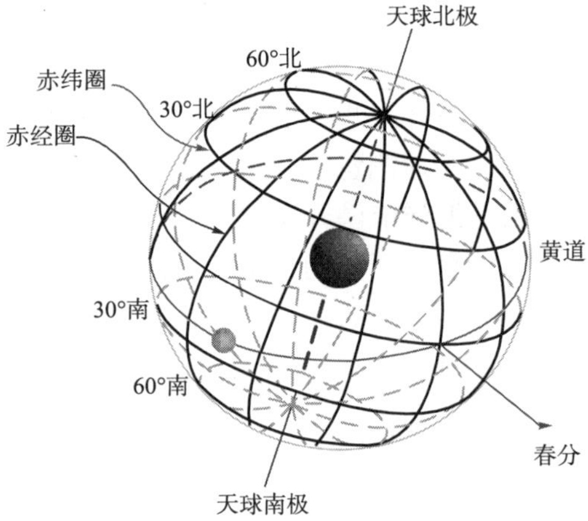


图 4.1　天球

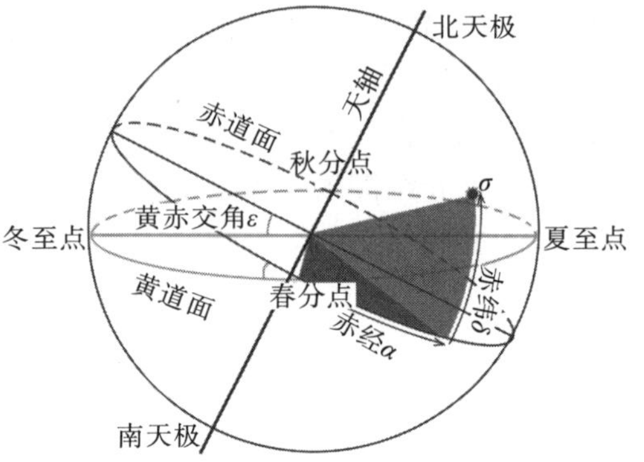


图 4.2　赤纬与赤经

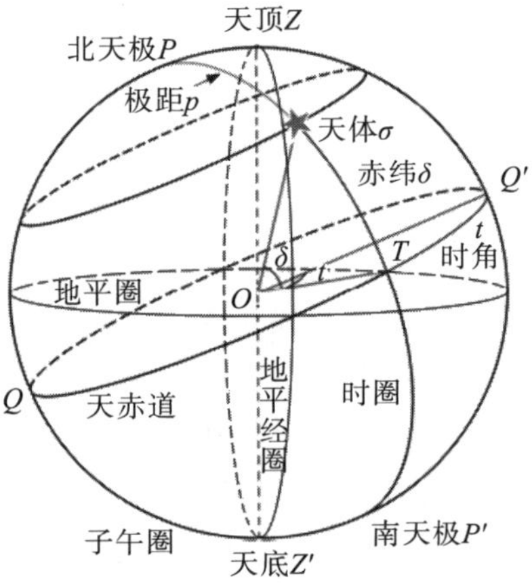


图 4.3　地平圈与子午圈

#### 4.1.1.2　黄道与平太阳日

地月系的质心绕太阳公转的瞬时平均轨道平面与天球相交的大圆称为黄道，习惯上近似为地球绕太阳公转的轨道平面与天球相交的大圆，此轨道平面也就称为黄道面。如图 4.2 所示，由于地球的自转轴没有垂直于其公转轨道平面，所以赤道面与黄道面不平行，而有 23°50′的夹角，这就是黄赤交角。

由于地球的公转运动受到其他行星和月球等天体的引力作用，黄道面在空间的位置产生不规则的连续变化。但在变化过程中，瞬时轨道平面总是通过太阳中心。太阳从南向北经过天球赤道和黄道的交点时称为春分，该点称为春分点，而太阳由北向南经过天球赤道和黄道的交点时称为秋分，该点称为秋分点，如图 4.4 所示。

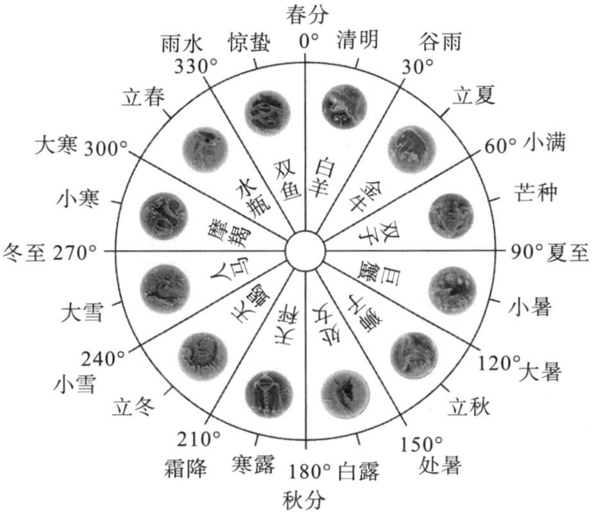


(a) 节气刻度

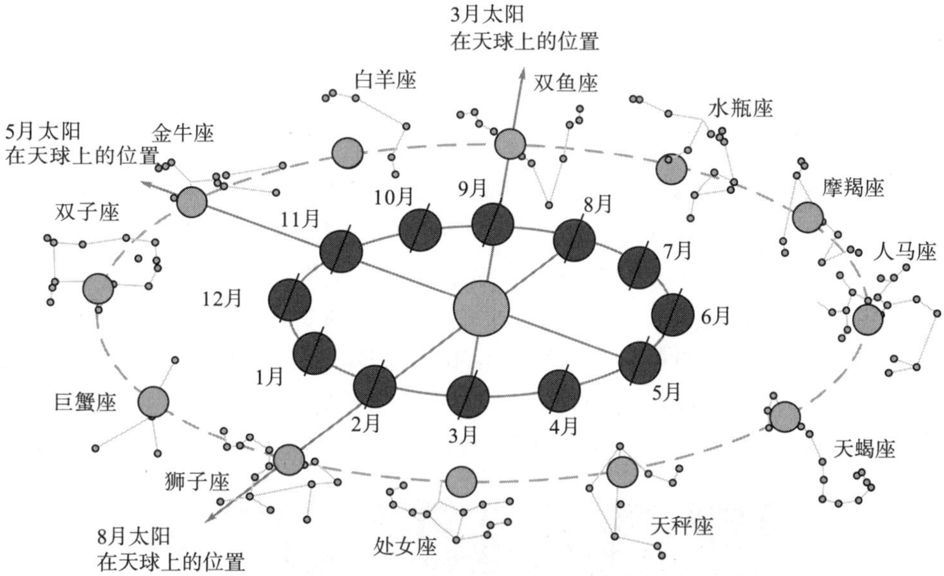


(b) 立体位图

图 4.4　太阳在天球上的位置及对应的时间

太阳在天球上的视运动是地球公转的反映。真实的地球公转轨道为一椭圆，太阳在它的一个焦点上。根据开普勒第二定律，在相等时间内，太阳和运动着的行星的连线所扫过的面积相等。因此，太阳的视运动速率是不均匀的。通常在 1 月初，太阳与地球距离最近，这时太阳移动最快(每天 1°1′左右)，对应的位置称为近日点，如图 4.5 所示。

而在 7 月初，两者距离最远，这时太阳移动最慢(每天 57′左右)，对应的位置称为远日点。这样一来，一年之内真太阳日的长度便不断改变，不宜选作计时单位，于是有了平太阳日的概念。所谓平太阳日就是假想太阳匀速运动(假想出的匀速运动的太阳称为平太阳)，地球自转两次连续通过观测点子午圈的时间间隔。严格地说，平太阳在观测地点上中天(平太阳时角为零)称为平正午，记作 12 时；在下中天(平太阳时角为 180°)称为平子夜，记作 0 时。连续两个平子夜的时间间隔称为一个平太阳日。太阳在黄道上运行一周所用的时间是 365.2422 个平太阳日，称为一个回归年。

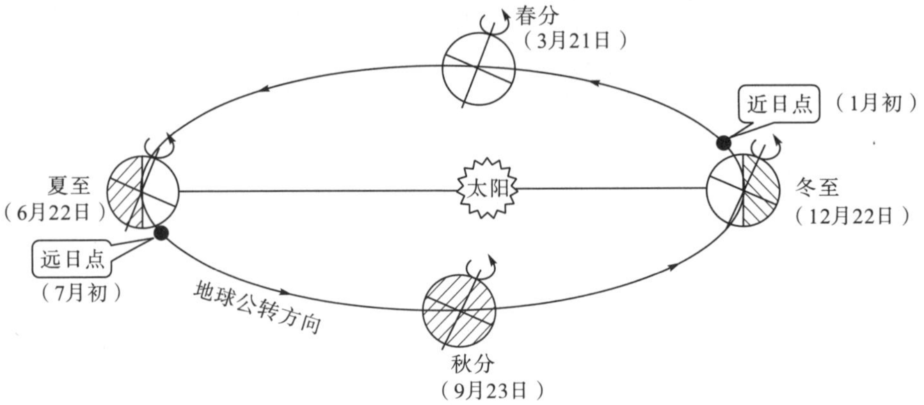


图 4.5 近日点与远日点

#### 4.1.1.3 白道与平太阴日

实际上，月球对潮汐现象的影响更为重要。月球在天球上视运动的轨道称为白道，其所在平面叫作白道面。白道面与黄道面不在一个平面上，两者之间存在交角，这个交角称为黄白交角，如图 4.6 所示。黄白交角为 4°57′～5°09′，变化周期约为 173 天。另外，黄道和白道相交的两点，称为黄白交点。月球从南向北穿过黄道的交点称为升交点，反之称为降交点。由于太阳引力作用，月球升交点每年大约自东向西移动 19°34′，完成一个周期大约需要 18.613 年。当月球升交点与春分点重合时，月球赤纬大约等于 23°27′+5°09′=28°36′，而当月球升交点与秋分点重合时，月球赤纬大约等于 23°27′−5°09′=18°18′。

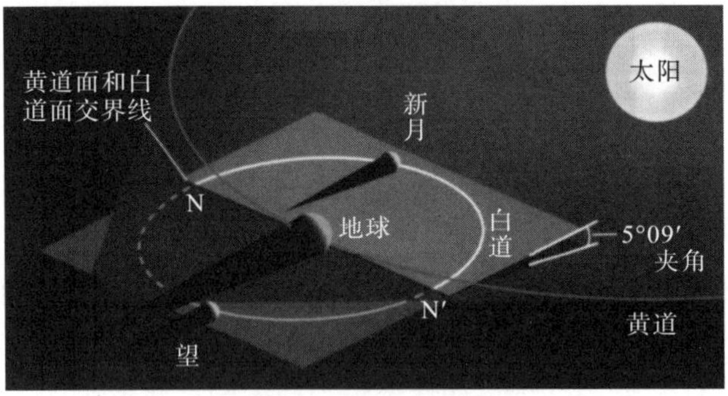


图 4.6 白道

月球从自身赤道与白道交点出发，在白道上运行一周，再回到赤白交点的时间称为一个回归月，平均长度为 27.32158 日(平太阳日)。月球绕地球运行的轨道是一个比地球绕太阳运动轨道还要扁的椭圆，于是类似地有近地点和远地点之分，近地点和远地点的连线自西向东运行一周约为 8.85 年。若以地、月、日三者的相对运动来计算月周期，可明显地反映月相的盈亏变化，称为朔望月，这是我国自古以来的时间历法。它创立于公元 237 年的景初历，每月初一的月相称为朔，满月的月相称为望，取 29.53060 日为一个朔望月的长度，它和近代的 29.53059 日很接近。多数海区出现的大潮和小潮的现象，其周期就是半个朔望月。月球接连两次通过观测地点上中天的平均时间间隔称为一个太阴日。由于月球运行速率比太阳快，故平太阴日比平太阳日平均长 50min。一个太阴日除以 24 即得一个平太阴时。一个平太阴时等于 1.035050 个平太阳时。

## 4.1.2　潮汐成因

我国劳动人民在长期的生产实践中早就发现潮汐现象和月球运行的密切关系，所谓“潮之兴也，与月盛衰”“潮之涨落，皆系于月”的说法，就是对这种关系的认识。

根据牛顿的万有引力定律可知，某天体对地球引力的大小与它们质量乘积成正比，与它们距离的平方成反比。因此，地球上的潮汐现象最重要的是受月球和太阳的引力作用，其他星球的引力都相对较小。其中，由于月球距地球比太阳近，月球与太阳的引潮力之比约为 2.17。

假设地球表面被海水所覆盖，海水在月、日引力作用下，海面形成椭圆球体，称为潮汐椭圆。由万有引力定律可知，月球对地球上某点单位质量海水的引力为

$$F_{\mathrm{p}} = G\frac{M\cdot 1}{R^2} \tag{4-1}$$

式中，$F_{\mathrm{p}}$ 为月球对地球上单位质量海水的引力，N；$G$ 为万有引力常数，$G$=6.67×$10^{-11}$ N·m$^2$/kg$^2$；$M$ 为月球质量，$M$=7.348×$10^{22}$kg；$R$ 为月球至地球上该点的距离，m。

月球对地球表面各点的海水吸引力都指向月心，且引力因距离的不同而不同，如图 4.7 所示。因此，地球上各点的海水所受的月球引力大小和方向均不相同。

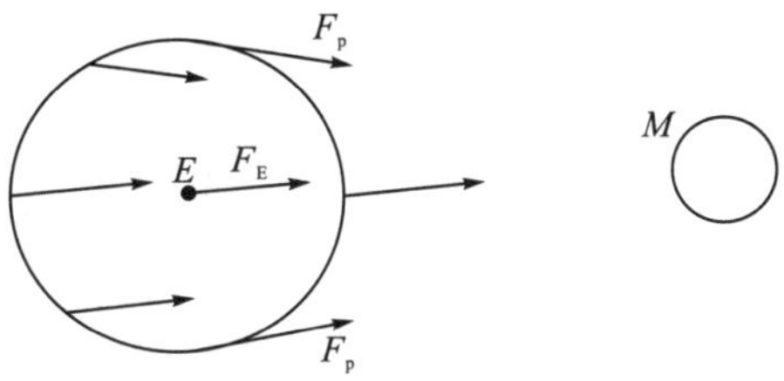

图 4.7　月球引力

严格来说，月球是绕地球、月球公共质心作为期一月的公转。一个月内，可先不考虑地球、月球绕太阳的公转，那么地球、月球公共质心的空间位置就暂时被固定下来。因为月球质心绕地球、月球公共质心的运动在近似圆形的椭圆轨道上一个月公转一次，为了平衡，地球中心绕地球、月球公共质心运动的周期也必须是一个月，这就称为地球的月运动。

由于地球绕地球、月球公共质心做圆周运动时，永远不会被吸引而远离其运动轨道，这就有充分的理由认为：地球的月运动所产生的离心力必然与月球的吸引力相平衡。如果

把地球看作一个质点，质量集中于地心，地心处所受引力和离心力的合力必为零，故地球月运动中单位质量物体所受离心力为

$$f_E = -G\frac{M}{D^2} \tag{4-2}$$

式中，$D$ 为月心至地心的距离，m。

地球、月球公共质心 $C$ 的位置可按月球和地球的质量比例确定，如图 4.8 所示，$M$ 为月球质量，$E$ 为地球质量，$x+y$ 为月心至地心的平均距离，其值为地球半径 $r$ 的 60.26 倍，而 $E$ 又是 $M$ 的 81.53 倍，从而得

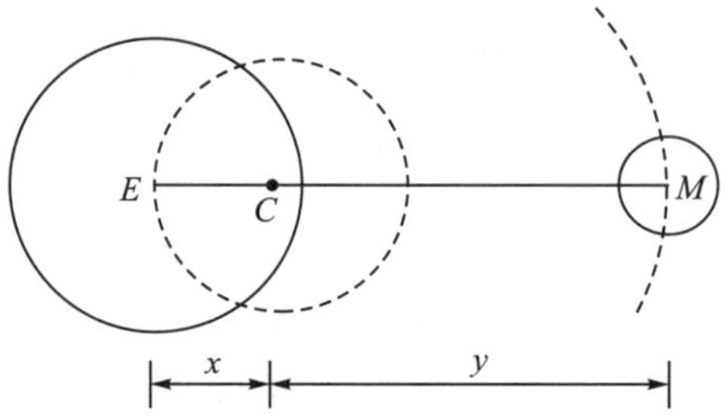


图 4.8　地球、月球公共质心 $C$

$$x = \frac{(x+y)M}{E+M} = \frac{60.26r}{81.53+1} = 0.73r \tag{4-3}$$

可见，公共质心位于地球表面内，如取 $r$ 为 6371km，则 $x$ 为 4650.83km。

天文学的观测证实，地球绕地球、月球共同质心的运动是一种轨迹为圆周的平移运动。在平移过程中，地心、月心和地球、月球质心恒位于一条直线上。若地心 $E$ 绕质心 $C$ 做圆周运动，地球表面上任意点 $P$ 也随 $E$ 做圆周运动，如图 4.9 所示。故地心处单位质量的离心力 $f_E$ 与地面任意点 $P$ 处单位质量离心力 $f_P$ 大小相等，如图 4.10 所示。

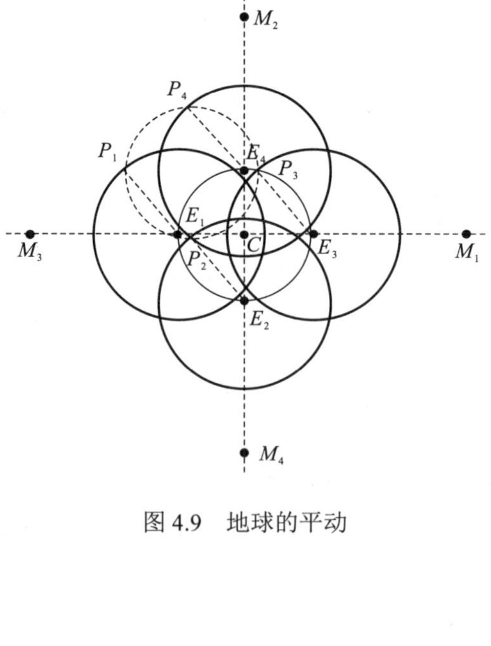


图 4.9　地球的平动

由于地球上各点离心力处处相同，而各处的月球引力却不同，所以离心力与月球引力的合力——引潮力，也各不相同，其分布如图 4.11 所示。在地球表面 *A* 点，由于月球引力大于离心力，两者合力(引潮力)指向月球，使海水水面上涨；在 *B* 点离心力大于月球引力，两者合力(引潮力)方向背向月球，也使水面上涨；*C*、*D* 两点离心力与月球引力的合力指向地心，使海水水面下降。这就是潮汐的成因。

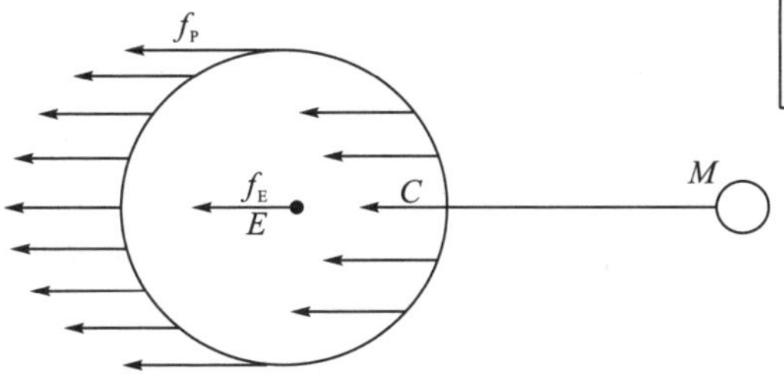


图 4.10　离心力

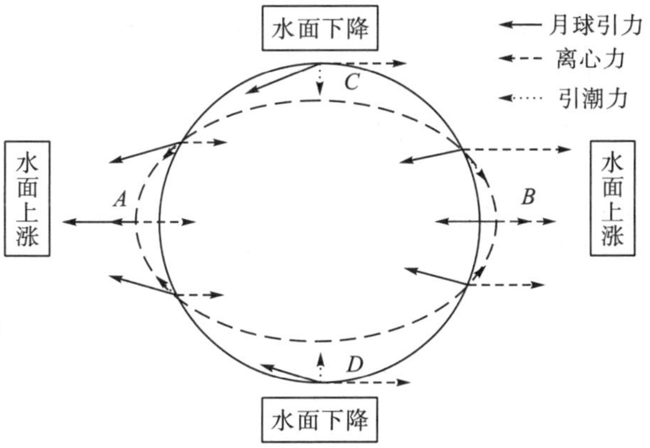


图 4.11　月球引潮力

### 4.1.3　潮汐类型

潮汐现象非常复杂。仅以海水涨落的高低来说，世界各地就大不相同。有的地方潮水几乎察觉不出，有的地方却高达几米。在我国台湾省基隆市，涨潮时和落潮时的海面只差 0.5m，而杭州湾的潮差竟达 8.93m。在一个潮汐周期里(一个太阴日，约 24 小时 50 分)，各地潮水涨落的次数、时刻、持续时间也均不相同。尽管潮汐现象很复杂，但大致可分为三种基本类型，如图 4.12 所示。

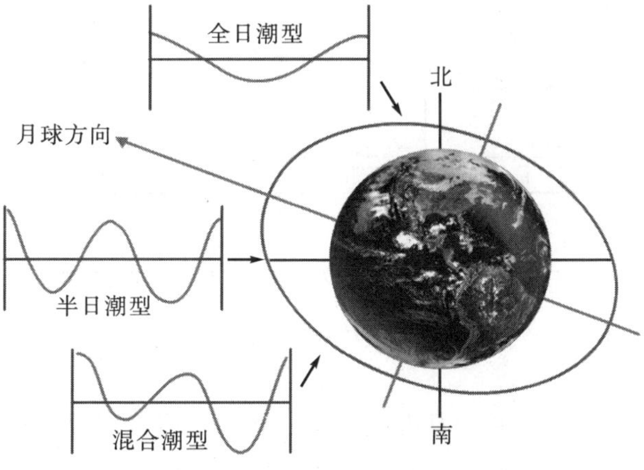


图 4.12　潮汐类型

(1)半日潮型：一个太阴日内出现两次高潮和两次低潮，前一次高潮和低潮的潮差与后一次高潮和低潮的潮差大致相同，涨潮过程和落潮过程的时间也几乎相等(6 小时 12 分 30 秒)。我国渤海、东海、黄海的多数地点为半日潮型，如青岛、厦门等。

(2)全日潮型：一个太阴日内只有一次高潮和一次低潮，如南海汕头、渤海秦皇岛等。南海的北部湾是世界上典型的全日潮海区。

(3)混合潮型：一个月内有些日子出现两次高潮和两次低潮，但两次高潮和低潮的潮差相差较大，涨潮过程和落潮过程的时间也不等；而另一些日子则出现一次高潮和一次低潮。我国南海多数地点属混合潮型，如榆林港，十五天出现全日潮，其余日子为不规则的半日潮，潮差较大。

### 4.1.4 潮汐要素

潮汐要素用于描述潮汐涨落的运动特征。图 4.13 为潮位(即海面相对于某一基准面的铅直高度)涨落的过程曲线，图中纵坐标是潮位高度，横坐标是时间。其中，一个潮汐周期内潮位的上升过程为涨潮，在潮汐的一个涨落周期内达到的最高潮位称为高潮。在达到高潮以后的一段时间内，海面不涨也不退，进入暂时平衡状态，时间可从几分钟到几十分钟不等，称为平潮，平潮的中间时刻称为高潮时。高潮过后潮位出现下降的过程，称为落潮，在潮汐涨落的一个周期内潮位降到最低点就称为低潮。在低潮的一段时间内，与平潮情况类似，海面也发生暂时不涨不落的现象，称为停潮，停潮的中间时刻就称为低潮时。停潮过后潮位又开始上涨，如此周而复始地运动着。其中，从低潮时到高潮时的时间间隔称为涨潮时，从高潮时到低潮时的时间间隔称为落潮时，这两者之和就是一个潮汐循环的周期。

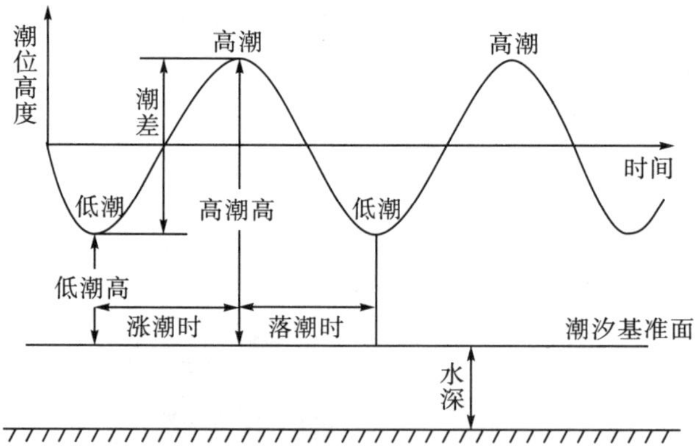


图 4.13 潮位涨落的过程曲线

图 4.13 中的潮位高度是由潮汐基准面确定的相对高度，所以潮汐基准面又称为进行潮位测量的起始面，它一般与海图的基准面相同，主要作用是朝下定深度，朝上定潮高。

海图基准面又称深度基准面，是海图上用于标明深度的起算面。由于水深测量通常在随时升降的水面上进行，因此不同时刻测量同一点的水深是不相同的，这个差值随各地的潮差大小而不同，在一些海域十分明显。为了修正测得水深中的潮高，必须确定一个起算面，把不同时刻测得的某点水深归算到这个面上，这个面就是深度基准面。在我国，采用的是“理论深度基准面”，它以多年潮位资料推算出所处位置在理论上可能的最低水深作为海图的深度基准面。

潮高从潮汐基准面算起，高潮面与潮汐基准面之间的距离定义为高潮高，低潮面与潮汐基准面之间的距离定义为低潮高，相邻的高、低潮位之差就称为潮差，又称潮幅。潮差每天都在变化，并随月相盈亏变化周期性地出现潮差最大值和潮差最小值。大洋中的潮差并不大，由平衡潮理论算得可能的潮差最大值也只有 78cm，这在大洋岛屿的潮差测量中得到了验证。但在大陆的近岸浅水海域的潮差就增大了许多，如加拿大的芬地湾历史潮差纪录达到 21m，是世界上潮差最大的地方。我国沿海潮差分布的趋势是东海沿岸最大，渤海、黄海次之，南海最小。

## 4.1.5　潮汐不等现象

由于受到地、月、日三者之间的位移具有日变化、月变化、年变化和多年变化规律的影响，地球表面某点的海面涨落也具有相应的变化规律。

### 4.1.5.1　日不等

半日潮地区每天出现的两次高潮位不等、涨落潮历时也不相等的现象称为潮汐的日不等现象。这是由于月球的赤纬变化引起的，若该天月球的赤纬为零，则两次高潮大小相等；若该天月球的赤纬不为零，则两次高潮大小不等，低潮亦不相等，特别是当月球赤纬增大时，潮汐的日不等现象更为显著。

### 4.1.5.2　半月不等

由太阳引起的潮汐称为太阳潮，由月球引起的潮汐称为太阴潮。由于月球和太阳的相对位置在一个月内不断改变，其对地球的引潮力也就发生相应的变化。如图 4.14 所示，每逢朔(初一)、望(十五)时，太阳、月球和地球在一条直线上，太阴潮与太阳潮重合，互相叠加所形成的潮汐高潮最高、低潮最低、潮差最大的现象，称为大潮，又叫朔望潮。朔望以后，月球和太阳的相对位置继续变化，至上弦(初七、初八)和下弦(廿二、廿三)时，地球、月球和太阳处于直角位置，日、月引潮力部分相抵，出现了高潮最低、低潮最高的现象，称为小潮，又称为方照潮。潮差从朔(新月)、望(满月)到两弦，从两弦到朔、望之间不断地变化，以半个朔望月(约 14.5 日)为一个变化周期，称为潮汐的半月不等现象。

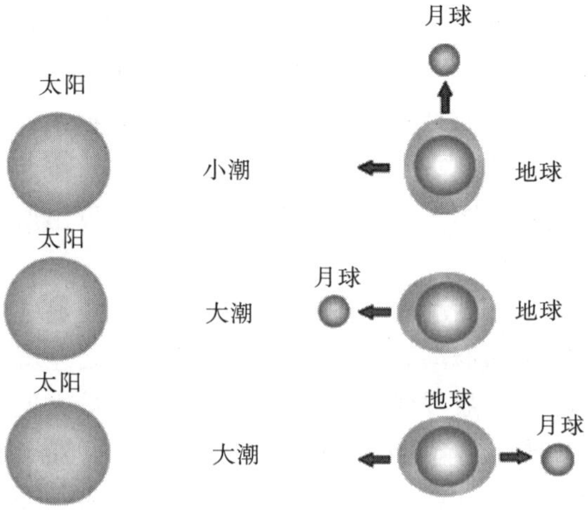


图 4.14 潮汐的半月不等现象

#### 4.1.5.3 月不等

由于月球绕地球转动的轨道为椭圆形，地球在该轨道的一个焦点上。在公转周期内，月球距地球距离远时形成远地潮，近时形成近地潮，其周期为一个恒星月，约为 27.32 日，此现象称为潮汐的月不等现象。

#### 4.1.5.4 年不等

由于地球公转轨道也为椭圆形，造成了日地之间的距离在不断变化。地球位于近日点出现的潮差大于地球位于远日点出现的潮差，形成了潮差的年周期变化，称为潮汐的年不等现象。

#### 4.1.5.5 多年不等

月球绕地球运行的椭圆轨道长轴随天体的运动不断变化，其近地点每年向东移动约 40°，每 8.85 年完成一周；黄道与白道的交点也以 18.61 年的周期自东向西移动，由此产生潮汐的多年不等现象。

## 4.2 引潮力的计算

### 4.2.1 引潮力

地球所受月球(或太阳)的引力和因月球绕地球(或地球绕太阳)公转而产生的离心力合力称为引潮力。对于整个天体来说，引力和离心力保持平衡。但对于天体上除天体中心的任一质点来说，二者是不平衡的，这也是产生引潮力的根本原因。

引潮力 $F$ 是有势的，存在力势函数 $V$，它与引潮力之间的关系满足：

$$F = \nabla V \tag{4-4}$$

式中，$\nabla$ 为哈密顿算子，在直角坐标系中为$\nabla = \boldsymbol{i}\frac{\partial}{\partial x} + \boldsymbol{j}\frac{\partial}{\partial y} + \boldsymbol{k}\frac{\partial}{\partial z}$。

由于力势函数 $V$ 是标量，那么 $V$ 任意加上一常数 $V_0$，所得$\nabla(V+V_0)$对应的力与$\nabla V$对应的力是一样的，因此力势函数中的常数项可以不予考虑，而且力和力势函数之间的线性关系表明两个力的矢量和可以用两个力势函数标量相加实现，即

$$F_1 + F_2 = \nabla(V_1 + V_2) \tag{4-5}$$

### 4.2.2　引潮力势函数

月球引潮力势函数 $V$ 是地球运动的离心力势函数 $U$ 和月球引力的势函数 $W$ 之和，即

$$V=U+W \tag{4-6}$$

由图 4.15 可知，假设月球的质量 $M$ 集中到月球坐标系原点 $O_1$ 处，则地球表面一点 $P(\xi,\eta,\zeta)$ 的单位质量海水受到的月球引力为

$$F_{\mathrm{P}} = \frac{GM}{\boldsymbol{R}^3}\boldsymbol{R} \tag{4-7}$$

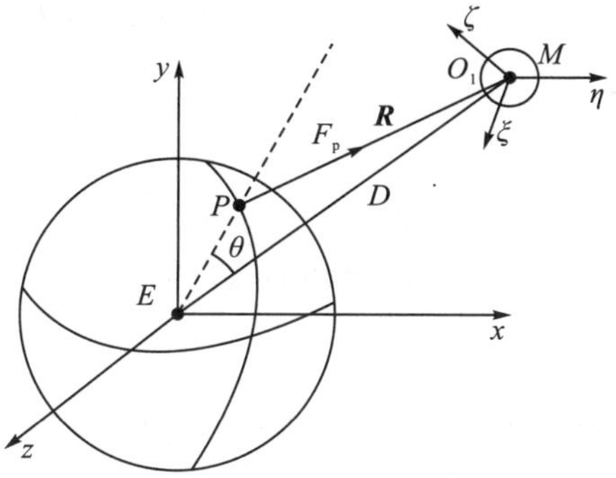


图 4.15　月球引力势

式中，$\boldsymbol{R}$ 为从 $P$ 点指向 $O_1$ 点的矢量，$\boldsymbol{R} = -\boldsymbol{i}\xi - \boldsymbol{j}\eta - \boldsymbol{k}\zeta$；$G$ 为万有引力常数，$G=6.67\times10^{-11}\mathrm{N\cdot m^2/kg^2}$。故引力 $F_{\mathrm{P}}$ 在月球各坐标轴上的投影分别为

$$\begin{cases} F_{\mathrm{P}\xi} = -G\dfrac{M}{R^2}\dfrac{\xi}{R} \\ F_{\mathrm{P}\eta} = -G\dfrac{M}{R^2}\dfrac{\eta}{R} \\ F_{\mathrm{P}\zeta} = -G\dfrac{M}{R^2}\dfrac{\zeta}{R} \end{cases} \tag{4-8}$$

根据位势理论可知，月球引力的力势微分为

$$\mathrm{d}W = F_{\mathrm{P}\xi}\,\mathrm{d}\xi + F_{\mathrm{P}\eta}\,\mathrm{d}\eta + F_{\mathrm{P}\zeta}\mathrm{d}\zeta = -G\frac{M}{R^2}\frac{\xi\mathrm{d}\xi + \eta\mathrm{d}\eta + \zeta\mathrm{d}\zeta}{R} \tag{4-9}$$

积分后得

$$W = G\frac{M}{R} + C_1 = G\frac{M}{\sqrt{D^2 + r^2 - 2Dr\cos\theta}} + C_1 \tag{4-10}$$

式中，$\theta$ 为月球的天顶距；$D$ 为地心至月心距离，m；$r$ 为地球半径，m。

由于月球对地心单位质量的引力 $F_E$ 在方向上是从地心指向月球的，因此该引力 $F_E$ 在地球坐标系 $x$、$y$、$z$ 三个方向的分量分别表示为

$$\begin{cases} F_x = G\dfrac{M}{D^2}\cos(D,x) \\ F_y = G\dfrac{M}{D^2}\cos(D,y) \\ F_z = G\dfrac{M}{D^2}\cos(D,z) \end{cases} \tag{4-11}$$

由于地心处的离心力与引力平衡，所以 $f_E=F_E$，而地球上任一点的离心力都相等，所以 $f_P=f_E=F_E$。于是，离心力的位势函数可表示为

$$\mathrm{d}U = -G\frac{M}{D^2}[\cos(D,x)\mathrm{d}x + \cos(D,y)\mathrm{d}y + \cos(D,z)\,\mathrm{d}z] \tag{4-12}$$

积分后得

$$U = -G\frac{M}{D^2}\left[x\cos(D,x) + y\cos(D,y) + z\cos(D,z)\right] + C_2 \tag{4-13}$$

由于地表 $P$ 点到地心 $E$ 点的距离为 $r$，故式中 $x$、$y$、$z$ 可用 $r$ 表示为

$$\begin{cases} x = r\cos(r,x) \\ y = r\cos(r,y) \\ z = r\cos(r,z) \end{cases} \tag{4-14}$$

于是，有

$$\begin{aligned} U &= -G\frac{Mr}{D^2}\left[\cos(r,x)\cos(D,x) + \cos(r,y)\cos(D,y) + \cos(r,z)\cos(D,z)\right] + C_2 \\ &= -G\frac{Mr}{D^2}\cos(r,D) + C_2 = -G\frac{Mr}{D^2}\cos\theta + C_2 \end{aligned} \tag{4-15}$$

因而，引潮力势函数的表达式为

$$V = G\frac{M}{\sqrt{D^2 + r^2 - 2Dr\cos\theta}} - G\frac{Mr}{D^2}\cos\theta + C \tag{4-16}$$

式中，$C$ 为任意常数。

在有势的力场中，当质点发生位移时，有势力所做的功等于势函数在终点与始点的差值。若质点从地心 $r=0$ 移到地表处，引潮力所做的功 $\Omega$ 即为 $V-V_0$，在工程中称 $\Omega$ 为引潮力的势，将 $r=0$ 代入式(4-16)得

$$V_0 = \frac{GM}{D} + C \tag{4-17}$$

故

$$
\begin{aligned}
\Omega &= G\frac{M}{\sqrt{D^2+r^2-2Dr\cos\theta}} - G\frac{Mr}{D^2}\cos\theta + C - \frac{GM}{D} - C \\
&= GM\left\{\frac{1}{D}\left[1-\left(\frac{2r}{D}\cos\theta-\frac{r^2}{D^2}\right)\right]^{-\frac{1}{2}} - \frac{r}{D^2}\cos\theta - \frac{1}{D}\right\}
\end{aligned}
\tag{4-18}
$$

由于 $(1-x)^m = 1 - mx + \frac{m(m-1)}{2!}x^2$，式(4-18)经简化，并略去高次项，得

$$
\Omega = \frac{3}{2}\frac{GM}{D^3}r^2\left(\cos^2\theta - \frac{1}{3}\right) \tag{4-19}
$$

同理，可得太阳的引潮力势：

$$
\Omega' = \frac{3}{2}\frac{GS}{D'^3}r^2\left(\cos^2\theta' - \frac{1}{3}\right) \tag{4-20}
$$

式中，$\theta'$ 为太阳的天顶距，(°)；$D'$ 为日地距离，m；$S$ 为太阳质量，kg。

根据式(4-19)，对力势 $\Omega$ 求微商可以得到引潮力的分力，如图 4.16 所示，一般将引潮力分解为垂直分力 $F_{\mathrm{V}}$ 和水平分力 $F_{\mathrm{H}}$($F_{\mathrm{V}}$ 沿地球半径方向，而 $F_{\mathrm{H}}$ 与地球表面圆弧相切)：

$$
\begin{cases}
F_{\mathrm{V}} = \dfrac{\partial\Omega}{\partial r} = 3\dfrac{GMr}{D^3}\left(\cos^2\theta - \dfrac{1}{3}\right) \\
F_{\mathrm{H}} = \dfrac{\partial\Omega}{\partial H} = -\dfrac{1}{r}\dfrac{\partial\Omega}{\partial\theta} = \dfrac{3}{2}\dfrac{GMr}{D^3}\sin 2\theta
\end{cases}
\tag{4-21}
$$

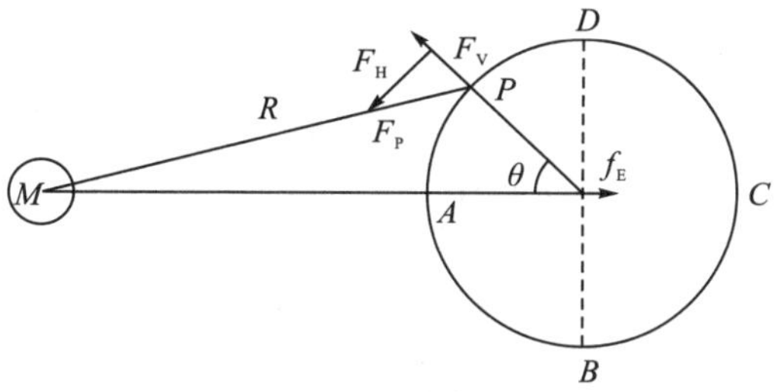

图 4.16　月球引潮力分解

式中，$F_{\mathrm{V}}$ 为单位质量引潮力的垂直分力，N/kg，取指向地心的方向为负；$F_{\mathrm{H}}$ 为单位质量引潮力的水平分力，N/kg，取背向天体的方向为负；$H$ 为地球表面弧长，$\partial H = -r\partial\theta$。

同理，用太阳的质量 $S$ 代替 $M$，太阳的天顶距 $\theta'$ 代替 $\theta$，以日、地心距 $D'$ 代替月、地心距 $D$，则可得太阳的垂直引潮力 $F'_{\mathrm{V}}$ 和水平引潮力 $F'_{\mathrm{H}}$ 的表达式：

$$
\begin{cases}
F'_{\mathrm{V}} = 3\dfrac{GSr}{D'^3}\left(\cos^2\theta' - \dfrac{1}{3}\right) \\
F'_{\mathrm{H}} = \dfrac{3}{2}\dfrac{GSr}{D'^3}\sin 2\theta'
\end{cases}
\tag{4-22}
$$

如果取地球的半径 $r$=6371km，地心至月心的距离 $D$=3.84×10$^5$km，日心与地心的距离 $D'$=1.496×10$^8$km，太阳的质量 $S$=1.989×10$^{30}$kg，月球质量 $M$=7.348×10$^{22}$kg，代入式(4-21)

和式(4-22)，就可以得到月球的单位质量最大垂直引潮力 $F_V$ 与太阳的单位质量最大垂直引潮力 $F_V'$ 之比值，约为 2.17。

### 4.2.3 潮高表达式

依据平衡潮理论，假定没有引潮力的作用时，地球表面为均匀海水覆盖的圆球面，海水无黏性，无惯性，不受地转偏向力和摩擦力作用，如图 4.17 虚线所示，地表某点 $P$ 离地心距离为 $r$。在引潮力作用下，地球表层为椭圆球体，长轴恒指向天体(月球、太阳)，图中 $P$ 点移动到 $P'$ 点，单位质量 $P$ 点所受的地心引力也由 $\dfrac{GE}{r^2}$ 变为 $\dfrac{GE}{(r+h)^2}$。

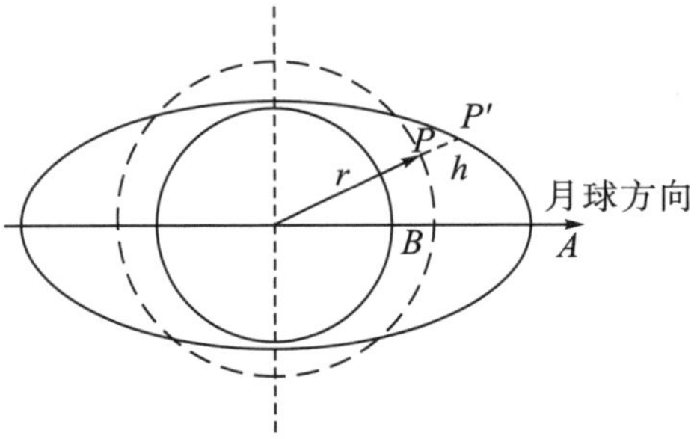


图 4.17 地心引力变化

地心引力的变化是由于垂直引潮力作用而产生的，所以：

$$G\frac{E}{r^2}-G\frac{E}{(r+h)^2}=G\frac{Mr}{D^3}(3\cos^2\theta-1) \tag{4-23}$$

变形为

$$G\frac{E}{r^2}-G\frac{E}{r^2}\frac{1}{\left(1+\dfrac{h}{r}\right)^2}=G\frac{Mr}{D^3}(3\cos^2\theta-1) \tag{4-24}$$

将 $\left(1+\dfrac{h}{r}\right)^{-2}$ 用二项式展开得

$$\left(1+\frac{h}{r}\right)^{-2}=1-2\frac{h}{r}+3\left(\frac{h}{r}\right)^2-4\left(\frac{h}{r}\right)^3+\cdots \tag{4-25}$$

由于 $\dfrac{h}{r}\ll 1$，所以略去两次及以上高次项，式(4-24)可改写为

$$G\frac{E}{r^2}-G\frac{E}{r^2}\left(1-2\frac{h}{r}\right)=G\frac{Mr}{D^3}(3\cos^2\theta-1) \tag{4-26}$$

由此得平衡潮潮高表达式为

$$h=\frac{3}{2}\frac{rM}{E}\left(\frac{r}{D}\right)^3\left(\cos^2\theta-\frac{1}{3}\right) \tag{4-27}$$

同理，只要将太阳的天顶距 $\theta'$，质量 $S$ 及日、地距 $D'$ 代入式(4-27)就可得到太阳平衡潮潮高表达式 $h'$：

$$h' = \frac{3}{2}\frac{rS}{E}\left(\frac{r}{D'}\right)^3\left(\cos^2\theta' - \frac{1}{3}\right) \tag{4-28}$$

上述平衡潮汐理论可以定性地解释潮汐现象。但由于未考虑海底地形、地貌、海水黏性、摩擦损耗以及地球表面的水体分布等因素的影响，所以在定量分析时，还必须结合长期的潮位实测资料，综合该地的天文、地理因素，形成预报潮位变化的方法。

## 4.3　潮汐动力理论

17 世纪，英国科学家牛顿根据他提出来的万有引力定律第一次对潮汐做了科学的解释，至此，用引潮力说明潮汐的原因便为大家所接受。继牛顿之后，1775 年，拉普拉斯用动力学方法研究海水在引潮力作用下产生的潮汐运动过程，提出了潮汐动力学理论，进而揭示与说明了海洋潮汐的复杂现象。在潮汐动力理论中，水平引潮力对海水运动起主要作用，而铅直引潮力因较重力小很多而被忽略，同时海水还受地偏转向力、摩擦力及海洋形态的影响。这时的海洋潮汐是海水在月球和太阳水平引潮力共同作用下产生的一种长期潮波运动，潮波周期一般为 12h 或 24h 左右，波长达数百至上千公里。

垂直方向的潮位变化和水平方向的潮流是反映潮波运动的两个主要特征。潮波有三种运动形式：前进潮波、驻潮波及旋转潮波。前进潮波和驻潮波是不受外界因素影响的一种理想状态下的潮波运动，而实际潮波往往会受地形、地偏转向力及摩擦力等因素的影响而呈现旋转潮波运动形式。根据潮波的振动周期是否受到外力的控制又可将振动划分为强迫振动和自由振动。由于大洋中的潮汐波振动往往是由天体引潮力所引起的，其振动周期与天体引潮力的周期相一致，所以它属于强迫振动，称为强迫潮汐。大洋边缘的海域面积有限，引潮力直接作用引起的潮波小于由旁边大洋传播而来的潮波，这种潮波属于自由振动类型，称为自由潮波。

潮波运动的基本方程中包括压强梯度力、科里奥利力、天体引潮力、摩擦力等。假设流体不可压缩，直角坐标系下的潮波运动方程为

$$\begin{cases} \dfrac{\mathrm{d}u}{\mathrm{d}t} = -2\omega\cos\varphi\cdot w + 2\omega\sin\varphi\cdot v - \dfrac{1}{\rho}\dfrac{\partial p}{\partial x} + F_x + \dfrac{1}{\rho}A_{\mathrm{L}}\left(\dfrac{\partial^2 u}{\partial x^2} + \dfrac{\partial^2 u}{\partial y^2}\right) + \dfrac{1}{\rho}A_{\mathrm{Z}}\dfrac{\partial^2 u}{\partial z^2} \\ \dfrac{\mathrm{d}v}{\mathrm{d}t} = -2\omega\sin\varphi\cdot u - \dfrac{1}{\rho}\dfrac{\partial p}{\partial y} + F_y + \dfrac{1}{\rho}A_{\mathrm{L}}\left(\dfrac{\partial^2 v}{\partial x^2} + \dfrac{\partial^2 v}{\partial y^2}\right) + \dfrac{1}{\rho}A_{\mathrm{Z}}\dfrac{\partial^2 v}{\partial z^2} \\ \dfrac{\mathrm{d}w}{\mathrm{d}t} = 2\omega\cos\varphi\cdot u - \dfrac{1}{\rho}\dfrac{\partial p}{\partial z} + F_z + \dfrac{1}{\rho}A_{\mathrm{L}}\left(\dfrac{\partial^2 w}{\partial x^2} + \dfrac{\partial^2 w}{\partial y^2}\right) + \dfrac{1}{\rho}A_{\mathrm{Z}}\dfrac{\partial^2 w}{\partial z^2} \end{cases} \tag{4-29}$$

式中，$u$、$v$、$w$ 为 $x$、$y$、$z$ 方向的运动速度，m/s；$\rho$ 为海水密度，$\mathrm{kg/m^3}$；$p$ 为压强，Pa；$\omega$ 为地球自转角速度，rad/s；$\varphi$ 为纬度，(°)；$A_{\mathrm{L}}$、$A_{\mathrm{Z}}$ 为水平和垂直方向的湍流黏性系数，Pa·s；$F_x$、$F_y$、$F_z$ 为 $x$、$y$、$z$ 方向单位质量的质量力，包含引力，N/kg。

由于海水质点水平方向的移动距离及速度远远大于垂直方向，故运动方程中包含垂直分速度 $w$ 的项可略去。又因为潮波波长远比水深大，可以近似认为水平速度 $u$、$v$ 沿深度分布均匀，即 $\frac{\partial u}{\partial z}=0$，$\frac{\partial v}{\partial z}=0$。于是运动方程的左边化简为

$$\begin{cases}\frac{\mathrm{d}u}{\mathrm{d}t}=\frac{\partial u}{\partial t}+u\frac{\partial u}{\partial x}+v\frac{\partial u}{\partial y}\\ \frac{\mathrm{d}v}{\mathrm{d}t}=\frac{\partial v}{\partial t}+u\frac{\partial v}{\partial x}+v\frac{\partial v}{\partial y}\end{cases} \tag{4-30}$$

海面下任意点 $z_0$ 的压强可表示为

$$p=p_0+\rho g(\xi-z_0) \tag{4-31}$$

式中，$\xi$ 为潮波自由表面至平均海平面的高度，m；$p_0$ 为自由液面压强，即大气压强，Pa；$g$ 为重力加速度，$\mathrm{m/s^2}$。

因此，水平方向的压强梯度力可写为

$$\begin{cases}-\frac{1}{\rho}\frac{\partial p}{\partial x}=-g\frac{\partial \xi}{\partial x}\\ -\frac{1}{\rho}\frac{\partial p}{\partial y}=-g\frac{\partial \xi}{\partial y}\end{cases} \tag{4-32}$$

若式(4-29)中的质量力只考虑引潮力的作用，则有

$$\begin{cases}F_x=\frac{\partial \Omega}{\partial x}\\ F_y=\frac{\partial \Omega}{\partial y}\end{cases} \tag{4-33}$$

式中，$\Omega$ 为引潮力势函数，$\mathrm{m^2/s^2}$。

忽略水平方向的湍流黏性作用后，将式(4-30)、式(4-32)、式(4-33)代入式(4-29)，得到简化后的潮波运动方程：

$$\begin{cases}\frac{\partial u}{\partial t}-2\omega\sin\varphi\cdot v=\frac{\partial}{\partial x}(\Omega-g\xi)\\ \frac{\partial v}{\partial t}+2\omega\sin\varphi\cdot u=\frac{\partial}{\partial y}(\Omega-g\xi)\end{cases} \tag{4-34}$$

假设潮波是稳定的，则整个波形的相对位置高度不发生改变，可认为

$$\frac{\mathrm{d}h}{\mathrm{d}t}=0 \tag{4-35}$$

其中，

$$h=\xi+D \tag{4-36}$$

式中，$h$ 为水深，m；$\xi$ 为潮波自由表面至平均海平面的高度，m；$D$ 为平均海平面的高度，m。于是，有

$$\begin{aligned}\frac{\mathrm{d}h}{\mathrm{d}t}=\frac{\mathrm{d}(\xi+D)}{\mathrm{d}t}=\frac{\partial(\xi+D)}{\partial t}+u\frac{\partial h}{\partial x}+v\frac{\partial h}{\partial y}\\=\frac{\partial\xi}{\partial t}+u\frac{\partial h}{\partial x}+v\frac{\partial h}{\partial y}=0\end{aligned} \tag{4-37}$$

只考虑 $x$、$y$ 方向流体运动的连续方程为

$$\frac{\partial u}{\partial x}+\frac{\partial v}{\partial y}=0 \tag{4-38}$$

将式(4-38)两边同乘以 $h$，然后与式(4-37)相加后，得到潮波运动的连续性方程为

$$\frac{\partial\xi}{\partial t}+\frac{\partial(hu)}{\partial x}+\frac{\partial(hv)}{\partial x}=0 \tag{4-39}$$

## 4.4　潮流及潮流运动方程

### 4.4.1　潮流

在引潮力的作用下，海水做周期性的水平流动，称为潮流。潮流和潮汐是潮波运动过程的两个方面，潮流的变化规律与潮汐的变化规律密切对应，与潮汐涨退同时发生。由于潮流受海岸、浅海地形、海底摩擦及地球自转的影响，所以潮流现象显得更加复杂。

潮流通常可分为两种类型。

(1)旋转式(回转式)潮流：在外海或宽阔的海区，一般出现旋转式潮流。旋转式潮流也同潮汐一样，随月球的相角、距离及赤纬的不同而逐日改变，可分为半日潮流、日潮流及混合潮流。图 4.18 为某点潮流在不同时刻的潮流速度矢量图，各矢端连线称为潮流椭圆。

(2)往复式(直线式)潮流：一般在海峡、港湾入口、江河入海口或水深较深的航道上，潮流受海岸宽度的限制，潮流椭圆变得扁平而近于直线式的往复流动，这便是往复式潮流，如图 4.19 所示。

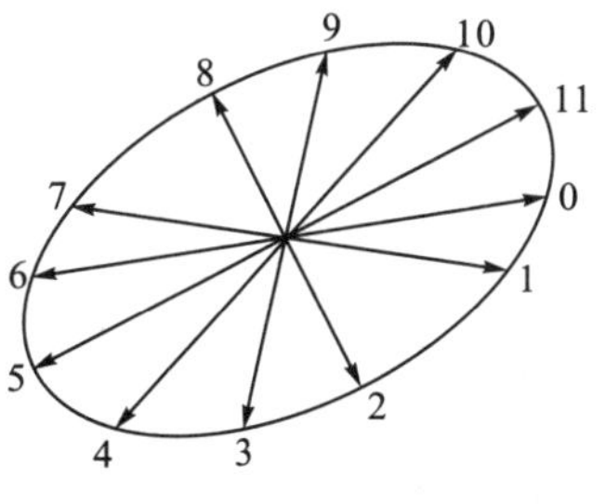


图 4.18　旋转式潮流(数字表示高潮位后小时数)

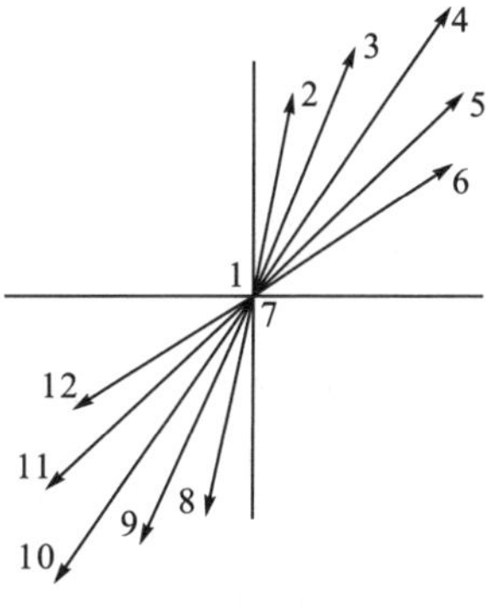


图 4.19　往复式潮流

潮波传播过程中，如果忽略地转偏向力的作用，最大潮流流速会出现在高潮位，最大的反向流速会出现在低潮位。当潮波传入海湾时，受到海湾顶岸壁反射进而形成驻潮波，此时，最大潮流出现在半潮面(高、低潮位之间)时刻。

受地形的影响，我国近海潮流情况比较复杂。渤海海峡为不规则日潮流，渤海大部分海区则为不规则半日潮流，黄海西部以不规则半日潮流为主，黄海东部、朝鲜西岸、东海及台湾海峡多以半日潮流为主，南海潮流更为复杂，但总的来说是以日潮流为主。黄海潮流多为旋转式，中央流速较小，约为 0.5m/s。东海潮流在近岸海域多为往复式，外海则多为旋转式，长江口佘山海区也为旋转式潮流，流速为 1.0～2.5m/s。台湾海峡潮流为南北向，流速不超过 1.5m/s。南海潮流一般不大，海南岛地区潮流不超过 0.75m/s。

## 4.4.2 潮流运动方程

为了适用于工程应用，在分析潮位与潮流流速的关系时，往往突出考虑影响潮流的主要因素，而略去一些次要因素。已知潮波的运动方程：

$$\begin{cases}\dfrac{\partial\xi}{\partial t}+\dfrac{\partial(hu)}{\partial x}+\dfrac{\partial(hv)}{\partial x}=0\\ \dfrac{\partial u}{\partial t}-2\omega\sin\varphi\cdot v=\dfrac{\partial}{\partial x}(\Omega-g\xi)\\ \dfrac{\partial v}{\partial t}+2\omega\sin\varphi\cdot u=\dfrac{\partial}{\partial y}(\Omega-g\xi)\end{cases}\tag{4-40}$$

式中，$h$ 为水深，m；$\xi$ 为潮波自由表面至平均海平面的高度，m；$u$、$v$ 为潮波在水平面 $x$、$y$ 方向的传播速度，m/s；$\omega$ 为地球自转角速度，rad/s；$\varphi$ 为纬度，(°)；$g$ 为重力加速度，$m/s^2$；$\Omega$ 为引潮力势函数，$m^2/s^2$。

### 4.4.2.1 一元推进潮波

若潮流近似一元流，略去地转偏向力和摩擦力的作用，并假设潮波为自由潮波运动，在这种条件下的运动方程和连续方程为

$$\begin{cases}\dfrac{\partial u}{\partial t}+g\dfrac{\partial\xi}{\partial x}=0\\ \dfrac{\partial\xi}{\partial t}+h\dfrac{\partial u}{\partial x}=0\end{cases}\tag{4-41}$$

对于这种前进潮波，海面的垂向振动可视为简谐函数，即

$$\xi=a\cos(\omega t-kx)\tag{4-42}$$

代入式(4-41)并积分得潮流流速：

$$u=C\frac{a}{h}\cos(\omega t-kx)=\frac{C}{h}\xi=\frac{\sqrt{g}}{\sqrt{h}}\xi=\frac{g}{C}\xi\tag{4-43}$$

式中，$C$ 为潮波传播速度，$C=\sqrt{gh}$，m/s；$a$ 为潮波振幅，m。

从式(4-43)中可以看出，高潮位时速度与低潮位时大小相等、方向相反，当潮位处

于中间位置($\xi$=0)时，潮位流速等于零。而潮流流速的最大值为

$$u_{\max} = \sqrt{\frac{g}{h}}a \tag{4-44}$$

### 4.4.2.2　斜坡式海岸上的潮波

当一元推进潮波正向传播到水深逐渐变浅的海岸地区时，由于水深及传播距离 $x$ 的不断变化，使水深 $h$ 与潮波振幅 $a$ 的数值属于同一数量级，这时，应该考虑对流加速度的影响，即

$$\frac{\partial u}{\partial t} + g\frac{\partial \xi}{\partial x} = -u\frac{\partial u}{\partial x} \tag{4-45}$$

且水深 $h$ 应考虑水面高度的变化，即

$$\frac{\partial}{\partial x}(h+\xi)u = -\frac{\partial \xi}{\partial t} \tag{4-46}$$

或

$$\frac{\partial \xi}{\partial t} + h\frac{\partial u}{\partial x} = -\xi\frac{\partial u}{\partial x} - u\frac{\partial \xi}{\partial x} \tag{4-47}$$

若设斜坡段始段与外海交界处的潮波为简谐运动，即

$$\begin{cases} \xi = a\cos(\omega t - kx) \\ u = \dfrac{g}{C}a\cos(\omega t - kx) \end{cases} \tag{4-48}$$

将它们分别对 $x$ 求偏导，并代入式(4-45)和式(4-47)右端的非线性项，作为对式(4-41)的修正，于是：

$$\begin{cases} \dfrac{\partial u}{\partial t} + g\dfrac{\partial \xi}{\partial x} = -\dfrac{\pi g^2 a^2}{C^2 L}\sin 2(\omega t - kx) \\ \dfrac{\partial \xi}{\partial t} + h\dfrac{\partial u}{\partial x} = -\dfrac{2\pi g a^2}{CL}\sin 2(\omega t - kx) \end{cases} \tag{4-49}$$

对上式积分，得

$$\begin{cases} \xi = a\left[\cos(\omega t - kx) + \dfrac{3\pi}{2}\cdot\dfrac{a}{h}\cdot\dfrac{x}{L}\cdot\cos 2(\omega t - kx)\right] \\ u = \dfrac{ga}{C}\left[\begin{array}{l} \cos(\omega t - kx) + \dfrac{3\pi}{2}\cdot\dfrac{a}{h}\cdot\dfrac{x}{L}\cdot\cos 2(\omega t - kx) \\ -\dfrac{3}{8}\dfrac{a}{h}\cdot\sin 2(\omega t - kx) + \dfrac{1}{4}\dfrac{a}{h}\cdot\cos 2(\omega t - kx) \end{array}\right] \end{cases} \tag{4-50}$$

上式说明：在斜坡地区的一元推进潮波的表面曲线具有二次谐波的特性，已不是单一的简谐函数，并且该谐波随传播距离 $x$ 的增大而增大。该区域的潮流流速不仅具有谐波的性质，而且还是 $a/h$ 及 $x/L$ 两个参数的函数，在浅水边界处，潮流流速因 $x/h$ 变大而增大。

#### 4.4.2.3 海湾峡道的潮流

如图 4.20 所示，设与外海有海峡沟通的半闭合海湾的平面面积为 $s$，海湾内的潮差为 $R_T$，半个潮周期 $T/2$ 时间内通过海峡进入的总水量为 $s\cdot R_T$，而进入海湾的水量也为海峡断面面积 $A$ 乘以流过的平均流速 $V_{avg}$ 和时间 $T/2$。于是海峡断面的平均流速 $V_{avg}$ 可写为

$$V_{avg} = \frac{2sR_T}{AT} \tag{4-51}$$

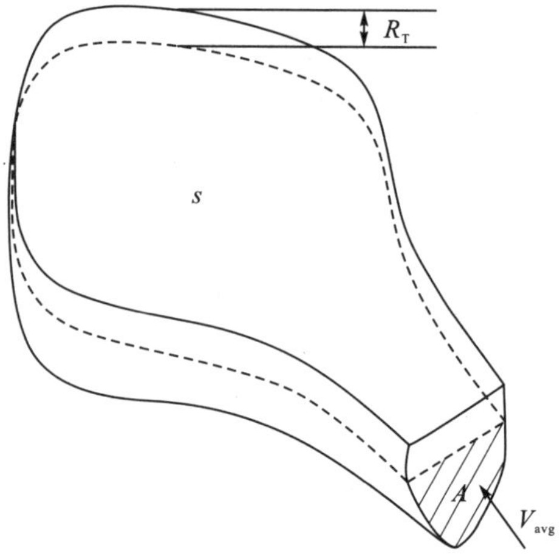


图 4.20　海湾潮流

#### 4.4.2.4 驻潮波流速

潮波行进至窄长陡峭的海岸时，因岸壁的反射，使潮波具有驻波的性质。驻波的波面方程为

$$\xi = 2a\cos kx\cos\omega t \tag{4-52}$$

将上式代入式(4-41)，并积分得

$$u = 2C\frac{a}{h}\sin kx\sin\omega t = 2C\frac{a}{h}\sin kx\cos\left(\omega t - \frac{\pi}{2}\right) \tag{4-53}$$

从式(4-53)可知这种驻潮波的潮流历时与潮位历时相差为 1/4 周期。当 $t$=0 及 $t$=$T$/2，相当于高潮位及低潮位时，潮流流速为零，而在 $t$=$T$/4 及 $t$=3$T$/4 时，潮流流速值最大。

虽然式(4-43)、式(4-50)、式(4-51)及式(4-53)定性地反映了近岸带的往复式潮流变化规律，但是由于未计入地转偏向力和摩擦力的影响，计算出来的潮流值与实际值之间会有一定的出入。

由于潮流受海岸、海底地形的影响显著，且要涉及地球自转的科里奥利力的作用，所以潮流分析比较复杂，常需要利用数值计算方法求得潮流的流速分布。

# 4.5 风 暴 潮

## 4.5.1 风暴的成因及特点

### 4.5.1.1 风暴潮成因

风暴潮指的是由强烈大气扰动如台风、热带气旋、温带气旋等气压骤变所引起的海面异常升高现象。风暴潮往往伴有狂风巨浪，若恰好赶上天文潮高潮阶段，往往造成滨海区域潮水暴涨，海水浸溢内陆，从而酿成灾害性后果。

风暴潮会使受到影响海区的潮位大大地超过正常潮位。风暴潮的空间范围一般为几十千米至上千千米不等，时间尺度或周期为 1～100h，介于地震海啸和低频天文潮波之间，有时其影响区域会随大气扰动因子的移动而移动。此外，风暴潮的高度与台风(或低气压)中心和外围的气压差成正比，一般中心气压每降低 1hPa，海面约上升 1cm。

造成我国风暴潮的天气系统主要为热带气旋、温带气旋和寒潮。

**1. 热带气旋**

热带气旋是发生在热带或副热带洋面上的低压涡旋，是一种强大而深厚的热带天气系统。热带气旋通常在热带地区离赤道平均 3～5 个纬度外的海面(如西北太平洋、北大西洋、印度洋)上形成，其移动主要受到地转偏向力及其他大尺度天气系统影响，最终在海上消散，或变为温带气旋，或在登陆后消散。热带气旋的气流受地转偏向力的影响而围绕着中心旋转。在北半球，热带气旋沿逆时针方向旋转，在南半球则以顺时针方向旋转。热带气旋所形成的风暴潮又称热带风暴潮。影响和登陆我国的热带气旋主要来自西北太平洋和南海，孟加拉国风暴对我国西南地区也有影响。

**2. 温带气旋**

温带气旋是出现在中高纬度地区中心气压低于四周的大气涡旋，且它是具有冷中心性质的近似椭圆形的斜压性空气涡旋，大多带有锋面，又称为锋面气旋。温带气旋的直径平均为 1000km，小的也有几百公里，大的可达 3000km 或以上。气旋随高空偏西气流向东移动，前部为暖锋，后部为冷锋，两者衔接处的波动南侧为暖区。温带气旋从生成、发展到消亡的整个生命史一般为 2～6 天。同一锋面上有时会接连形成 2～5 个温带气旋，自西向东依次移动前进，称为“气旋族”。温带气旋对中高纬度地区的天气变化有着重要的影响，多风雨天气，有时伴有暴雨或强对流天气，有时近地面最大风力可达 10 级以上。温带气旋引起的风暴潮通常只发生在冬、春季，其水位变化持续但不剧烈。

活跃在我国的温带气旋，主要有两个较为集中的地带，一个在北纬 25°～35°，如江淮气旋、东海气旋和台湾气旋等；一个在北纬 45°～55°，如蒙古气旋、东北气旋、黄河气旋和黄海气旋等。

3. 寒潮

寒潮主要影响我国的渤海、北黄海处中纬度地区，由于此地区在冬季是来自西伯利亚和蒙古国等地的冷高压南下的必经之路，在春、秋季节又是冷暖气团的交会地区。寒潮发生时，冷锋掠过海区，使得天气变化剧烈并伴有持续大风，从而引起渤海、黄海水位异常变化。

### 4.5.1.2 风暴潮的形成过程及特点

首先，风暴中心的低气压区将吸起海水使海面升高；其次，风暴中心周围的强风对海水表面产生湍流切应力，使海水表面形成与风场同样的气旋式环流；最后，在地转偏向力作用下，该表面流在北半球向右偏，形成表面海水的辐散。由于海水的连续性，表层海水辐散时，深层海水必然来补偿，这就形成了深层海水的辐合，开始是沿着径向流向中心，而后由于地转偏向力的作用，形成深层海水的逆时针环流。

当风暴传播到大陆架浅水域，或进入边缘浅海、海湾或江河口时，由于水变浅，再加上强风的直接作用、地形缓坡的影响，能量迅速集中，风暴潮也就迅速发展起来。

风暴潮是海洋能量传播到陆架上或港湾中所呈现的特有现象，如图 4.21 所示，它大致可分为三个阶段。

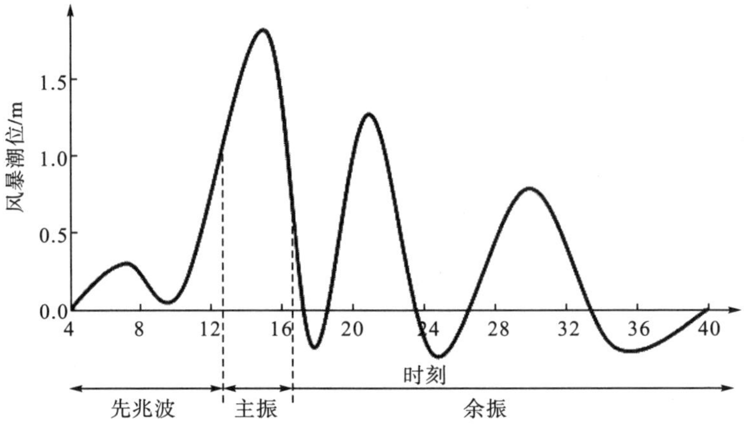


图 4.21 典型的风暴潮过程曲线

(1) 在台风、飓风还远在大洋或外海时，潮位已受到其影响，这种在风暴潮来临前到达岸边的波称为先兆波，这一阶段称为初振阶段。远离台风中心的验潮站开始记录来自台风扰动区域的长周期波(先兆波)增水，通常只有 20～50cm。先兆波表现为海面的微小上升，有时也表现为海面的缓慢下降。

(2) 风暴已逼近或过境时，岸边水位急剧升高，并在台风登陆前后几小时内达到最大值。风暴潮的发生主要是在这一阶段，潮高能达到数米，所以称为主振阶段。观测和数值计算结果均表明：登陆开阔海岸的台风尺度越大，移速越慢时，岸边风暴的最大增水越可能发生在登陆前；反之，在登陆后。通常风暴潮的主振时间不足 6h，但也有较长的

(超过 2d)，一般而言，台风的移速越慢，尺度越大，其主振持续时间也就越长。

(3) 当风暴潮的主振阶段过去之后，潮位逐渐恢复正常状态，由于地形及其他效应的影响，往往还会存在一系列的振动——假潮或自由波，这一系列的振动称为余振。

### 4.5.2　风暴潮的运动方程

风应力和气压梯度力是激发风暴潮的两个主要驱动力，参照潮波运动方程，风暴潮的运动方程为

$$\begin{cases}\dfrac{\mathrm{d}u}{\mathrm{d}t}=-2\omega\cos\varphi\cdot w+2\omega\sin\varphi\cdot v-\dfrac{1}{\rho}\dfrac{\partial p}{\partial x}+\dfrac{1}{\rho}A_{\mathrm{L}}\left(\dfrac{\partial^2 u}{\partial x^2}+\dfrac{\partial^2 u}{\partial y^2}\right)+\dfrac{1}{\rho}A_{\mathrm{Z}}\dfrac{\partial^2 u}{\partial z^2}\\ \dfrac{\mathrm{d}v}{\mathrm{d}t}=-2\omega\sin\varphi\cdot u-\dfrac{1}{\rho}\dfrac{\partial p}{\partial y}+\dfrac{1}{\rho}A_{\mathrm{L}}\left(\dfrac{\partial^2 v}{\partial x^2}+\dfrac{\partial^2 v}{\partial y^2}\right)+\dfrac{1}{\rho}A_{\mathrm{Z}}\dfrac{\partial^2 v}{\partial z^2}\\ \dfrac{\mathrm{d}w}{\mathrm{d}t}=2\omega\cos\varphi\cdot u-\dfrac{1}{\rho}\dfrac{\partial p}{\partial z}-g+\dfrac{1}{\rho}A_{\mathrm{L}}\left(\dfrac{\partial^2 w}{\partial x^2}+\dfrac{\partial^2 w}{\partial y^2}\right)+\dfrac{1}{\rho}A_{\mathrm{Z}}\dfrac{\partial^2 w}{\partial z^2}\end{cases} \tag{4-54}$$

式中，$u$、$v$、$w$ 为 $x$、$y$、$z$ 方向的运动速度，m/s；$\rho$ 为海水密度，$\mathrm{kg/m^3}$；$p$ 为压强，Pa；$\omega$ 为地球自转角速度，rad/s；$\varphi$ 为纬度，(°)；$A_{\mathrm{L}}$ 和 $A_{\mathrm{Z}}$ 为水平和垂直方向的湍流黏性系数，Pa·s。

由于风暴潮的水平特征尺度远远大于垂向尺度，垂向分速 $w$ 远远小于水平分速 $u$、$v$，因此式(4-54)中带有与 $w$ 的乘积项均可略去不计。此外，式(4-54)的第三式中 $2\omega\cos\varphi\cdot u$ 的量阶是 $10^{-4}\mathrm{m/s^2}$，与重力加速度 $g$ 的量阶 $10\mathrm{m/s^2}$ 相比是小量，可以略去。若再忽略水平方向的湍流黏性影响，式(4-54)可化简为

$$\begin{cases}\dfrac{\partial u}{\partial t}+u\dfrac{\partial u}{\partial x}+v\dfrac{\partial u}{\partial y}=2\omega\sin\varphi\cdot v-\dfrac{1}{\rho}\dfrac{\partial p}{\partial x}+\dfrac{1}{\rho}A_{\mathrm{Z}}\dfrac{\partial^2 u}{\partial z^2}\\ \dfrac{\partial v}{\partial t}+u\dfrac{\partial v}{\partial x}+v\dfrac{\partial v}{\partial y}=-2\omega\sin\varphi\cdot u-\dfrac{1}{\rho}\dfrac{\partial p}{\partial y}+\dfrac{1}{\rho}A_{\mathrm{Z}}\dfrac{\partial^2 v}{\partial z^2}\\ -\dfrac{1}{\rho}\dfrac{\partial p}{\partial z}-g=0\end{cases} \tag{4-55}$$

利用式(4-55)数值求解风暴潮潮高是一项复杂的工作，具体分析计算方法可以查看数值分析类书籍，这里不再详述。

## 4.6　设 计 水 位

由于潮位高、低不仅直接影响建筑物高程的确定，还对设计通航航道的水域深度等有重大意义。各类海洋工程建筑物的规模、等级和使用情况不同，所选用的设计潮位也有所不同。设计潮位一般包括设计高水位、设计低水位、校核高水位和校核低水位四种。

设计高、低水位是指建筑物在正常使用条件下的高、低水位。对海洋工程结构物在正常使用条件下的设计高、低水位取值和非正常工作条件下的校核高、低水位取值在我国《港口工程技术规范》(1987)中都有相应的具体要求。设计高水位要求取为高潮累积频率的 10%，而设计低水位取为低潮累积频率的 90%。设计高、低水位往往要利用实测潮位资料进行潮位频率分布的统计计算来确定。

校核水位是指建筑物处在非正常工作使用条件下的高、低水位，这种水位不仅仅是由天文因素决定的，而且是由低压、地震、寒潮、台风、海啸等与天文潮组合后计算出的水位。校核高、低水位的重现期很长，往往为几十年，凡出现这种水位，需要暂停海上生产作业，但是建筑物在该水位时的各种载荷作用下，要求具有足够的稳定性和一定的安全度。校核水位与设计水位的差别如图 4.22 所示。

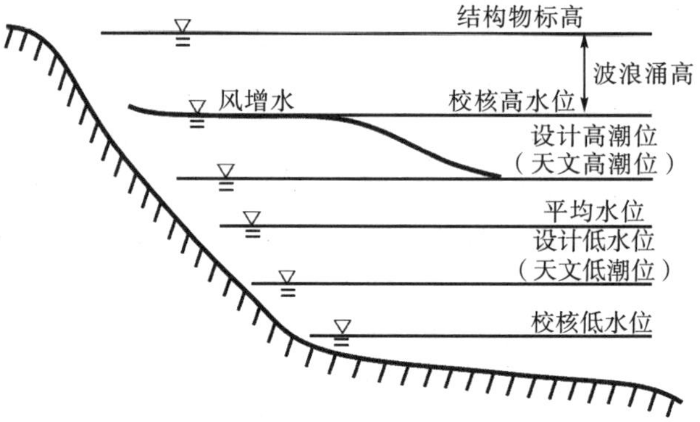


图 4.22 设计高、低水位与校核水位

### 4.6.1 设计水位的确定

工程设计高、低水位时需要用到以往一年或数年内逐日的高、低潮位相关记录资料，再用数学统计的方法来预估未来年份的高、低潮位出现的情况。高潮位的统计方法：首先，记录每日的高潮位数据(特别需要注意的是，半日潮地区一年有 365×2=730 个数据)；其次，将记录的各高潮位数据按照大小顺序进行排列，统计出各高潮位数据中等于或大于某一潮位级的次数 $m$，进而求出它在总数据个数 $n$ 中占的比值，即为累积频率 $P=(m/n)\times100\%$；最后，以累积频率 $P$ 为横坐标，多年高潮观测数据为纵坐标作图，就得到高潮累积频率曲线，有了高潮累积频率曲线，就可以按照设计规范要求运用图解法查出 $P$ 为 10%所对应的潮位值，即为设计高水位。同理，低潮位累积频率为 90%所对应的低潮位值，即为设计低水位。

以沿海某港验潮站 1980～1990 年观测数据为例，将数据按照每级间隔 10cm 依次递减排列，表 4.1、表 4.2 分别列出其间高、低潮位观测统计数据及其累积频率统计计算结果，得到的高、低潮位累积频率曲线如图 4.23 和图 4.24 所示。按《港口工程技术规范》(1987)的规定，设计高、低水位分别取高潮累积频率的 10%与低潮累积频率的 90%，从图 4.23 和图 4.24 中可以得到该港的设计高、低水位取值为 4.828m 和 0.568m。

表 4.1　某验潮站 1980～1990 年间高潮位观测统计

| 组距/m | 出现次数/次 | 累计出现次数(*m*)/次 | 累积频率(*P*)/% |
|---|---|---|---|
| 6.00～6.09 | 1 | 1 | 0.022 |
| 5.90～5.99 | 1 | 2 | 0.044 |
| 5.80～5.89 | 2 | 4 | 0.089 |
| 5.70～5.79 | 2 | 6 | 0.133 |
| 5.60～5.69 | 4 | 10 | 0.221 |
| 5.50～5.59 | 7 | 17 | 0.376 |
| 5.40～5.49 | 10 | 27 | 0.598 |
| 5.30～5.39 | 17 | 44 | 0.974 |
| 5.20～5.29 | 34 | 78 | 1.727 |
| 5.10～5.19 | 61 | 139 | 3.078 |
| 5.00～5.09 | 72 | 211 | 4.672 |
| 4.90～4.99 | 95 | 306 | 6.776 |
| 4.80～4.89 | 121 | 427 | 9.455 |
| 4.70～4.79 | 145 | 572 | 12.666 |
| 4.60～4.69 | 215 | 787 | 17.427 |
| 4.50～4.59 | 278 | 1065 | 23.583 |
| 4.40～4.49 | 346 | 1411 | 31.244 |
| 4.30～4.39 | 371 | 1782 | 39.460 |
| 4.20～4.29 | 392 | 2174 | 48.140 |
| 4.10～4.19 | 425 | 2599 | 57.551 |
| 4.00～4.09 | 414 | 3013 | 66.718 |
| 3.90～3.99 | 429 | 3442 | 76.218 |
| 3.80～3.89 | 341 | 3783 | 83.769 |
| 3.70～3.79 | 267 | 4050 | 89.681 |
| 3.60～3.69 | 203 | 4253 | 94.176 |
| 3.50～3.59 | 154 | 4407 | 97.586 |
| 3.40～3.49 | 76 | 4483 | 99.269 |
| 3.30～3.39 | 24 | 4507 | 99.801 |
| 3.20～3.29 | 7 | 4514 | 99.956 |
| 3.10～3.19 | 2 | 4516 | 100.000 |
| 合计 | 4516 | — | — |

表 4.2　某验潮站 1980～1990 年间低潮位观测统计

| 组距/m | 出现次数/次 | 累计出现次数(*m*)/次 | 累积频率(*P*)/% |
|---|---|---|---|
| 2.70～2.79 | 5 | 5 | 0.086 |
| 2.60～2.69 | 17 | 22 | 0.378 |
| 2.50～2.59 | 19 | 41 | 0.705 |
| 2.40～2.49 | 25 | 66 | 1.135 |
| 2.30～2.39 | 42 | 108 | 1.857 |
| 2.20～2.29 | 51 | 159 | 2.733 |
| 2.10～2.19 | 84 | 243 | 4.177 |
| 2.00～2.09 | 107 | 350 | 6.017 |
| 1.90～1.99 | 152 | 502 | 8.630 |
| 1.80～1.89 | 194 | 696 | 11.965 |
| 1.70～1.79 | 238 | 934 | 16.056 |
| 1.60～1.69 | 294 | 1228 | 21.111 |
| 1.50～1.59 | 324 | 1552 | 26.680 |
| 1.40～1.49 | 362 | 1914 | 32.904 |
| 1.30～1.39 | 395 | 2309 | 39.694 |
| 1.20～1.29 | 429 | 2738 | 47.069 |
| 1.10～1.19 | 451 | 3189 | 54.822 |
| 1.00～1.09 | 473 | 3662 | 62.953 |
| 0.90～0.99 | 428 | 4090 | 70.311 |
| 0.80～0.89 | 375 | 4465 | 76.758 |
| 0.70～0.79 | 329 | 4794 | 82.414 |
| 0.60～0.69 | 268 | 5062 | 87.021 |
| 0.50～0.59 | 226 | 5288 | 90.906 |
| 0.40～0.49 | 195 | 5483 | 94.258 |
| 0.30～0.39 | 137 | 5620 | 96.613 |
| 0.20～0.29 | 101 | 5721 | 98.350 |
| 0.10～0.19 | 72 | 5793 | 99.587 |
| 0.00～0.09 | 16 | 5809 | 99.862 |
| −0.10～−0.01 | 7 | 5816 | 99.983 |
| −0.20～−0.09 | 1 | 5817 | 100.000 |
| 合计 | 5817 | — | — |

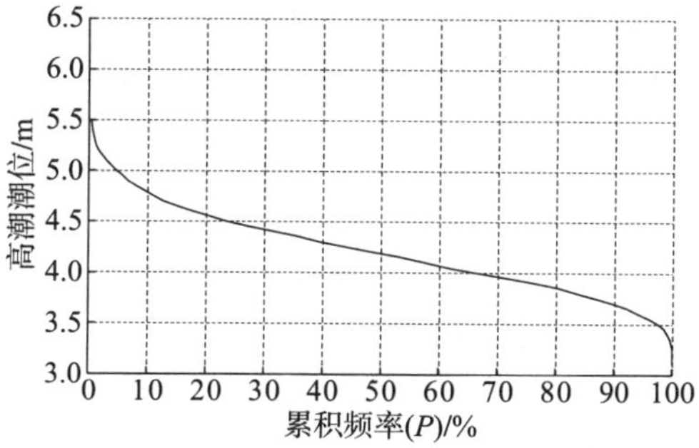


图 4.23　高潮累积频率曲线

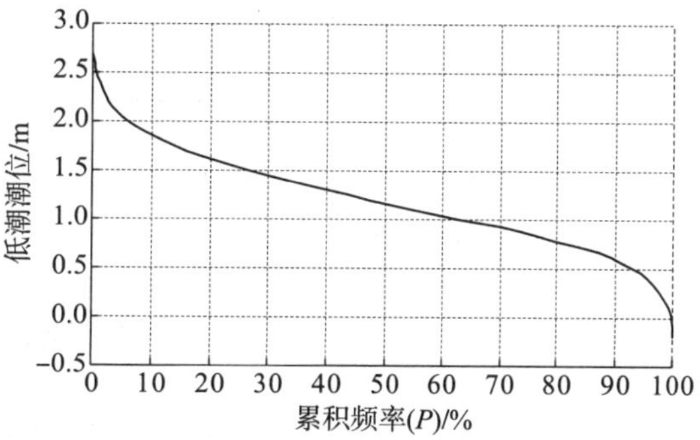


图 4.24　低潮累积频率曲线

### 4.6.2 校核水位的确定

校核高、低水位的确定是利用多年最高、最低潮位资料，根据海洋工程结构物的重要程度，通过拟合某一极值理论分布曲线，推算得到多年一遇的最高、最低潮位值。在海港工程中，校核水位要求采用重现期为 50 年一遇的高、低潮位。

例 4-1 表 4.3 为某验潮站 20 年的年最高潮位观测资料，试确定该处重现期为 50 年的校核高水位。

**表 4.3 某验潮站 20 年的年最高潮位资料表**

| 第 $n$ 年 | 年最高潮位 $\xi_i$/m | 经验频率 $P$ | $\xi_i^2$ |
|---|---|---|---|
| 1 | 6.09 | 5 | 37.09 |
| 2 | 5.91 | 10 | 34.93 |
| 3 | 5.86 | 15 | 34.34 |
| 4 | 5.77 | 20 | 33.29 |
| 5 | 5.62 | 25 | 31.58 |
| 6 | 5.60 | 30 | 31.36 |
| 7 | 5.57 | 35 | 31.02 |
| 8 | 5.53 | 40 | 30.58 |
| 9 | 5.50 | 45 | 30.25 |
| 10 | 4.96 | 50 | 24.60 |
| 11 | 4.94 | 55 | 24.40 |
| 12 | 4.91 | 60 | 24.11 |
| 13 | 4.91 | 65 | 24.11 |
| 14 | 4.90 | 70 | 24.01 |
| 15 | 4.88 | 75 | 23.81 |
| 16 | 4.85 | 80 | 23.52 |
| 17 | 4.82 | 85 | 23.23 |
| 18 | 4.77 | 90 | 22.75 |
| 19 | 4.75 | 95 | 22.56 |
| 20 | 4.72 | 100 | 22.28 |
| Σ | 104.86 | — | 553.82 |

解：计算表 4.3 中各项对应的经验频率值及各项平方值，从而计算年最高潮位均值和年最高潮位标准差：

$$\bar{\xi} = \frac{1}{20}\sum_{i=1}^{20}\xi_i \approx 5.24\text{m}$$

$$\sigma_x = \sqrt{\frac{1}{19}\sum_{i=1}^{20}\left(\xi_i - \bar{\xi}\right)^2} \approx 0.46$$

重现期 $T_R$=50 年，对应的经验频率 $P = \frac{1}{T_R} \times 100\% = 2\%$，查表 2.4，得 $\lambda_{PN} = 2.889$。

所以，50 年一遇的校核高水位为

$$\xi = \overline{\xi} + \lambda_{PN}\sigma_x \approx 6.56894\text{m}$$

## 思考题与习题

1.解释天赤道、天极、赤经、赤纬、地平圈、地平经圈、子午圈、时圈、黄道的概念，并在一张图上表示出来。

2.春分、秋分对应的天体运动如何?

3.平太阳日与平太阴日的区别是什么?

4.利用月球引潮力与离心力解释潮汐的成因。

5.根据月球和太阳相对位置的变化，从力学角度分析潮汐半月不等现象的原因。

6.取地球半径 $r$ 为 6371km，地心至月心的距离 $D$ 为 $3.84\times10^5$km，日心与地心的距离 $D'$ 为 $1.496\times10^8$km，太阳的质量 $S$ 为 $1.989\times10^{30}$kg，月球质量 $M$ 为 $7.348\times10^{22}$kg，计算月球的单位质量最大水平引潮力 $F_{\text{H}}$ 与太阳的单位质量最大水平引潮力 $F'_{\text{H}}$ 的比值。

7.已知地球质量 $E$ 是月球质量 $M$ 的 81.53 倍，利用上题中的相关数据，计算在北纬 30°地区，由月球和太阳引起的平衡潮潮高各是多少?两者比值为多少?

8.表 1 为某验潮站 24 年的年最高潮位观测资料，试确定该处重现期为 50 年的校核高水位。

表 1　某验潮站 24 年的年最高潮位观测资料

| 第 $n$ 年 | 年最高潮位/m | 第 $n$ 年 | 年最高潮位/m |
|---|---|---|---|
| 1 | 4.72 | 13 | 5.78 |
| 2 | 4.76 | 14 | 5.26 |
| 3 | 4.85 | 15 | 5.35 |
| 4 | 4.69 | 16 | 5.48 |
| 5 | 4.89 | 17 | 4.95 |
| 6 | 5.23 | 18 | 5.05 |
| 7 | 6.09 | 19 | 5.61 |
| 8 | 5.52 | 20 | 4.99 |
| 9 | 5.14 | 21 | 5.08 |
| 10 | 4.97 | 22 | 5.17 |
| 11 | 4.92 | 23 | 5.29 |
| 12 | 5.74 | 24 | 5.43 |

# 第 5 章　海流与海流载荷

海水做大规模相对稳定的流动，称为海流。从海洋表面至海底都存在着海流，其空间和时间尺度是连续的。它像人体的血液循环一样，把整个世界的大洋紧密地联系在一起，使整个大洋得以保持各种水文、化学要素及热盐状况的长期相对稳定。海洋工程中，海流的确定对于建筑物的选址规划、结构物的受力稳定性、泥沙的运移等影响很大，是工程设计需要考虑的主要载荷之一。

## 5.1　海流成因及分类

### 5.1.1　海流的成因

海流是海水运动的重要形式，对海洋内部物质和能量的交换起到举足轻重的作用，影响着海水的物理化学特性。海流的空间规模有大有小，时间尺度有长有短，表现形式多种多样，因此，引起海流的原因有很多，但通常可归结为以下两种。

(1) 由海面上的风所引起的强大表层流。受到海水黏滞力的影响，该流动随深度的增加而减弱，直至小到可以忽略不计，所涉及的深度通常只有几百米，相对几千米的大洋而言是薄薄一层，故称为表层流，又因为它是由风吹过海面所形成的，还称为风海流。

(2) 由海水的温度、盐度变化所致的(海面受热或受冷引起海水温度的变化，蒸发或降水引起海水盐度的变化)。海水温度、盐度的分布直接决定了海水密度的分布，而密度分布又决定了海水压力的分布。海水密度分布不均必然引起等压面的倾斜，于是，在同一水平面上存在水平压强梯度力，从而导致海水发生运动。由温度、盐度分布变化引起的海流称为热盐环流，由密度分布不均引起的海流称为密度流。

### 5.1.2　海流的分类

海流可以按照成因、受力、流动区域、持续时间、与周围海水温度差异和与周围海水盐度差异来划分，如表 5.1 所示。

海流运动可分解为垂直运动和水平运动，尽管垂直运动的尺度和速度都比水平运动小很多，但其物理意义重大，起到使下层营养物质涌升到海洋上层的交流作用，提高了海洋渔场的生产能力。根据垂直流速是向上还是向下，可将其分为上升流和下降流，统称升降流。

**表 5.1　海流分类**

| 划分依据 | 名称 | 描述 |
|---|---|---|
| 成因 | 风海流 | 风在海面上吹过时，对海面施加切应力引起的运动 |
| | 热盐环流 | 由海水温度、盐度变化引起的海流 |
| 受力 | 梯度流 | 等压面的倾斜导致压力水平分布的差异，从而产生压强梯度力，引起海流的运动 |
| | 地转流 | 等压面倾斜后，不考虑摩擦力，当水平压强梯度力与地转偏向力平衡时的稳定海流 |
| | 惯性流 | 海流形成后，引起它运动的力全部消失，且忽略摩擦力的影响，继续流动的海流 |
| 流动区域 | 沿岸流 | 出现在沿岸大陆架海区的海流 |
| | 赤道流 | 出现在赤道附近的海流 |
| | 东西边界流 | 在大洋东、西两侧边界流动的海流 |
| 持续时间 | 定常流 | 不随时间发生变化的海流 |
| | 周期性流 | 在一定范围内重复出现，具有周期性变化规律的海流，如季风海流 |
| | 短期流 | 由偶然性外界条件变化而引起的短时间海流，如气旋通过时产生的风海流或气压梯度流等 |
| 与周围海水温度差异 | 暖流 | 海流本身温度较周围海水高，向外输送和传播热能的海流 |
| | 寒流 | 海流本身温度较周围海水低的海流 |
| 与周围海水盐度差异 | 盐水流 | 含盐度较周围海水高的海流 |
| | 淡水流 | 含盐度较周围海水低的海流 |

需要特别指出的是，潮流也可作为海流的一种，它是在水平引潮力作用下潮汐涨落同时发生的海水在水平方向上的周期性流动。由于第 4 章已对其做了详细介绍，本章将不再重复。下面将着重介绍风海流、地转流和大洋环流。

## 5.2　海流运动的受力分析

海流运动可以由重力、压强梯度力、风应力、引潮力等引起，运动过程中又派生出地转偏向力、切应力和摩擦力。海水在这些力的多种组合作用下保持相对稳定的运动。有关引潮力的介绍见 4.2 节，这里我们主要介绍其余几个力。

### 5.2.1　重力

地球上物体(包括海水)所受地心引力和由地球自转引起的离心力的合力，就是其所受重力，方向与等势面垂直。当海洋静止时，重力处处与海平面垂直，此时海水表面就是等势面。

单位质量的重力是重力加速度 $g$，与所在纬度 $\varphi$ 和水深 $z$ 有关：

$$g = 9.80616 - 0.025928\cos 2\varphi + 0.00069\cos^2 2\varphi - 0.000003086z \tag{5-1}$$

式中，$g$ 为重力加速度，$\mathrm{m/s^2}$；$\varphi$ 为纬度，(°)；$z$ 为深度，m。

可见，$g$ 随纬度的增大而增大，赤道与两极相差 $0.052\mathrm{m/s^2}$。通常，我们可以将重力加速度视为常数，取 $9.8\mathrm{m/s^2}$。

### 5.2.2 压强梯度力

压强梯度力是由数值不同等压面间的压强差产生的，方向垂直于等压面，并从高压指向低压。海水表面与大气接触，压强等于一个大气压(1013.25hPa)，因此海水表面就是等压面。海洋中，与海水表面平行的面都是等压面。

大多数情况下，海水表面是倾斜的，因而等压面也是倾斜的，与等势面间存在夹角，如图 5.1 所示。单位质量的压强梯度力可表示为

$$p_{\mathrm{n}} = -\frac{1}{\rho}\nabla p \tag{5-2}$$

式中，$p_{\mathrm{n}}$ 为单位质量的压强梯度力，下标 n 代表沿等压面的法线方向，N/kg；$\rho$ 为海水密度，kg/m$^3$；$p$ 为海水压强，Pa。

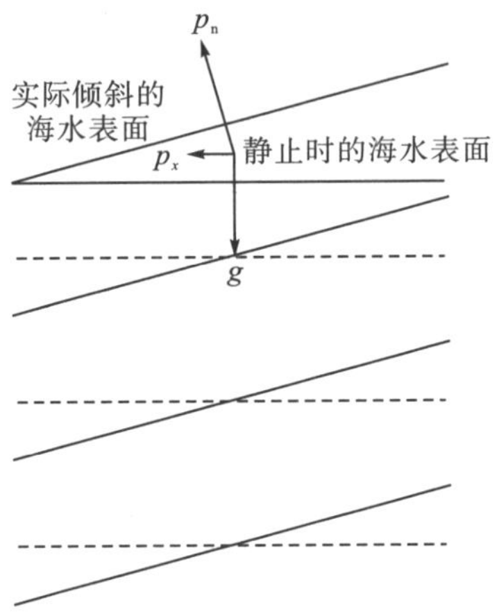


图 5.1 等压面倾斜的压力场示意图

它在三个方向上的分量为

$$\begin{cases} p_x = -\dfrac{1}{\rho}\dfrac{\partial p}{\partial x} \\ p_y = -\dfrac{1}{\rho}\dfrac{\partial p}{\partial y} \\ p_z = -\dfrac{1}{\rho}\dfrac{\partial p}{\partial z} \end{cases} \tag{5-3}$$

当海水静止时，海水表面水平，只存在垂直方向的压强梯度力，且与重力平衡，因此有

$$g = -\frac{1}{\rho}\frac{\mathrm{d}p}{\mathrm{d}z} \tag{5-4}$$

### 5.2.3　地转偏向力

当海水运动时，会受到与运动方向垂直的科里奥利力(北半球向右，南半球向左)。它只改变海流运动的方向，不改变海流的流速。

2.3 节中已经给出了科里奥利力的表达式，它在水平方向单位质量的分力为地转偏向力，表示为

$$\begin{cases} f_x = 2\omega\sin\varphi\cdot v \\ f_y = -2\omega\sin\varphi\cdot u \end{cases} \tag{5-5}$$

式中，$f_x$、$f_y$ 为 $x$、$y$ 方向单位质量的地转偏向力，N/kg；$\omega$为地球自转角速度，rad/s；$u$、$v$ 为 $x$、$y$ 方向流速，m/s；$\varphi$ 为物体所处的纬度，(°)。

### 5.2.4　切应力

海流运动时，不同深度海水的流速不等。由于海水具有黏性，因此在不同速度层海水间产生了切向力，单位面积的切向力称为切应力。

海水流动绝大多数处于湍流状态，其切应力梯度可表示为

$$\begin{cases} \dfrac{\partial\tau_x}{\partial x} = A_x\dfrac{\partial^2 u}{\partial x^2} + A_y\dfrac{\partial^2 u}{\partial y^2} + A_z\dfrac{\partial^2 u}{\partial z^2} \\ \dfrac{\partial\tau_y}{\partial y} = A_x\dfrac{\partial^2 v}{\partial x^2} + A_y\dfrac{\partial^2 v}{\partial y^2} + A_z\dfrac{\partial^2 v}{\partial z^2} \\ \dfrac{\partial\tau_z}{\partial z} = A_x\dfrac{\partial^2 w}{\partial x^2} + A_y\dfrac{\partial^2 w}{\partial y^2} + A_z\dfrac{\partial^2 w}{\partial z^2} \end{cases} \tag{5-6}$$

式中，$\tau_x$、$\tau_y$、$\tau_z$ 为 $x$、$y$、$z$ 方向的切应力，Pa；$u$、$v$、$w$ 为 $x$、$y$、$z$ 方向流速，m/s；$A_x$、$A_y$、$A_z$为 $x$、$y$、$z$ 方向湍流黏性系数，Pa·s。

当然，对于少数层流运动的海水，可以利用牛顿内摩擦定律来表示切应力：

$$\tau = \mu\frac{\partial v}{\partial n} \tag{5-7}$$

式中，$\mu$ 为动力黏度，Pa·s。

## 5.3　风　海　流

### 5.3.1　埃克曼无限深海漂流理论

影响风海流运动的两个主要作用力是水平紊动摩擦阻力和地转偏向力，为建立风海流的运动方程，假定：

(1)海域辽阔，海水密度近似均匀，可忽略海面气压的水平梯度，即 $\frac{1}{\rho}\frac{\partial p}{\partial x}=\frac{1}{\rho}\frac{\partial p}{\partial y}=0$ 。

(2)海水的垂向分速度 $w$ 远小于水平速度 $u$、$v$，可忽略不计。

(3)科里奥利力的垂向分力与重力相比甚小，可略去不计。

(4)海水运动水平方向的速度梯度不大，即 $\frac{\partial u}{\partial x}=\frac{\partial u}{\partial y}=\frac{\partial v}{\partial x}=\frac{\partial v}{\partial y}\approx 0$，因此可以略去水平紊动引起的湍流摩阻力，只考虑因垂直紊动引起的水平紊动摩阻力($w$ 已忽略)，且将垂直($z$ 方向)湍流黏性系数 $A_z$ 看作常数。

(5)风海流已达稳定状态，即 $\frac{\partial u}{\partial t}=\frac{\partial v}{\partial t}=\frac{\partial w}{\partial t}=0$ 。

根据以上假定，得到风海流的运动方程为

$$\begin{cases}2\omega\sin\varphi\cdot v+\frac{A_z}{\rho}\frac{\partial^2 u}{\partial z^2}=0\\-2\omega\sin\varphi\cdot u+\frac{A_z}{\rho}\frac{\partial^2 v}{\partial z^2}=0\\-\frac{1}{\rho}\frac{\partial p}{\partial z}-g=0\end{cases}\tag{5-8}$$

式中，$u$、$v$ 为 $x$、$y$ 方向流速，m/s；$\omega$ 为地球自转角速度，rad/s；$\varphi$ 为纬度，(°)；$\rho$ 为海水密度，kg/m$^3$；$p$ 为海水压强，Pa；$g$ 为重力加速度，m/s$^2$；$A_z$ 为 $z$ 方向湍流黏性系数，Pa·s。

式(5-8)中的前两式表示由于受到垂直紊动引起的水平摩阻力和地转偏心力的影响，二者平衡时所形成的一种定常恒速水平流动，第三式表示流体的静压方程。海域水深较大时，海底地形及海底摩擦力的影响可不作考虑。根据已知边界条件：①海面处，$z$=0，$A_z\frac{\partial u}{\partial z}=0$，$A_z\frac{\partial v}{\partial z}=T_y$($T_y$ 为风应力，单位为 Pa，假设沿 $y$ 轴方向)；②无穷大水深的海底，$z=-\infty$，$u=v=0$。式(5-8)前两式可改写成

$$\begin{cases}\frac{\mathrm{d}^2 u}{\mathrm{d}z^2}+2\frac{\rho\omega\sin\varphi}{A_z}v=0\\\frac{\mathrm{d}^2 v}{\mathrm{d}z^2}-2\frac{\rho\omega\sin\varphi}{A_z}u=0\end{cases}\tag{5-9}$$

令 $a=\sqrt{\frac{\rho\omega\sin\varphi}{A_z}}$，对式(5-9)的第一、第二式分别求两次导数后代入另一式，得

$$\begin{cases}\frac{\mathrm{d}^4 u}{\mathrm{d}z^4}+4a^4u=0\\\frac{\mathrm{d}^4 v}{\mathrm{d}z^4}+4a^2v=0\end{cases}\tag{5-10}$$

其解为

$$U = \frac{T_y}{\sqrt{2aA_z}} \mathrm{e}^{az+\mathrm{i}(\pi/4+az)} = \frac{T_y}{\sqrt{2\rho A_z \omega \sin\varphi}} \mathrm{e}^{az+\mathrm{i}(\pi/4+az)} \tag{5-11}$$

令 $U_0 = \frac{T_y}{\sqrt{2\rho A_z \omega \sin\varphi}}$，可得风海流的流速表达式为

$$U = U_0 \mathrm{e}^{az+\mathrm{i}(\pi/4+az)} \tag{5-12}$$

该复数形式的流速分量 $u$、$v$ 为

$$\begin{cases} u = U_0 \exp(az) \cdot \cos(\pi/4 + az) \\ v = U_0 \exp(az) \cdot \sin(\pi/4 + az) \end{cases} \tag{5-13}$$

式中，$U_0 \exp(az)$ 表示风海流的流速量值，在海水表面最大，自表面向下，随着深度的增加按指数衰减。

在 $z=-\pi/a$ 处的海流速度为

$$U = U_0 \exp(-\pi) = 0.043 U_0 \tag{5-14}$$

可见，该处流速只有表面流速的 4.3%，流速已经很小。因此，可定义 $D=-\pi/a$，称作风海流的影响深度。只有在深度为 $D$ 的水层内，才能受风作用而产生速度，因此深度 $D$ 又被称为摩擦(阻力)深度。

式(5-13)中的幅角($\pi/4+az$)表示流速方向偏离 $x$ 轴的角度，其方向随深度的增加不断右偏。在海水表面，海流方向为风向右偏 45°。水面以下，随深度增大，偏角不断加大，到 $z=-D$ 处，流向恰好与表面相反，如图 5.2 和图 5.3 所示，这种流速随深度方向和大小不断变化的曲线，由埃克曼发现，因此称为埃克曼螺旋。

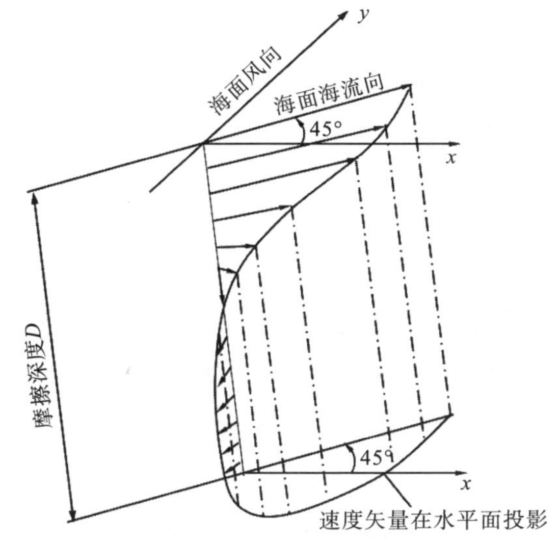


图 5.2　埃克曼风海流

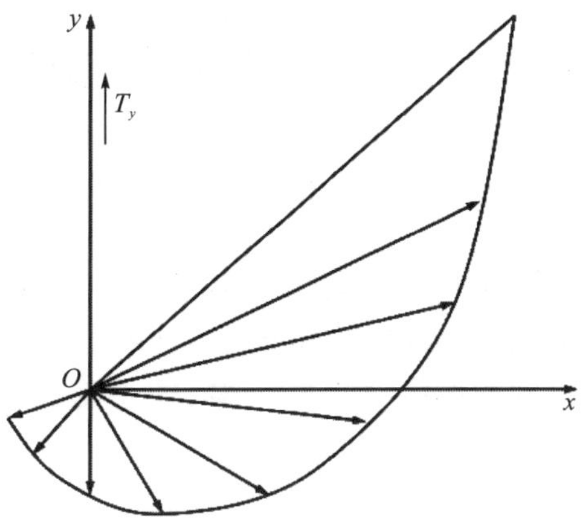


图 5.3　海流螺旋线

在海流流速计算中，由于 $A_z$ 是未知量，它必须由实测资料统计分析得到。因此，埃克曼建议表面海流流速 $U_0$ 与风速 $W$ 之间的关系为

$$\frac{U_0}{W}=\frac{0.0127}{\sqrt{\sin\varphi}} \tag{5-15}$$

由此得到摩擦深度 $D=\dfrac{7.6W}{\sqrt{\sin\varphi}}$，湍流黏性系数 $A_z$=4.3$W^2$。

由此可见，摩擦深度与风速及地理位置紧密相关。有人曾在太平洋中实测赤道流的摩擦深度为 150m，然而与太平洋的深度相比，它仅仅为一个薄水层，所以风海流通常只发生在海洋的上层。

### 5.3.2 浅海风海流

在有限水深的海域，由于海底摩擦力的作用，风海流螺旋线的形状将随水深 $d$ 的变化而改变。图 5.4 为不同水深 $d$ 的风海流矢量螺旋线在 $xoy$ 平面上的投影(风向与 $y$ 轴向相同)，其中参数 $d/D$ 反映了实际水深与影响深度之间的比例关系。

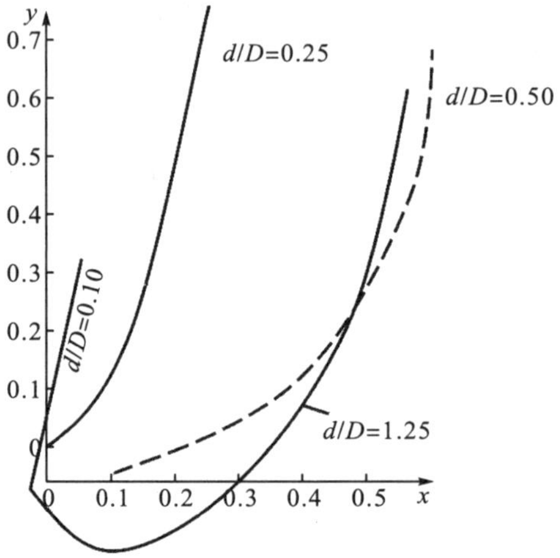


图 5.4 不同水深的海流螺旋线

从图 5.4 中可以看出，水深愈小，风海流的流向与风向愈接近。表 5.2 给出了风海流的表面流速矢量与风向间夹角 $\alpha$ 随 $d/D$ 的变化情况。可见，当 $d/D$ 达到 0.5 时，表面流向与风向的偏角已和无限深海域一样，为 45°。在极浅海域，因受海底影响，流向几乎与风向一致。

**表 5.2 风海流的表面流速矢量与风向间夹角 $\alpha$ 随 $d/D$ 的变化情况**

| $d/D$ | 0 | 1/4 | 1/2 | 3/4 | 1 | 2 | ∞ |
|---|---|---|---|---|---|---|---|
| $\alpha$/(°) | 0 | 21.5 | 45 | 45 | 45 | 45 | 45 |

### 5.3.3　风海流的体积运输

对于无限深海漂流，垂直通过单位宽度的风海流体积运输总量为

$$\begin{cases} M_x = \int_0^{-\infty} u\mathrm{d}z = \dfrac{U_0 D}{\sqrt{2}\pi} \\ M_y = \int_0^{-\infty} v\mathrm{d}z = 0 \end{cases} \tag{5-16}$$

式中，$M_x$、$M_y$为 $x$、$y$ 方向单位宽度的风海流体积运输量，$m^2/s$。

可见，无限深海漂流产生的体积运输只发生在 $x$ 方向，意味着在北半球，其运输方向垂直指向风向($y$ 向)的右方。

对于浅海风海流，在 $x$、$y$ 方向都有体积输送，表示为

$$\begin{cases} M_x = \int_0^{-d} u\mathrm{d}z \\ M_y = \int_0^{-d} v\mathrm{d}z \end{cases} \tag{5-17}$$

## 5.4　地　转　流

地转流是等压面倾斜后，不考虑摩擦力，当水平压强梯度力与地转偏向力平衡时的稳定海流。

图 5.5 为北半球自转平衡下的坐标体系，$xoy$ 平面与等势面重合，等压面与等势面夹角为 $\beta$，压强梯度力的水平分量 $-\dfrac{1}{\rho}\dfrac{\partial p}{\partial x}$ 与地转偏向力 $f_v$($f_v = 2\omega\sin\varphi \cdot v$)在 $x$ 方向平衡，垂向则满足静力平衡(压强梯度力的垂直分量与重力平衡)。

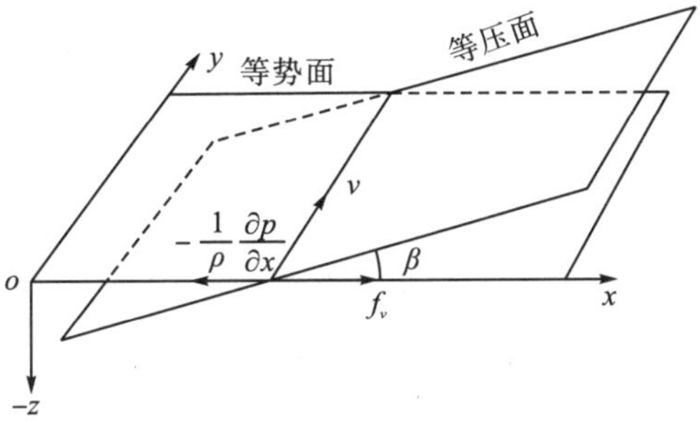


图 5.5　压强梯度力的水平分量与科里奥利力平衡(北半球)

此时，海水运动方程简化为

$$\begin{cases} -\dfrac{1}{\rho}\dfrac{\partial p}{\partial x}+f_v=0 \\ -\dfrac{1}{\rho}\dfrac{\partial p}{\partial z}-g=0 \end{cases} \tag{5-18}$$

由此可得到地转流流速：

$$v=\frac{1}{2\rho\omega\sin\varphi}\frac{\partial p}{\partial x} \tag{5-19}$$

因此，只要已知水平压力分布，就可求得相应的地转流流速。

由于等压面需要满足 $\mathrm{d}p=0$，即 $\mathrm{d}p=\dfrac{\partial p}{\partial x}\mathrm{d}x+\dfrac{\partial p}{\partial z}\mathrm{d}z=2\rho\omega\sin\varphi\cdot v\mathrm{d}x-\rho g\mathrm{d}z=0$，得

$$v=\frac{g}{2\omega\sin\varphi}\frac{\mathrm{d}z}{\mathrm{d}x}=\frac{g}{2\omega\sin\varphi}\tan\beta \tag{5-20}$$

此时的地转流顺着等压面与等势面的交线流动，垂直指向压力梯度力的右方，即顺着地转流流向，右侧的等压面压力高，左侧的等压面压力低。南半球的规律与之相反。大尺度的海流运动比大尺度的大气运动更符合准地转条件，如深海环流的主要作用力是密度分布差异产生的水平压力梯度力及地球自转运动产生的地转偏向力，因此，深海环流运动可近似当作地转流。

## 5.5 大洋环流

在海面风和海洋温度、盐度分布变化产生的密度梯度力等作用下，大洋海流处处存在，流经各海区的海流相互连接就形成大洋环流。根据风应力和海水温度、盐度的贡献程度，可将大洋环流分为风生环流和热盐环流。风生环流是由风在海面的长时间作用产生的，它影响的是海洋的上表层，一般局限于海洋的混合层和温跃层上部。而热盐环流是由海水温度、盐度的分布变化产生的密度梯度力引起的，它主要发生在大洋上表层以下。因而海洋深层与海洋上表层的环流现象并不相同，流动过程与复杂程度也不同，各自有其自身规律。当然，大洋的海陆地理地形特征、地球的自转效应等也对大洋环流的形成有一定的影响。如太平洋和大西洋的环流系统类似，但印度洋却与它们不同。

大洋环流能够促进洋与海之间的质量与能量交换，使得大洋中的各种水文要素、化学要素及热盐状况等能保持长期相对稳定和连续变化。例如，环流能够将热能从低纬度传向高纬度，在维持地球气候系统平衡方面发挥着重要作用。

### 5.5.1 风生环流

大洋的上表层环流(风生环流)与大洋上空的大气环流相似，如图 5.6 所示。洋流方向基本同风向一致，存在对应关系，因此，风生环流理论可用来解释大洋上表层环流的形成机理与特征。

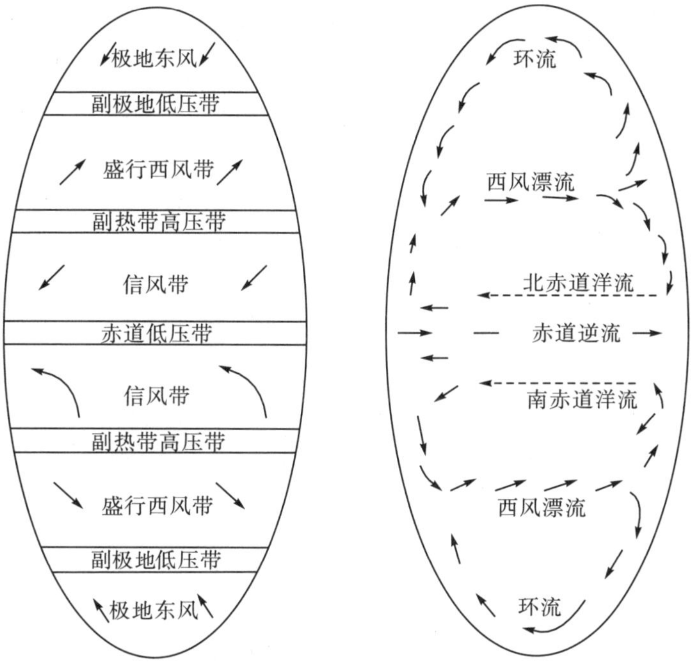


图 5.6　大洋表层环流与大气环流

全球上表层环流系统比较复杂，主要包括赤道洋流系统、西边界流、湾流、黑潮、西风漂流、东边界流、南极绕极流和季风洋流系统等。

(1) 赤道洋流系统由南北赤道洋流、赤道逆流、赤道潜流组成，贯穿三大洋。其中，南北赤道洋流是由东南信风和东北信风引起的风生海流，流动较稳定，自东向西流经各大洋。由于南北信风带相对赤道分布不对称，产生的南北赤道洋流亦表现出不对称，尤其表现在太平洋上。在南北赤道洋流之间，北纬 4°～10°的位置，是一股自西向东流动的赤道逆流。赤道洋流具有高温、高盐、深水色、透明度大的特征，其影响深度一般为 100～300m，再往下是变化梯度大的温跃层。在温跃层内存在一支较强的自西向东流动的次表层流，横跨三大洋，其全年流速稳定，称为赤道潜流。

(2) 西边界流是指大洋西部沿大陆坡自低纬度向高纬度流动的洋流，起着将低纬度的热量输送到高纬度的作用。

(3) 湾流起源于大西洋北赤道洋流及南赤道洋流，是北大西洋副热带环流系统中的强大西边界流。流向东北，流速很大，表层最大可达 2.5m/s，海面流动幅度为 100～150km，是海洋中最强大海流之一。

(4) 黑潮来自北太平洋赤道洋流，是北太平洋副热带环流系统中强大西边界流。黑潮的主支自我国台湾岛东侧与与那国岛之间的狭窄水道，进入我国东海后继续沿东北方向流动，经吐噶喇海峡进入太平洋，途中产生对马暖流和黄海暖流等分支。黑潮的流速和流量具有季节性变化，一般是 3 月最强，11 月最弱。

(5) 西风漂流是与中纬度盛行西风带相对应的自西向东流的海流，在北半球主要是北太平洋洋流和北大西洋洋流，南半球的西风漂流环绕南极大陆连接形成南极绕流。在西风漂流区活动的大气气旋和风暴数量多，风大、浪大，尤其是南半球的海区更开阔，形成的风浪更显著，对途经的船只构成巨大的威胁，被称为“咆哮”的西风带。

(6) 东边界流是指在大洋东部自高纬度流向低纬度的寒流洋流，主要有太平洋的加利福尼亚洋流和秘鲁洋流、大西洋的加那利洋流和本格拉洋流、印度洋的西澳大利亚洋流。由于在东边界流沿岸海域的信风一般平行于海岸吹送，因此造成该海域的大量海水离岸西向输送而产生上升流，这是东边界流的一个明显特征。

(7) 南极绕极流是指在南纬 40°与南极大陆之间，在西风作用下产生的自西向东绕南极流动的强大海流，海水流量巨大。

(8) 季风洋流系统是指某些海区在季风作用下流向与流速呈现明显季节变化的洋流，如我国南海，冬季在东北季风的作用下，表层洋流自东北流向西南；而夏季在西南季风的作用下，表面洋流自西南流向东北。

### 5.5.2 热盐环流

海面受热或受冷引起海水温度的变化，大陆的径流、海冰的结冰与融化、海水的蒸发、降水等引起海水盐度的变化，从而使海水密度发生变化，密度不均产生的密度梯度力推动着海洋环流的运动，这就是热盐环流。

在大洋的中下层，风应力的作用已消失，海水温度、盐度的分布变化产生的密度梯度力即成为环流运动的主要驱动力，只是这种流动相对缓慢，一般小于 0.02～0.03m/s，最大不超过 0.1m/s，但造就了大洋中下层的温、盐分布特征及海洋的层化结构。

图 5.7 是一种描述大洋南北向热盐环流的近似模型，不同密度的表层海水沿等密度面下沉，直至达到平衡而停止下沉，组成从底层、深层到次表层的大洋海水。由此可知，赤道的温暖表层水下沉很浅，南北副热带海区的表层水下沉到次表层，北冰洋的格陵兰海、挪威海和南极大陆边缘的威德尔海等极地海域表层的低温高密水下沉形成大洋的深层和底层海水，这已从海水性质的溯源分析中得到证实。当然，实际的热盐环流比这种简单模型的描述复杂得多，这里不展示叙述。

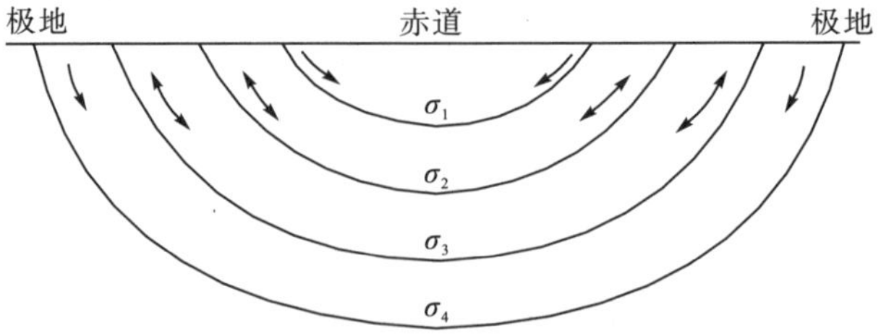


图 5.7 大洋南北向热盐环流的近似模型

# 5.6　海流载荷的计算

海流对海洋工程结构物的强度和稳定性都有较大影响。由于海流(近岸主要是风海流和潮流)的流速随时间的变化很缓慢，故在工程设计中常常将海流看作稳定的流动。因此，海流作用于结构物上的力主要考虑拖曳力(阻力)。

在介绍海流力之前，首先给出海流速度沿垂向的分布公式。挪威船级社(DNV)推荐的潮流和风海流的合成流速在垂向上的分布满足：

$$U_C = U_T + U_W = U_{T0}\left(\frac{z}{d}\right)^{1/7} + U_{W0}\frac{z}{d} \tag{5-21}$$

式中，$U_C$ 为海底以上高度为 $z$ 处的海流流速，m/s；$U_T$ 为潮流流速，m/s；$U_W$ 为风海流流速，m/s；$U_{T0}$ 为表面潮流流速，m/s；$U_{W0}$ 为表面风海流流速，m/s；$d$ 为水深，m。

中国船级社《海上移动平台入级与建造规范》(2023)建议的海流设计流速计算公式为

$$U_C = \begin{cases} U_T + U_S + U_W\left(\dfrac{D-z'}{D}\right), & z' \leqslant D \\ U_T + U_S, & z' > D \end{cases} \tag{5-22}$$

式中，$U_S$ 为风暴潮流速，m/s；$D$ 为风海流的影响深度，m；$z'$ 为静水面以下距离，m。

## 5.6.1　单一海流载荷

单位长度结构物上的海流力(拖曳力)(单位：N/m)为

$$f_D = \frac{1}{2}C_D \rho A U_{Cz}^2 \tag{5-23}$$

式中，$\rho$ 为海水的密度，kg/m$^3$；$C_D$ 为阻力系数，可根据实验测试确定，若缺乏实验数据，$Re<2\times10^5$ 时，圆柱体取 1.2，$Re>2\times10^5$ 时，光滑圆柱体取 0.65，粗糙圆柱体取 1.05；$A$ 为单位长度构件垂直于海流方向的投影面积，若为圆形截面构件，则等于其直径，m$^2$/m；$U_{Cz}$ 为海流速度，取对应深度实测流速，或根据上述设计公式计算(注意挪威船级社和中国船级社公式中的 $z$ 与 $z'$ 意义不同)，m/s。

若构件贯穿整个海水垂向深度，则整个构件上的海流力(拖曳力)(单位：N)为

$$F_D = \frac{1}{2}\int_0^d C_D \rho A U_{Cz}^2 \mathrm{d}z \tag{5-24}$$

式中，$d$ 为海水深度，m；$z$ 为自海底至所取微元 d$z$ 处的高度，m。

## 5.6.2　波流联合载荷

单位长度结构物上的浪、流联合作用力(单位：N/m)为

$$f_{\mathrm{DU}}=\frac{1}{2}\rho C_{\mathrm{D}}A(U_{\mathrm{Cz}}+U)^2 \tag{5-25}$$

式中，$U$ 为波浪水质点的水平速度，m/s；其他符号意义同前。

若构件贯穿整个海水垂向深度，则作用在整个构件上的浪、流联合作用力(单位：N)(图 5.8)为

$$F_{\mathrm{DU}}=\int_0^{d+\eta}\frac{1}{2}\rho C_{\mathrm{D}}A(U_{\mathrm{Cz}}+U)^2\mathrm{d}z \tag{5-26}$$

式中，$\eta$ 为波浪波面距静水面的高度，m；其他符号意义同前。

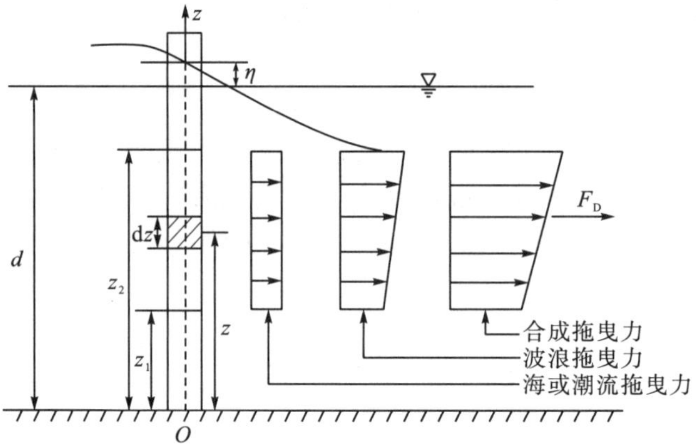


图 5.8 海流与波浪联合作用于构件上的力

## 思考题与习题

1.判断压强不等和密度不等造成的压强梯度流与密度梯度流的区别。

2.在北纬 30°大洋中(视作无限深)，由风速 20m/s 造成的表面海流流速、影响深度和垂向湍流黏性系数各为多少?单位宽度的风海流体积运输总量又是多少?

3.北纬 45°大洋中，等压面倾斜角为 10°，试求该处形成的地转流流速是多少。

4.解释赤道流、东西边界流的形成原因。绘制出大洋表层环流与大气环流的对应图片。

5.某海域水深 50m，表面潮流流速为 2.5m/s，表面风海流流速为 2m/s，表面波浪水质点的水平速度为 4m/s。平台上一直径为 0.508m 的圆柱立管垂直贯穿海水并连接水下井口，某一瞬时，波浪与立管相遇处的波面高度(相对静水面)为 0.5m，海水密度取 1025kg/m$^3$，运动黏度取 $1.062\times10^{-6}$m$^2$/s，试求作用在整个立管上的浪、流联合作用力。

# 第6章　涡激振动

涡激振动现象广泛存在于实际工程和生活中，如风吹过烟囱、桥梁拉索、高层建筑输电线，水绕过桥墩、平台、脐带缆、锚链、海洋立管等非流线型钝体时均不同程度地存在因绕流旋涡激发的结构振动响应。

## 6.1　涡激振动机理

涡激振动顾名思义是由旋涡激发的结构物振动，本节通过介绍旋涡如何产生以及其如何激发振动，来阐明涡激振动的形成机理。

### 6.1.1　绕流及边界层

#### 6.1.1.1　绕流

日常生活和实际工程中，绕流现象随处可见，如风吹过电线、绕过烟囱、越过山丘，飞机、汽车、火车前行时引起的空气相对流动，水流绕过桥墩、船舶、水下航行器，冷、热流体介质绕过换热管束，固体颗粒、液滴在空气中的沉降，飞行的羽毛球、乒乓球、足球，天空翱翔的老鹰，水中畅游的鱼类等。这些绕流大多属于高雷诺数流动，即雷诺数处于亚临界或超临界区域，雷诺数($Re$)定义为

$$Re = \frac{U_{\infty} l_{\mathrm{t}}}{\nu} \tag{6-1}$$

式中，$U_{\infty}$为外部绕流无穷远处的来流速度，又称自由来流速度；$l_{\mathrm{t}}$ 为绕流结构物的特征长度；$\nu$ 为流体的运动黏度。

常温常压下(101.325kPa，20℃)，空气的运动黏度为 $1.48\times10^{-5}\mathrm{m^2/s}$、水的运动黏度为 $1.01\times10^{-6}\mathrm{m^2/s}$，假设汽车以 60km/h 的速度行驶、特征长度为 1.5m，则相应的 $Re$ 为 $1.69\times10^{6}$；假设轮船以 10km/h 的速度前行、特征长度为 10m，则相应的 $Re$ 为 $2.75\times10^{7}$。

$Re$ 的物理意义是惯性力与黏性力之比，其中，惯性力可以表示为

$$F_{\mathrm{i}} = ma \propto \rho l^3 \frac{l}{t^2} \propto \rho l^2 u^2 \tag{6-2}$$

式中，$F_{\mathrm{i}}$ 为惯性力；$m$ 为流体质量；$a$ 为运动加速度；$\rho$ 为流体密度；$l$ 为长度；$t$ 为时间；$u$ 为流体速度。

根据牛顿切应力公式，黏性力可表示为

$$F_\tau = \mu A \frac{\mathrm{d}u}{\mathrm{d}y} \propto \rho \nu l^2 \frac{u}{l} = \rho \nu l u \tag{6-3}$$

式中，$F_\tau$为黏性力；$y$ 为坐标轴方向(通常指物面法向)；$\mathrm{d}u/\mathrm{d}y$ 为流体速度 $u$ 沿 $y$ 轴的梯度；$A$ 为黏性力的作用面积。

将式(6-2)除以式(6-3)，可得

$$\frac{F_\mathrm{i}}{F_\tau} = \frac{\rho l^2 u^2}{\rho \nu u l} = \frac{ul}{\nu} \tag{6-4}$$

可见，$Re$ 体现了惯性力与黏性力的关系，$Re$ 较大时，流体惯性力为主导作用力，黏性力相对较小。因此，达朗贝尔在 1752 年《试论流体阻力的新理论》一书中提出将高雷诺数流动的不可压缩流体简化为理想流体，即忽略流体的黏性，由此得到在高雷诺数流体中运动物体阻力为零的结论。该结论明显与实际不符，但他本人当时无法解释，因而被称为达朗贝尔佯谬。不考虑流体黏性的流动理论为势流理论，在 20 世纪前，人们主要运用势流理论解决流体的绕流问题。

直到 1904 年，路德维希·普朗特在德国举行的第三届国际数学家学会上，提出了边界层的概念。他认为即使在高雷诺数下，从整体而言流体黏性力很小，但在紧贴绕流物体表面的薄层中，黏性力依然为主导作用力，必须考虑黏性的作用；而在这一薄层外，黏性的影响迅速衰减，可以忽略不计，而这一需要考虑黏性的流体薄层即边界层。如图 6.1 所示，边界层内，流体沿绕流物体壁面法向的速度梯度较大，黏性力与惯性力处于相同量级，不可忽略，因此边界层内的流体必须用计入流体黏性的动量方程来求解；而边界层外流体速度变化很小，可以近似看成理想流体，适用于势流理论求解。普朗特的这一提法解释了绕流物体阻力的来源，也弥补了达朗贝尔佯谬的不足，在流体力学发展史上具有划时代的意义。

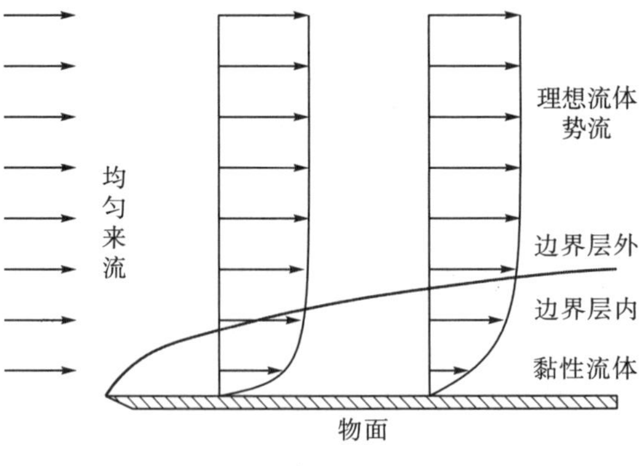


图 6.1　绕流流动分区

路德维希·普朗特(Ludwig Prandtl，1875.2.4～1953.8.15)是德国物理学家，近代力学奠基人之一。1901～1904 年先后任汉诺威大学和格丁根大学教授。1925 年开始担任马克斯·普朗克流体力学研究所所长。他初学机械工程，1899 年获弹性力学博士后去工厂工作。1900 年去高校任教时进行水槽实验，观察到边界层和它的分离现象，并求出边界层方程及其解。1904 年被聘去哥廷根大学建立应用力学系、创立空气动力实验所和流体力学研究所，自此从事空气动力学的研究和教学。他在边界层理论、风洞实验技术、机翼理论、紊流理论等方面都作出了重要的贡献，被称作空气动力学之父和现代流体力学之父。

绕流物体绝大多数为钝体，即非流线型结构，流体绕至钝体尾部时会形成尾涡，这与绕流物体表面边界层的发展密切相关。

#### 6.1.1.2　边界层的发展

流体刚接触物体表面时，仅有紧贴前缘的极薄层流体受到黏性的影响，流速迅速减小，且绝大多数情况下与固体表面接触的流体与固体之间无滑移，速度为零。随着流体继续向后运移，受黏性影响而减速的流体层逐渐增厚，而该流体层内存在明显的速度梯度，即为前文所述的边界层。普朗特将边界层定义为从物体表面速度为零处沿物体表面法向直至速度为 $u=0.99U_\infty$的存在速度梯度的流体薄层，可见边界层的厚度已经明确给出。因此，流体绕经物体表面必然经历边界层逐渐增厚的过程。

如图 6.2 所示，流体掠过无限长的平板时，受黏性影响的流体不断增多，边界层内的速度梯度逐渐减小，尤其是靠近边界层外缘的速度梯度减小得更为显著，边界层向外层拓展，不断增厚，这就是边界层的发展。对于平板绕流而言，其绕流雷诺数定义为

$$Re=\frac{U_\infty x}{\nu} \tag{6-5}$$

式中，$x$ 为流体掠过平板的长度，m。

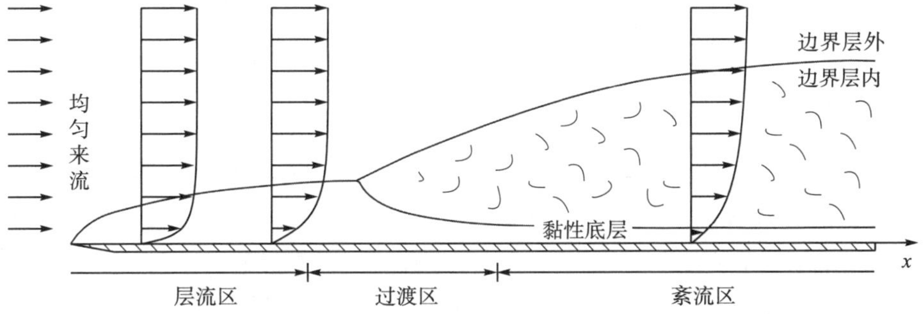


图 6.2　平板绕流边界层的发展

随着流体沿平板向后运移，其绕流 $Re$ 不断增加，当流体掠过平板一定长度后，其 $Re$ 达到临界值$(5\times10^5)$，边界层内会出现流态的转变，由层流边界层转变为紊流边界层，如图 6.2 所示。即使边界层内出现了紊流，紧贴固体表面的极薄层仍然只能做层流运动，称为黏性底层，或层流底层，这与管内流动湍流时的黏性底层相似。

对于无限长的平板而言，流动边界层逐渐增厚，边界层内出现了流态的转变。这是由于物体表面足够长，给边界层提供了足够长的发展机会。然而，实际工程和生活中的

绕流物体大多数为钝体，不可能提供无限长的发展空间。因此边界层发展到一定程度后必然会与物体表面分离。

### 6.1.2 边界层分离及旋涡脱落

对于实际工程和生活中的有限尺寸绕流物体而言，边界层与物体表面分离现象十分普遍。

#### 6.1.2.1 边界层分离的条件

边界层分离有两种可能，一种是由绕流物体形状决定的，当边界层发展到绕流物体的拐角处时被迫分离，如棱柱、方柱的绕流，见图 6.3；另一种是物体表面尚有可供边界层发展的空间，但是由于绕流剖面和流动参数的变化，壁面流体速度梯度出现为零的转折点，随后引起边界层的分离。下面就第二种边界层分离情况，以任意一曲面钝体为例进行分析。

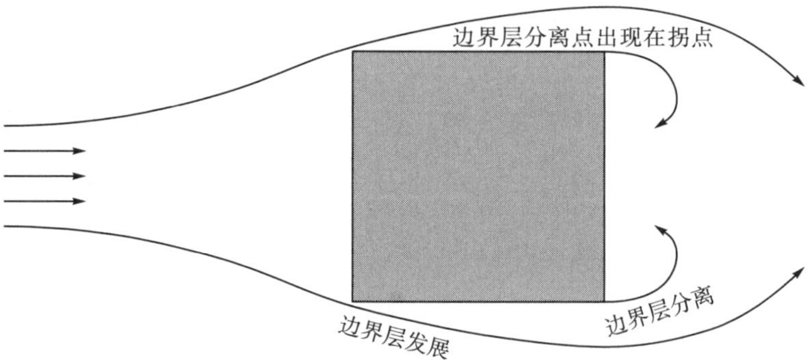


图 6.3　方柱绕流的边界层分离

如图 6.4 所示，来流以较高的雷诺数($10^2$ 量级及以上)经过一曲面钝体。由于曲面钝体占据了流体的部分过流空间，造成了流体经过曲面钝体时过流截面积发生变化，在曲面钝体迎流截面最宽处(即最高点 $M$ 处)，过流截面积降至最低。不可压缩流体在过流截面积减小时速度增大，而速度增大又会引起压强的减小。因此，在流动边界层自曲面钝体前缘发展到 $M$ 点的过程中，流体绕流的速度逐渐增加，而压强相应降低，在 $M$ 点出现最大流速和最小压强。由于这个过程中压强沿程下降，与常规流动的压强变化趋势一致，称为顺压梯度。而 $M$ 点之后，由于钝体自身曲面变化的原因，过流截面积开始增大，流速逐渐减小，部分动能转化为压能，使得压强沿程不减反增，称为逆压梯度。与此同时，由于流体黏性阻滞作用，流体动能逐渐减小直至消耗殆尽。图 6.4 所示的贴体坐标系(正交曲面坐标系)下曲面钝体绕流的边界层运动方程可以表示为

$$u\frac{\partial u}{\partial x}+v\frac{\partial u}{\partial y}=-\frac{1}{\rho}\frac{\mathrm{d}p}{\mathrm{d}x}+v\frac{\partial^2 u}{\partial y^2} \tag{6-6}$$

式中，$u$ 为沿曲面表面 $x$ 方向的流速；$v$ 为沿曲面表面法向($y$ 方向)的流速；$p$ 为流体压强；$\rho$ 为流体密度；$\nu$ 为流体的运动黏度。

等式右侧第一项$\left(-\dfrac{1}{\rho}\dfrac{\mathrm{d}p}{\mathrm{d}x}\right)$表示单位质量流体受到的压强梯度力，第二项$\left(\nu\dfrac{\partial^2 u}{\partial y^2}\right)$表示单位质量流体受到的黏性阻力。由于 $M$ 点之后压强逐渐升高，为逆压梯度，所以第一项压强梯度力为负值，而黏性阻力与速度方向相反，也为负值，在两者的共同作用下，流体速度不断减小。

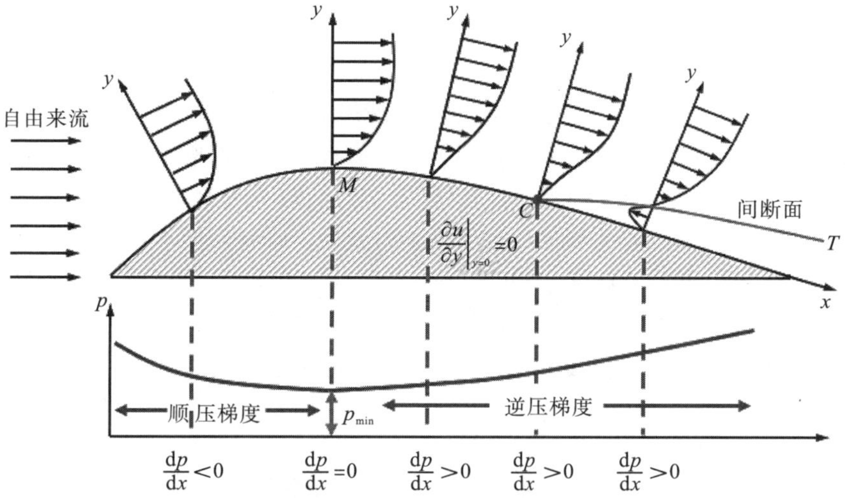


图 6.4　曲面钝体的边界层分离

由于越贴近壁面，流体的黏性阻力越大，所以在足够大的逆压梯度配合下，壁面上的某一位置流体动能会率先消耗殆尽，该处的法向速度梯度降为 0$[(\partial u/\partial y)|_{y=0}=0]$，如图 6.4 的 $C$ 点。此后，流速为零的点将逐渐向远离壁面的方向转移，将主流排挤得脱离了物体表面，因而产生了边界层的分离。而对于速度为零的边界以内的流体而言，在逆压梯度的作用下，流体从高压流向低压，从而出现了与主流流动方向相反的回流。速度为零的分界面刚好把主流和回流间隔开，因而称为间断面。由于边界层分离的起点是 $C$ 点，称为边界层分离点，间断面内、外流体流动方向相反，存在强烈的剪切作用，又称为剪切层。

所以，第二种边界层分离的条件是存在足够大的逆压梯度，边界层内的流体动能在绕流物体表面某处会减小为零。

### 6.1.2.2　旋涡泄放

海洋钻采管柱大多为圆柱体结构，而圆柱体属于典型的曲面钝体，前后表面对称。如图 6.5 所示，流体绕经圆柱体同样存在边界层分离现象。由于间断面承受着主流与回流之间的剪切作用，很不稳定，易破裂形成旋涡，形成后的旋涡在主流带动下向下游迁移和泄放。

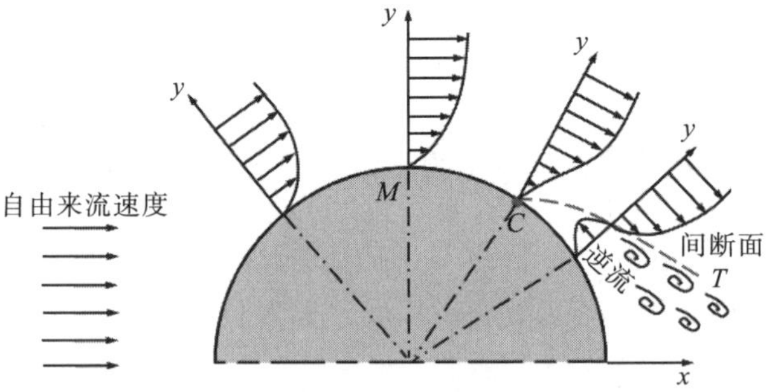


图 6.5　圆柱体表面的边界层分离

通常将绕流物体背流侧旋涡的产生、泄放和迁移的区域称为尾流区，即柱体两侧剪切层之间的区域。而旋涡脱落的形态主要与来流速度、流体黏度与绕流物体的特征尺度有关，而这三个物理参数组成的无量纲数即为 $Re$，因此 $Re$ 常被用于划分绕流旋涡的脱落模式。如表 6.1 所列，为前人通过大量实验研究总结归纳的不同 $Re$ 均匀来流绕固定光滑圆柱的尾流旋涡脱落形式。在 $Re<5$ 时，由于黏性力较大，圆柱后面不会出现边界层分离，但 $Re\geqslant5$ 时，即开始出现分离现象。边界层分离即伴随着旋涡的形成，只不过在 $Re<47$ 时，旋涡黏附在柱体尾部，未出现泄放，而在较宽的 $Re$ 区间($47\leqslant Re<3\times10^5$ 和 $Re\geqslant3.5\times10^6$)，柱体尾部旋涡会以一定的周期交替地脱落，表现出随时间的不稳定性和周期性变化。

**表 6.1　固定光滑圆柱绕流尾涡脱落形式**

| 雷诺数 | 旋涡脱落形式 | 说明 |
|---|---|---|
| $Re<5$ | 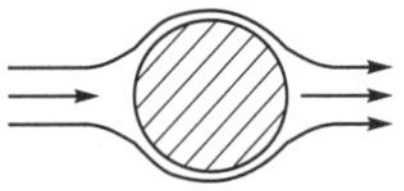 | 无边界层分离现象，不产生旋涡 |
| $5\leqslant Re<47$ | 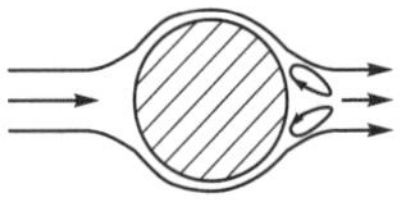 | 尾流中出现一对固定的对称旋涡 |
| $47\leqslant Re<150$ |  | 尾流中的旋涡呈现周期性交替脱落的形式，形成稳定的层流涡街 |
| $150\leqslant Re<3\times10^5$ |  | $150\leqslant Re<300$ 时，尾流向湍流过渡；$300\leqslant Re<3\times10^5$ 时，形成周期性交替脱落的湍流旋涡，称为亚临界阶段 |
| $3\times10^5\leqslant Re<3.5\times10^6$ | 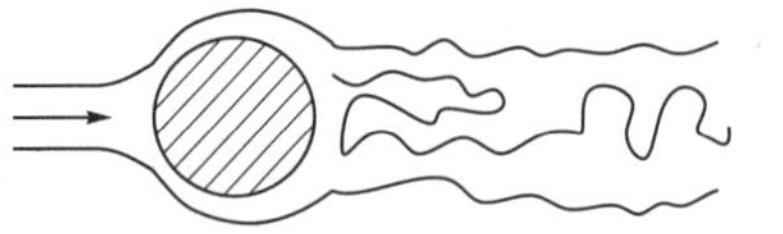 | 亚临界向超临界过渡，分离点后移，旋涡不再呈周期性，绕流阻力显著减小 |
| $3.5\times10^6\leqslant Re$ | 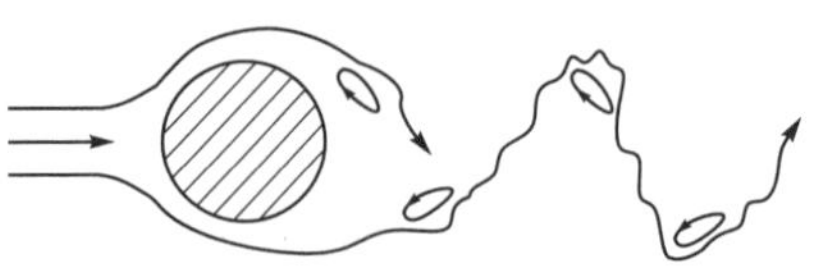 | 重新恢复周期性交替脱落的湍流旋涡，称为超临界阶段 |

美籍匈牙利力学家冯·卡门最早发现并提出了周期性交替脱落的绕流旋涡，后人为了纪念他的贡献，将尾流区内周期性旋涡的泄放称为卡门涡街，如图 6.6 所示。卡门涡街在实际生活中也常被人们发现，图 6.7 即为美国宇航局拍摄到的风绕过岛屿后的卡门涡街。

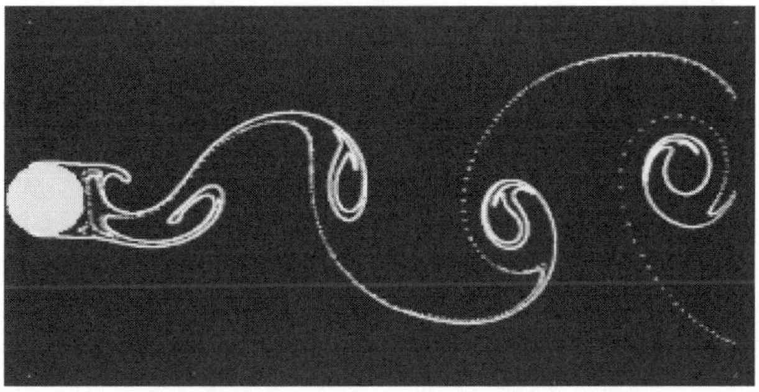

图 6.6　卡门涡街示意图

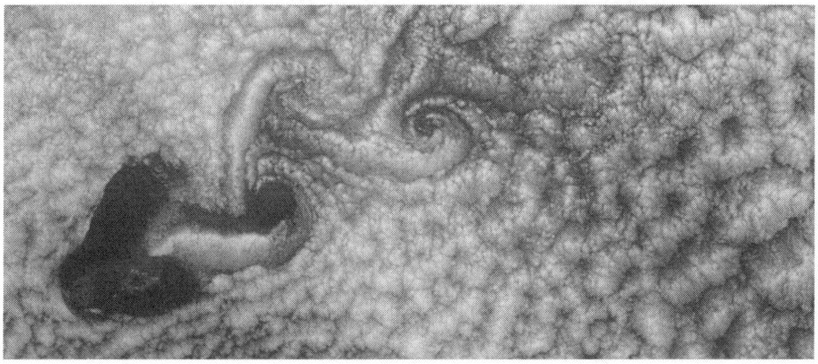

图 6.7　生活中的卡门涡街

旋涡的脱落形式与 $Re$ 有关，而交替脱落的旋涡呈现一定的周期性，与时间有关。因此旋涡的脱落频率与斯特劳哈尔数($Sr$)有关，表示为

$$f_s = Sr\frac{U_\infty}{D} \tag{6-7}$$

式中，$f_s$ 为旋涡脱落频率；$D$ 为圆柱直径；$Sr$ 为斯特劳哈尔数，在 $300 \leqslant Re < 3\times10^5$ 时，静止圆柱绕流的斯特劳哈尔数约为 0.2。

斯特劳哈尔数将边界层分离的微观随机特性和表观相对稳定的旋涡泄放有机地联系起来，反映了时变加速度引起的惯性力与迁移加速度引起的惯性力之比。Blevins(1990)通过实验检测发现，$Sr$ 还与 $Re$、结构表面粗糙度有关，其关系曲线如图 6.8 所示。圆柱绕流在亚临界区($300 \leqslant Re < 3\times10^5$)的 $Sr$ 相对稳定，约为 0.20，但在亚临界向超临界的过渡区域($3\times10^5 \leqslant Re < 3.5\times10^6$)，$Sr$ 的规律性减弱，呈现较宽的频带。实际海洋管柱通常处于亚临界区，少数可能达到过渡区。

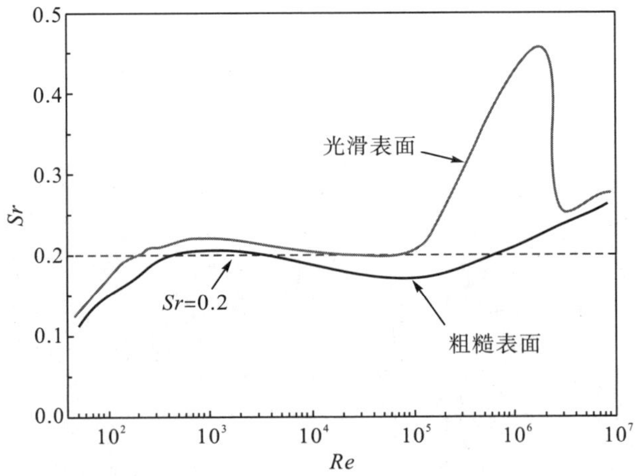


图 6.8 *Sr* 与 *Re* 的关系曲线

至此，我们可以解释为什么李白写下“抽刀断水水更流”的诗句了，“抽刀断水”形成了水流绕刀的绕流，在刀的背流侧形成了旋涡，看似更湍急。

## 6.1.3 绕流形成的流体作用力

交替脱落的旋涡在泄放的同时改变了绕流物体表面的压强分布，引起了流体作用力的周期性变化。

### 6.1.3.1 绕流升力

以圆柱绕流为例，当 $47 \leqslant Re < 3\times10^5$ 和 $Re \geqslant 3.5\times10^6$ 时，圆柱两侧的旋涡交替地脱落。如图 6.9 所示，当上侧旋涡脱落时，旋涡的旋转方向为顺时针，引起圆柱表面产生一个逆时针的环向流速 $u_1$(与旋涡的旋转方向相反)，此时圆柱上侧表面流体的速度变为 $u-u_1$，而圆柱下侧表面流体的速度变为 $u+u_1$。假设绕流流体为不可压缩流体(绝大多数情况下的绕流流体可以看成不可压缩流体)，速度的变化会引起压强的变化，速度较大的一侧压强相对较小，速度较小的一侧压强相对较大，因此在圆柱的横向(垂直于来流方向)形成了一个压差力，方向向下(高压指向低压)。从圆柱表面脱落的旋涡会被主流带往下游，在旋涡的迁移过程中，其对圆柱表面流体速度的影响越来越小，因而其引起的环向流速越来越小，压差力也逐渐减小直至为零。当旋涡从圆柱下侧脱落时，该旋涡的旋转方向与上侧脱落旋涡的旋转方向相反，因此在圆柱表面产生一个顺时针的环向流速，从而引起向上的压差力，当旋涡向下游迁移时，该压差力也逐渐减小直至为零。可见，从圆柱两侧交替脱落的一对旋涡会引起圆柱在横向出现周期性变化的压差力，这个压差力称为升力($F_L$)。一对旋涡的产生和泄放的周期对应了升力变化的周期，升力在变化过程中符合正弦或余弦函数的变化规律，其方向会发生变化，而时均值往往为零。

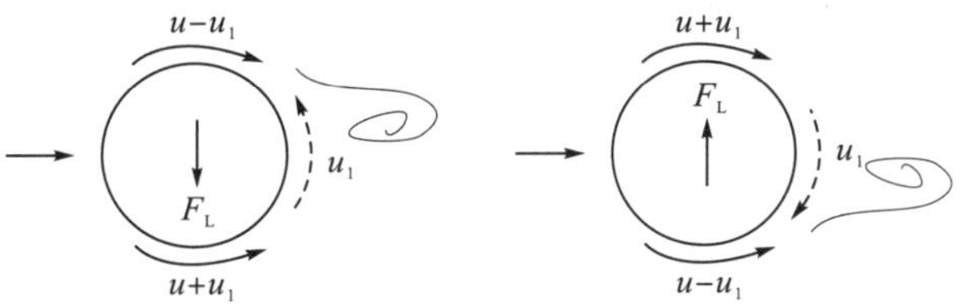


(a) 上侧旋涡脱落　(b) 下侧旋涡脱落

图 6.9　圆柱绕流升力的形成示意图

#### 6.1.3.2　绕流阻力

圆柱除在横向会受到一个正负交替变化的升力作用外，在流动方向(纵向)还受到一个阻力($F_D$)的作用。阻力包含两部分，一部分是圆柱前后的压差形成的压差阻力，另一部分是流体绕过圆柱表面形成的摩擦阻力。摩擦阻力与流体的黏性和速度分布有关，方向始终沿着流动方向。压差阻力是由圆柱迎流面和背流面的压强差引起的，圆柱迎流面压强较大，尤其是在圆柱的正前方存在驻点(流速为零)，压强达到最大，称为驻压；而圆柱背流侧的压强相对较小，且随着旋涡的生成和泄放发生周期性的波动。如图 6.10 所示，当圆柱一侧有旋涡脱落时，其背流侧的压强达到最小，此时圆柱前后的压差达到最大，压差阻力和总的流体阻力均达到最大值。当旋涡向下游迁移时，圆柱后部的压强逐渐升高和恢复，前后的压差逐渐减小，因而压差阻力和总的流体阻力也逐渐减小。当另一侧旋涡脱落时，压差阻力则重复着上述变化过程。因此，流动阻力的方向始终不变(沿着流体流动方向)，但其数值存在波动，随着旋涡的产生和迁移不断增加和减小。可见，一侧的旋涡产生和迁移即引起阻力发生一个周期的变化。

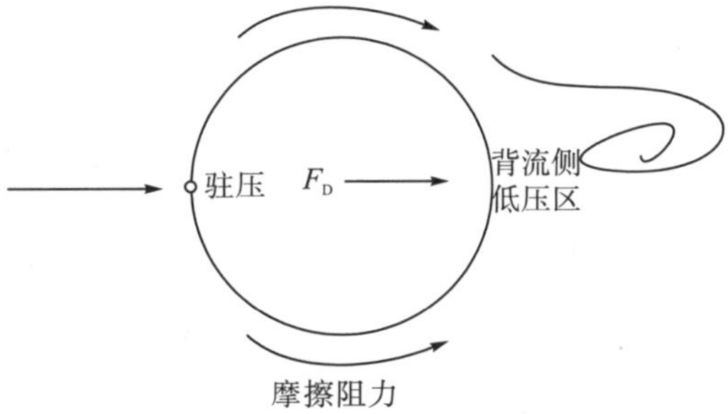


图 6.10　圆柱绕流阻力的形成示意图

因此，流动阻力可表示为

$$F_D = \bar{F}_D + F'_D \tag{6-8}$$

式中，$F_D$ 为结构承受的瞬时流动阻力；$\bar{F}_D$ 为一段时间结构承受的时均阻力；$F'_D$ 为结构受到的脉动阻力。

综上所述，静止圆柱绕流的升力变化周期约为阻力变化周期的两倍。为了对比不同形状、尺寸钝体在不同来流速度条件下的流体作用力，通常用无量纲的水动力系数[包括阻力系数($C_D$)和升力系数($C_L$)]表示为

$$C_{\mathrm{D}}=\frac{F_{\mathrm{D}}}{\frac{1}{2}\rho U_{\infty}^{2}A} \tag{6-9}$$

$$C_{\mathrm{L}}=\frac{F_{\mathrm{L}}}{\frac{1}{2}\rho U_{\infty}^{2}A} \tag{6-10}$$

式中，$A$ 为钝体的迎流投影面积(圆柱体的投影面积为直径与长度的乘积)。

同理，脉动阻力系数(无量纲)可以表示为

$$C_{\mathrm{D}}'=\frac{F_{\mathrm{D}}'}{\frac{1}{2}\rho U_{\infty}^{2}A} \tag{6-11}$$

### 6.1.4 涡激振动的产生

钝体尾部的卡门涡街引起了周期性变化的流体作用力，而该流体作用力施加在结构上，即引起了结构的位移、振动及变形响应。我们把交替脱落旋涡引起的结构振动响应称为涡激振动。对于与来流垂直放置的弹性支撑刚性柱体而言，可以将其视为弹簧-质量-阻尼系统，柱体的运动方程为

$$M\frac{\mathrm{d}^2x}{\mathrm{d}t^2}+C\frac{\mathrm{d}x}{\mathrm{d}t}+Kx=F_{\mathrm{D}}(t) \tag{6-12}$$

$$M\frac{\mathrm{d}^2y}{\mathrm{d}t^2}+C\frac{\mathrm{d}y}{\mathrm{d}t}+Ky=F_{\mathrm{L}}(t) \tag{6-13}$$

式中，$M$ 为柱体的质量；$C$ 为结构的阻尼；$K$ 为结构的刚度；$x$ 为流动方向柱体的位移；$y$ 为横向的柱体位移。

刚性柱体轴向不存在位移，因此其运动方程表示为双自由度的形式。从式(6-12)和式(6-13)可以看出，结构的振动响应满足牛顿第二定律，方程式左边的第一项$\left(M\frac{\mathrm{d}^2x}{\mathrm{d}t^2}\text{和}M\frac{\mathrm{d}^2y}{\mathrm{d}t^2}\right)$是 $Ma$($a$ 为结构运动加速度)，第二项$\left(C\frac{\mathrm{d}x}{\mathrm{d}t}\text{和}C\frac{\mathrm{d}y}{\mathrm{d}t}\right)$和第三项$(Kx\text{和}Ky)$分别是结构受到的阻尼力和弹性恢复力，由于这两个力与结构运动的方向相反，因而移到了等式的左边，等式的右边$\left[F_{\mathrm{D}}(t)\text{和}F_{\mathrm{L}}(t)\right]$为流体作用力，是绕流流体从外界施加的力，整个方程本质上是合外力等于 $Ma$ 的形式。

短直的圆柱体可以看成刚性柱体，但海洋钻采管柱长径比较长，且存在顶端张力，其运动位移可以近似用欧拉-伯努利张力梁模型来表示：

$$\frac{\partial^2}{\partial z^2}\left(EI\frac{\partial^2x}{\partial z^2}\right)-\frac{\partial}{\partial z}\left(T\frac{\partial x}{\partial z}\right)+C\frac{\partial x}{\partial t}+M\frac{\partial^2x}{\partial t^2}=F_{\mathrm{D}}(t) \tag{6-14}$$

$$\frac{\partial^2}{\partial z^2}\left(EI\frac{\partial^2y}{\partial z^2}\right)-\frac{\partial}{\partial z}\left(T\frac{\partial y}{\partial z}\right)+C\frac{\partial y}{\partial t}+M\frac{\partial^2y}{\partial t^2}=F_{\mathrm{L}}(t) \tag{6-15}$$

式中，$EI$ 为抗弯刚度，$E$ 为弹性模量，$I$ 为惯性矩；$T$ 为有效张力；$x$、$y$ 为管柱在流动方向和横向的位移；$z$ 为管柱的轴向。

上述表达式默认管柱垂直于来流放置，若倾斜于来流或者管柱呈曲线状布置(如悬链线形)，则需要将表达式进一步分解。

可见，只要结构受到流体作用力，即会发生相应的位移响应。在结构自身参数不变的前提下，位移响应主要与流体作用力有关。由于流体作用力本身是呈周期性波动的，因而结构的位移响应也存在周期性。

## 6.1.5　涡激振动的研究现状

### 6.1.5.1　刚性结构物

自然界中的钝体在常见流速条件下都不可避免地存在着涡激振动，只不过涡激振动的振幅有所区别。康奈尔大学的 Williamson 课题组(1997，2004，2008)在实验水槽中开展了大量的刚性圆柱体涡激振动实验，总结了柱体振幅随约化速度变化的三分支曲线，如图 6.11 所示，其中，约化速度定义为

$$U_{\mathrm{r}} = \frac{U}{f_{\mathrm{n}} D} \tag{6-16}$$

式中，$U_{\mathrm{r}}$为约化速度，又称折减速度；$U$为自由来流的流速；$f_{\mathrm{n}}$为圆柱体的固有频率；$D$为圆柱的直径。

约化速度是一个无量纲的参数，反映了圆柱以固有频率振动的一个周期内流体流过的路程与圆柱特征尺寸(直径)间的比值。从图 6.11 中可以看出，在约化速度较小时，圆柱的振幅相对较小；随着约化速度的增大，振幅迅速升高，并在 $U_{\mathrm{r}}$约等于 5 时振幅达到最大，此后振幅相对稳定；在约化速度增加到 7 时，振幅有一个明显的回落，此后在 $U_{\mathrm{r}}$为 7～9 时维持稳定；在约化速度大于 9 后，出现明显下降，直到 $U_{\mathrm{r}}$为 12；此后，振幅保持低值稳定。Williamson 课题组(1997，2004，2008)将振幅初始上升段及之前的区域称为初始分支，将振幅保持在高位稳定的区间称为上分支，将振幅出现明显回落以后的区域称为下分支。而在上分支，圆柱的振动频率与固有频率相当，出现了频率锁定现象，即在约化速度为 5 时振动频率接近固有频率，此后再增大约化速度，结构的振动频率不再变化，仍然保持在固有频率附近。这也进一步证实了涡激共振时振幅最大。

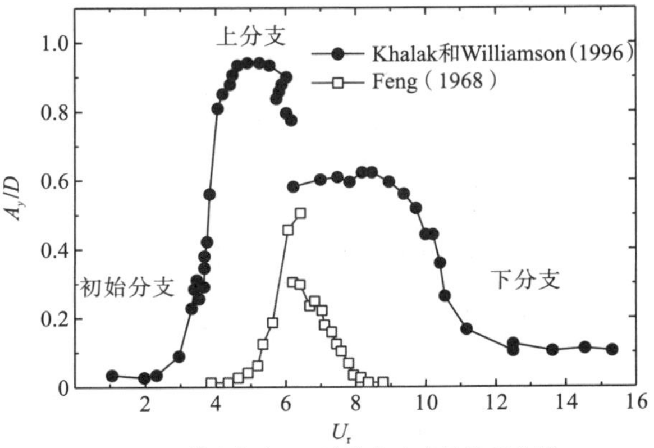

(a) 横向振幅($A_y$)随约化速度的关系曲线

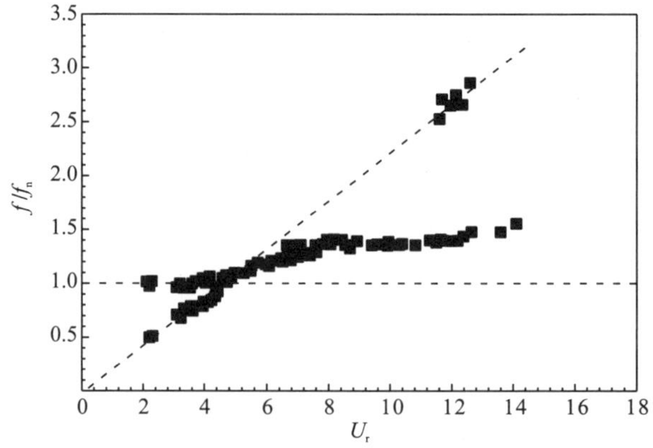


(b) 振动频率($f$)随约化速度的变化

图 6.11　Williamson 课题组(1997)实验得到的无量纲振幅与频率

图 6.11 中还给出了 Feng(1968)在风洞中的实验结果，由于空气的密度小，振动物体的质量比较小，所以未捕捉到上分支。其中，质量比定义为

$$m^* = \frac{m}{\rho \frac{\pi}{4} D^2} \tag{6-17}$$

式中，$m$ 为单位长度圆柱体的质量；$\rho$ 为流体的密度。

因此，空气中的结构质量比较大，而水中的质量比较小(往往低于 10)，高质量比和低质量比的结构振动存在明显的区别。

Williamson 课题组(1997，2004，2008)在强迫振动中发现了 2S、2P、P+S 等旋涡脱落模式，并将其命名，初始分支与 2S 相关，下端分支与 2P 有关，涡脱模式分区如图 6.12 所示。图 6.13 展示了 4 种不同的涡脱模式。

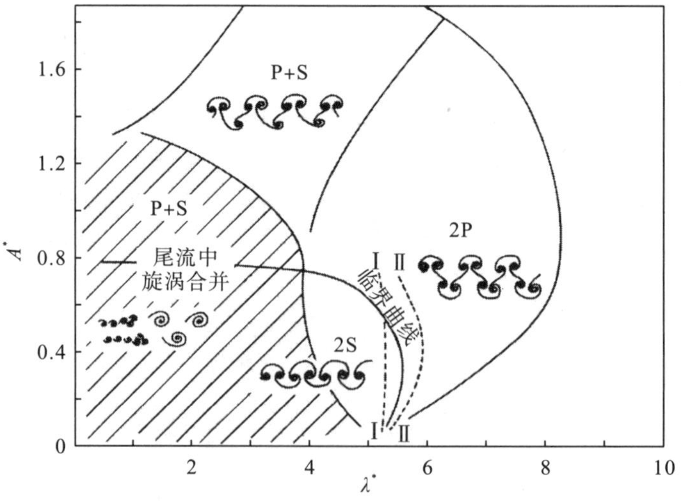


图 6.12　Williamson 课题组(1997，2004，2008)实验得到的涡流脱落模式分区

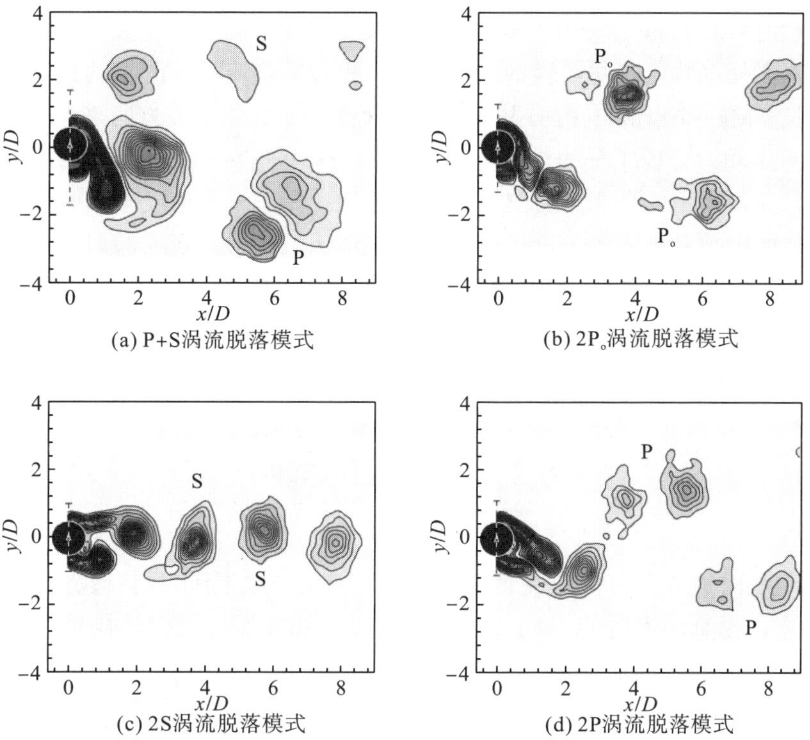


(a) P+S涡流脱落模式　(b) 2P。涡流脱落模式

(c) 2S涡流脱落模式　(d) 2P涡流脱落模式

图 6.13　Williamson 课题组(1997，2004，2008)实验观察的几种涡流脱落模式

### 6.1.5.2　柔性柱体

柔性柱体的涡激振动响应远比短直刚性圆柱复杂，其非线性振动特征更为突出，存在振幅的空间变化与多频/多模态共同参与的竞争现象。Vandiver(1983)最早利用拖船在人工运河中开展了均匀流作用下的直立柔性立管振动实验，Trim 等(2005)、唐国强等(2011)、徐万海等(2018)也在拖曳水槽中开展了类似的测试，均捕获到了柔性立管的高阶、多频振动特征。Seyed-Aghazadeh 等(2019)实验发现一端铰接、一端固定的柔性管道与两端均固定的管道相比，振动频率与瞬时振形存在明显差别。Fan 等(2019)对比分析了两端固定与两端铰接的长直柔性管道的涡激振动特性，指出管道轴向非对称的振幅分布与当地约化速度、旋涡结构、相位角及附加质量系数等密切相关。此外，Vandiver 等(2018)综合实验测试和数值模拟证实了流体阻尼对管道振动响应的影响，并由阻尼系数沿管轴的分布及能量传递方向剖析了振动的空间差异性。可见，即使在均匀流作用下，长直柔性立管也表现出空间非线性动力响应行为，而实际海流速度剖面并非完美的均匀流，柔性立管也往往呈悬链线形、S 形等曲线状布置，这些都无疑增强了振动响应的空间竞争。Tognarelli 等(2004)、任铁(2011)在实验水池中利用倾斜布置管道主动旋转形成的线性相对剪切流，开展了长直柔性立管的振动测试，发现振幅沿管轴自高流速区向低流速区呈行波状传递。Chen 等(2015)在风洞中测试了对数剪切流作用下柔性线缆的涡激振动响应，随着流速的增大，线缆的振动模态阶数逐渐升高，各阶锁定区的振幅明显大于模态过渡区的振幅。

Bourguet 等(2013)和 Gao 等(2019)通过数值模拟研究了长直立管在线性剪切流和指数剪切流作用下的涡激振动响应，与线性剪切流相比，指数剪切流激发的振动频带更宽、行波主导的跨长更长。Ma 和 Srinil(2023)基于非线性尾流振子预测了多方向来流作用的悬链线型柔性立管涡激振动，分析了平面内、平面外振幅与频率等的时空变化。Qu 等(2023)计算分析了非均匀流作用下的顶张力直立立管振动响应，指出来流速度较大时，流动方向的改变对立管振幅的影响并不明显。Zhu 等(2016、2019、2023)通过实验研究了悬链线型柔性立管在对数剪切流作用下的涡激振动响应，提出了多频共存振动时空演变的两个关键特征：①沿展向不同位置的主振频率不一致，体现了空间上的模态竞争；②同一部位的主振频率随时间发生间歇性跳跃，表现出时间上的模态切换。

## 6.2 涡激振动抑制

涡激振动是由边界层分离后交替脱落的旋涡激发的，因此调整边界层的分离点、改变流体作用力、控制尾流区旋涡的强度等都可以对涡激振动进行不同程度的控制。而涡激共振是由于结构的振动频率与其固有频率相近而引起的，调整结构的直径、形状，或者添加附属装置改变结构的固有频率，可以尽量避免涡激共振的发生。

### 6.2.1 调整自身结构参数

Williamson 课题组(1997，2004，2008)的实验结果常被视作低质量比弹性支撑刚性柱体的范例，其实验结果体现了一定约化速度范围内的涡激振动规律，也清晰阐明了共振时的特点。因此，通过调整结构自身的参数，可以改变固有频率以避免在一定来流速度条件下发生频率锁定。例如，弹性支撑的刚性圆柱，要避开锁定区的约化速度范围(如 Williamson 课题组实验的范围为 5～7)，根据式(6-16)可知，改变结构的尺寸($D$)或固有频率($f_n$)即可以实现。但首先要知道来流的流速范围，对于海洋管柱而言，即要统计海域的常年海洋波流速度，得到大概的区间；其次，通过式(6-16)进行计算，判别能否通过尺寸的改变和固有频率的调整来避免共振区的出现。尽管实际的海洋管柱尺寸往往受限于标准规范，但可以在管柱外添加保温层和附属层来实现迎流宽度的改变。此外，海洋管柱往往受到张紧力作用，直立管柱的固有频率可表示为

$$f_{\mathrm{n}}=\frac{n}{2l}\sqrt{\frac{T}{m}+\frac{n^2\pi^2}{l^2}\cdot\frac{EI}{m}} \tag{6-18}$$

式中，$n$ 为振动模态数；$l$ 为管柱的长度；$T$ 为管柱受到的轴向张力；$E$ 为管柱的弹性模量；$I$ 为管柱的截面惯性矩；$m$ 为单位长度管柱的质量。

因此，改变管柱的刚度、长度、质量或张紧力即可以调整其固有频率。若海洋管柱受到的张紧力较大，可以忽略其弯曲刚度，将其振动近似为张紧绳考虑，式(6-18)化简为

$$f_{\mathrm{n}}=\frac{n}{2l}\sqrt{\frac{T}{m}} \tag{6-19}$$

若管柱受到的张紧力较小，可以忽略张紧力，主要考虑其抗弯刚度，式(6-18)化简为

$$f_{\mathrm{n}}=\frac{n^2\pi}{2l^2}\sqrt{\frac{EI}{m}} \tag{6-20}$$

可见，增加海洋管柱的长度或质量会减小其固有频率，而增加管柱的张紧力或抗弯刚度可以增大其固有频率。

由于海洋环境对管柱布置及管柱材料强度的要求，通过直接改变管材属性有一定的安全风险。因而，人们更倾向于在管柱上添加附属装置，通过附属装置改变绕流的横截剖面，同时也一定程度地改变了结构的整体质量，进而改变系统的固有频率。对于对称结构，其流向和横向的固有频率相等，但若添加非对称的附属装置后，可能会引起两个方向固有频率出现差异，因此需要合理设计与核算。

## 6.2.2　改变边界层分离点

边界层的分离点与绕流结构物表面形状、粗糙度以及绕流雷诺数有关。对于有转角的钝体结构，边界层分离点一般锁定在转角处，若要改变其位置，则需要改变钝体的形状，通过平滑处理、尾部加装弧形结构等形式消除转角，如图 6.14 所示。

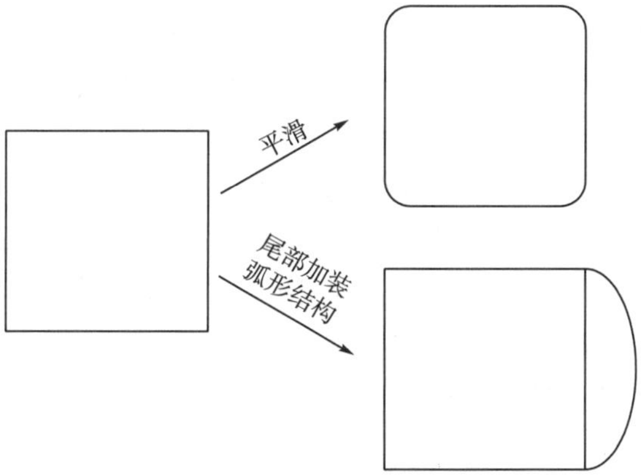


图 6.14　方柱的形状调整示意图

对于圆柱体而言，层流时的边界层分离点往往为 80°～90°，湍流时的边界层分离点在 120°附近，可以通过改变绕流剖面，较直接地转移边界层的分离点，如在圆柱尾部安装整流罩，如图 6.15 所示。这种边界层分离点转移的方法其实是将钝体改造成近似于流线体，除如图 6.15 所示的常规三角形整流罩外，近些年来人们提出了雨滴形、椭圆形、梭形等整流罩，都较好地将边界层分离点转移到了整流罩上。

另外，也可以给尾流注入动量，推迟边界层的分离点，如图 6.16 所示，在圆柱背流侧安装射流喷嘴，给尾流注入额外的流体，射流高速喷出，使两侧的剪切层向中间靠拢，从而使边界层向后转移。类似的边界层转移方法还有很多，此处不再详述，相关的方法将在 6.2.5 节进行归类阐述。

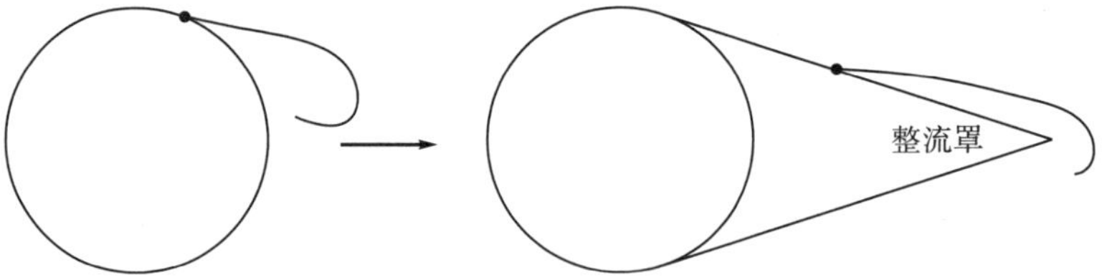


图 6.15　圆柱尾部添加整流罩示意图

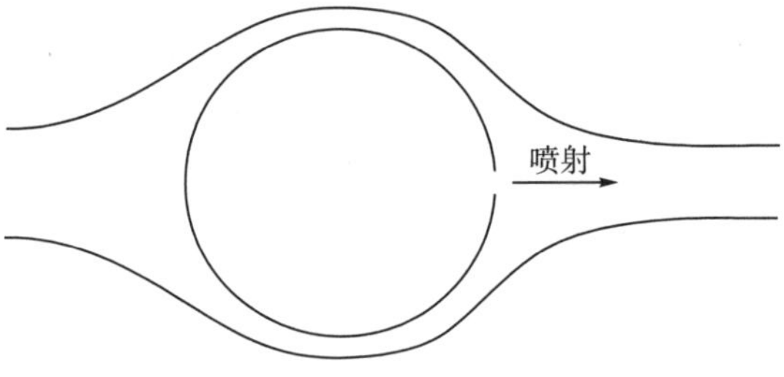


图 6.16　圆柱尾部添加射流示意图

### 6.2.3　抑制尾涡的发展

作用在结构上的流体作用力与旋涡的形成和迁移有关，旋涡形成时的流体作用力较大，旋涡向后迁移后，流体作用力逐渐减小。因此，破坏尾流旋涡的形成和发展是改变流体作用力的直接手段，亦可达到涡激振动抑制的效果。

如图 6.17 所示的分离盘，将尾流区分割成上、下两个部分，使得边界层分离后的剪切层没有足够的空间产生大的卷吸旋涡，因而被迫分散成小的旋涡或沿分离盘向下游转移，抑制了圆柱背流侧低压区的形成，从而减小作用在柱体上的流体作用力。

鉴于湍流来流的边界层分离点在圆柱的背流侧，于是有学者提出将柱体尾部改造成波状表面或添加粗糙凸起，如图 6.18 所示，这样起伏的表面会形成更多的小旋涡，从而干扰剪切层大旋涡的形成，在一定程度上抑制了尾流旋涡的发展。

有时附加装置可以同时实现边界层分离点的转移、尾流旋涡的干扰，甚至改变柱体系统的结构参数，因此，在实际工程运用时，需要根据实际海况(流速、流向等)选择合理的抑制方式，并对增设抑制装置的系统参数进行核算。

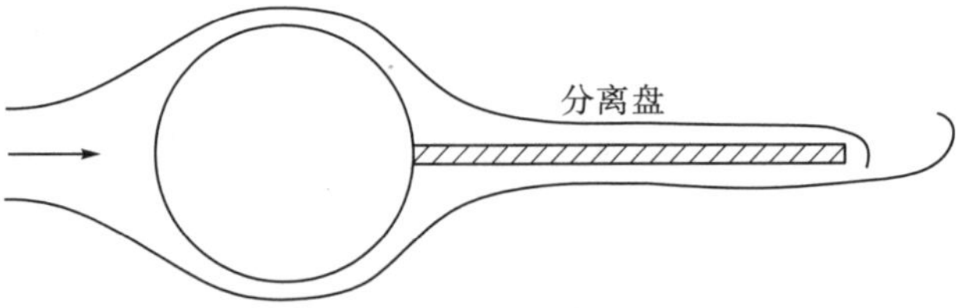


图 6.17　圆柱背流侧增设分离盘示意图

图 6.18　圆柱尾部改造成波状表面示意图

## 6.2.4　典型的涡激振动抑制装置

对于新建结构而言，可以在设计阶段预测其振动响应，对尺寸、材料进行针对性的调整。但对于已经投入使用的结构而言，添加附属装置来改变绕流剖面结构、推迟边界层分离点或破坏旋涡的形成与发展相对容易实现。常见的附属装置包括分离盘、整流罩、螺旋列板、附属控制杆等。

### 6.2.4.1　分离盘

分离盘结构相对简单，也是较早被人们提出并应用于涡激振动抑制的一种装置，其安装方便、成本较低(图 6.19)。直接套装于圆柱上的分离盘与圆柱之间没有相对运动，称为相对静止分离盘，其可以分割尾流区，使得上、下卷吸层隔离，在一定程度上抑制旋涡的形成和发展。

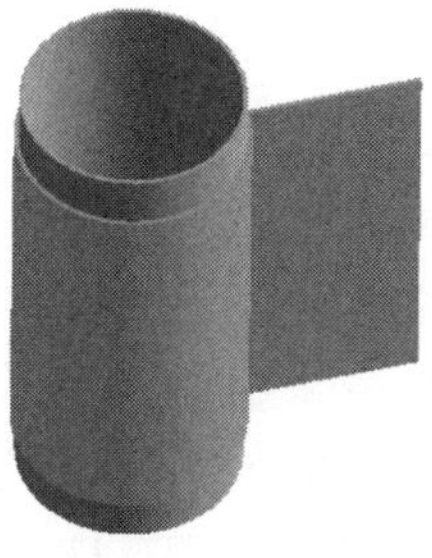

图 6.19　套装于柱体外部的分离盘

由于旋涡是交替脱落的，会对柱体产生波动的流体作用力。为了增强抑制效果，Shukla 等(2009)提出在分离盘与圆柱体之间增加铰链，使分离盘铰接于圆柱体的背流侧，在旋涡脱落时，分离盘会在一定角度范围内出现摆动响应，在圆柱尾部产生额外的脉动源，破坏了旋涡的迁移。他们提出的这种方式不仅不需要消耗外部能量，还进一步增强了分离盘的功效，受到了学术界的关注。Gu 等(2012)在风洞中测试了不同长度相对静止分离盘和摆动分离盘的抑制效果，其分离盘长度范围 $L$ 为$(0.5\sim6.0)D$。他们从柱体表面压强分布、升阻力和尾部旋涡脱落形式三个方面进行了评价，实验发现相对静止分离盘边界层分离点主要分布于柱体尾部两侧，与裸柱十分相似。而摆动分离盘的分离点前置，受到的流体作用力波动更为明显。较裸柱而言，摆动分离盘的平均阻力系数减少了 31%～91%，升力系数减少了 70.10%～91.38%；而相对静止分离盘的升力系数减少了 88.73%～96.39%。实验结果表明，Shukla 等(2009)提出的分离盘摆动增效并不具有普适性，即在某些工况下不如相对静止分离盘的抑制效果。

受到摆动分离盘的启发，Nayer 和 Breuer(2014)采用柔性分离盘替代刚性分离盘，在旋涡脱落时柔性分离盘被激发产生扭曲摆动，如图 6.20 所示。这样随流摆动的分离盘类似鱼身，可以较好地适应旋涡的脱落，产生随动响应。

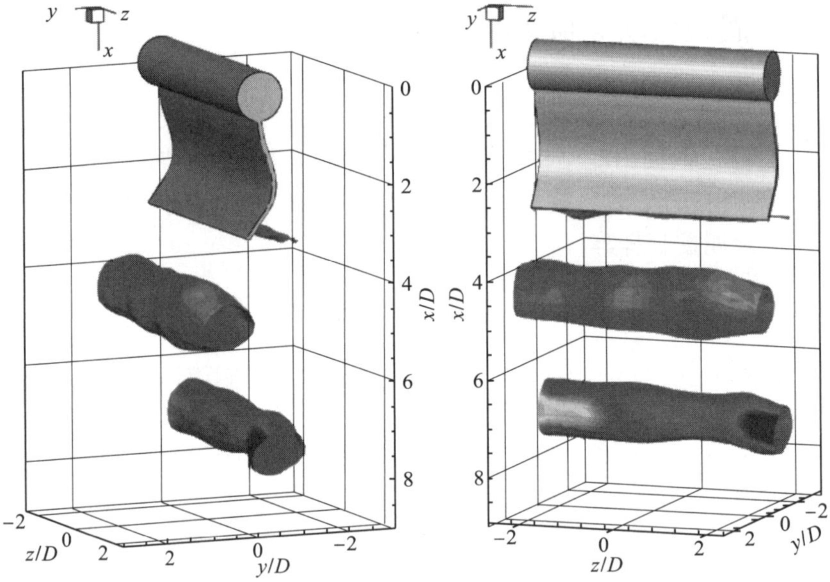


图 6.20 柔性分离盘后的旋涡

Assi 等(2010)认为单个分离盘效果不够，提出了在柱体尾部两侧布置两个平行分离盘，研究对比了单个分离盘和平行双分离盘的抑制效果，发现双分离盘的平均阻力系数减少 33%，较单分离盘好，证实了他们的设想。他们还发现单分离盘虽然对尾流也有一定抑制效果，但在锁定区后一直保持较高的振幅，未见明显回落，即涡激振动的下分支不明显，极有可能提前引发驰振。Yu 等(2015)对安装平行分离盘的圆柱振动响应进行了数值模拟研究。但与相对静止分离盘不同的是，他们引入了固定的摩擦系数使分离盘在一定的摩阻条件下可以绕柱体转动，这种转动方式与加装铰链摆动的分离盘亦不同。他们的研究表明，$Re$=100 时，横向振幅减少 50%～75%，但升力系数略有上升；$Re$=500 时，横向振幅减少 44%～80%，升力系数有明显减小。Huera-Huarte(2014)对装有不同覆盖率分离盘的立管进行了实验研究，其立管长 900mm，直径 $D$ 为 14mm，长径比为 64.3，安装的分离盘宽 140mm、长 28mm。实验发现，装有分离盘的立管尾部旋涡被较好地抑制：当分离盘覆盖率为 45%时，振幅减少了 85%～90%，阻力系数亦减少逾 50%；当覆盖率为 30%时，振幅仍减少了 72%～81%。因此，没有必要用分离盘将海洋管柱全覆盖，采用一定的间隔布置，既可以节约安装成本和材料投入，又可以达到较好的抑制效果。

#### 6.2.4.2　整流罩

尽管分离盘可以一定程度地分割尾流区，影响旋涡的迁移，但并不能直接改变边界层的分离点。随着人们对分离盘研究的深入，一种类似分离盘可以对尾流进行分割但又使绕流剖面趋于流线型的结构被提出，这就是整流罩，如图 6.21 所示。

图 6.21　整流罩

Khorasanchi 和 Huang(2014)对套装三角形整流罩的圆柱振动响应进行了研究，由于增设了整流罩，系统的质量中心会向圆柱的轴心偏移，因此振动抑制的稳定性会受到影响，故指出在设计整流罩时，应尽量使系统的质量中心趋近于柱体轴心，另外，也可以通过增大结构的阻尼来保证振动抑制的稳定性，将三角整流罩尾部变成圆形，可以使质量中心偏移较小。于是 Wang 等(2015)提出了一种水滴状的整流罩，并对套装该种整流罩的圆柱尾流进行了数值模拟，结果发现，阻力系数较裸柱减少了 10%～31%，升力系数减小了 30%～99%，当尾部夹角为 30°～45°时，抑制效果达到最佳，阻力系数减小了 26%～31%，升力系数减小了 98%～99%，且尾部夹角为 30°～40°时，尾流旋涡较稳定。

为了对比分离盘和整流罩的抑制效果，Assi 等(2010)分析了分离盘、可旋转分离盘和带短尾分离盘的整流罩三种结构的涡激振动抑制效果，其中，分离盘的长度 $L/D$ 为 0.5 和 1.0，整流罩长度为 $L/D$=0.5，短尾分离盘长度为 $L/D$=0.2。实验结果表明，静止分离盘增强了结构的振动，增幅约为 20%，即在它们特定的工况下安装静止分离盘会起反作用。但静止的短尾整流罩使原本共振区振幅减小了 5%～10%，表现出一定的抑制效果。可旋转分离盘和可旋转短尾整流罩均表现出了较好的抑制效果，振幅减小高达 80%～90%。他们的研究进一步表明，不管是静止的分离盘、整流罩，还是旋转的分离盘、整流罩，在某些来流条件下可能会出现反作用，因此对于实际流动方向和流速不断变化的海洋环境，安装此类增大弦长的抑制装置需要特别小心。

#### 6.2.4.3　螺旋列板

由于分离盘和整流罩增加了绕流结构的弦长，且两者对方向都较敏感，只有当分离盘和整流罩在柱体尾部时才有较好的抑制效果。但海洋中的波流方向瞬息万变，因而两者在海洋领域的应用存在明显局限。

为了能够适应方向不断变化的海洋波流，人们开始设计缠绕式的振动抑制装置。如图 6.22 所示的螺旋列板环绕柱体螺旋上升，不管来流来自哪个方向，绕流的剖面形状都是相同的，克服了对方向敏感的局限。此外，一定高度的螺旋列板可以对来流起到引导作用，使不同深度的来流发生垂直空间的调动，进一步破坏平面绕流旋涡的形成。

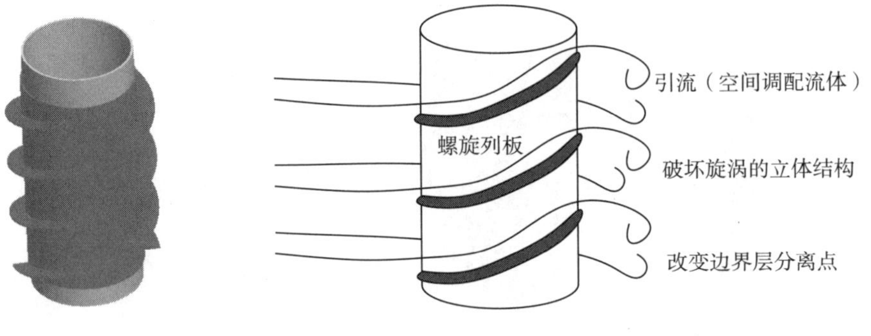


图 6.22　螺旋列板

Zhou 等(2011)在风洞中开展了安装螺旋列板圆柱的振动实验，在四个不同 *Re*(10240、20430、30610 和 40800)条件下都未出现共振现象，振幅减小高达 98%，安装螺旋列板后柱体的尾流旋涡很快得到消散，表现出各向同性。Quen 等(2014)将 *Re* 范围拓宽到了 $0.14\times10^4$～$1.38\times10^4$，在这个范围内对四种不同尺寸的螺旋列板进行了实验对比，发现长度为 10*D* 的螺旋列板抑制效果最佳，振幅减小达 72%。Korkischko 和 Meneghini(2010)对比了长径比为 24.7 的圆柱安装螺旋列板前后的振动响应，实验发现，随着螺旋列板长度的增加，振幅分别减小了 25%、27%和 50%；当列板高度从 0.1*D* 增加到 0.2*D* 时，圆柱几乎不振动；而列板高度继续增加到 0.25*D* 时，振动抑制效果逐渐消失，说明螺旋列板轴向长度和列板高度都会对抑制效果产生影响。Trim 等(2005)测试了不同高度和覆盖率的螺旋列板对细长柔性管振动的影响，他们的实验管道长为 38m，采用的列板覆盖率为 41%～91%。结果表明，均匀流中安装螺旋列板的管道振幅减小了约 75%，尽管高螺旋列板会减小管道的振动频率，但高覆盖率并不能达到最佳的振动抑制效果。

由于海床的影响和海水表层波浪的作用，实际海洋中的海流速度大多数情况下是非均匀流，因此学者们也开展了非均匀流条件下的螺旋列板抑制效果评价。Gao 等(2015)通过实验测试发现，均匀流作用下的圆柱振幅略小于线性剪切流作用下的振幅；在螺旋列板长度为 5.0*D* 时，均匀流作用下的圆柱振动模态最大降低了二阶，线性剪切流条件下的柱体振动模态最大降低了四阶，但螺旋列板长度和高度只有在一定尺寸区间内才可以实现柱体振动的抑制。Baarholm 等(2005)也利用经验模型对均匀流和剪切流条件下的螺旋列板抑制效果进行了计算分析，发现螺旋列板对柱体原先在共振区的抑制较明显，但螺旋列板的存在会一定程度地增大绕流阻力，在某些流速下还会激发出更高阶的振动。除常见的矩形长条形螺旋列板外，Sui 等(2016)还尝试了截面形状为“D”形和“口”形的螺旋列板抑制效果实验，结果表明，“D”形截面的螺旋列板抑制效果较“口”形截面好，但“D”形截面的螺旋列板也引起了更多的频率参与振动。因此，螺旋列板并不总是起到抑制振动的效果，列板的尺寸、截面形状和来流雷诺数都决定了其抑制效果。“深海一号”大气田的钢悬链线型立管覆盖有螺旋列板以降低涡激振动可能引起的疲劳损伤，螺旋列板的覆盖率达 75%。

#### 6.2.4.4　附属控制杆

分离盘、整流罩和螺旋列板均要附着安装在圆柱的表面，直接改变了圆柱表面形状，完全取代或部分取代圆柱与流体接触。为了不改变圆柱的外部形状和系统的整体结构属性，有学者提出在圆柱周围增设不接触的附属装置，最典型的就是附属控制杆，如图 6.23 所示。海洋管柱在实际运营时，周围也常常伴随着一些附属的管缆，用于注剂、注水、伴热、通信等。将这些管缆合理布置在海洋隔水管或立管周围，既保证了原有的内流流动需要，又可以起到一定程度的外流涡激振动抑制功能。

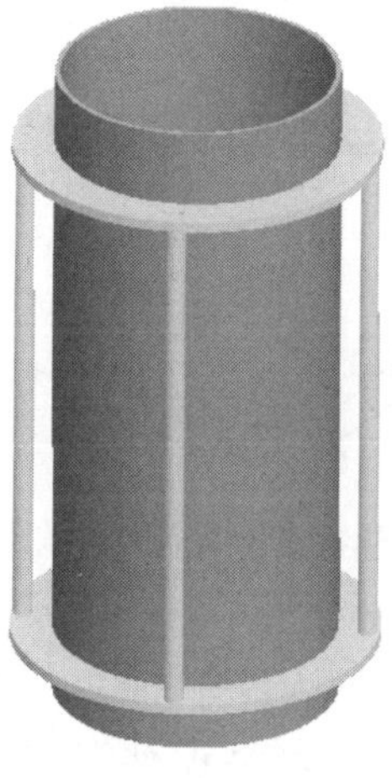

图 6.23　圆柱周围设置的附属控制杆

Wu 等(2012)对柔性立管周围布置四根控制杆的振动抑制效果进行了实验测试，其实验立管长径比为 1750，控制杆与柔性立管之间的间距比为 0.187、0.375 和 0.562，控制杆在轴向的覆盖率为 20%～100%。实验发现，控制杆可以起到一定程度的抑制作用，且横向的振动抑制效果更显著，间距比为 0.187 的全覆盖控制杆抑制效果达到了 73%，但间距比为 0.562 时的振幅反而增加了；柔性立管的振幅随着覆盖率的增加而减小，80%覆盖率和全覆盖抑制效果基本相同。通过综合对比后，他们给出最优的控制杆间距比为 0.375、覆盖率为 60%。Zang 和 Gao(2014)研究了单个控制杆对近底床管道涡激振动的影响，结果表明，由于底床的影响，管道与海床间距越小，管道振幅越小，但振动频率越大；海床间隙比为 0.25 时，控制杆固定在 90°时的抑制效果最好，但控制杆的存在会引起平均升力系数的升高。Zhu 和 Yao(2015)分析了 *Re* 为 1160～6390 的控制杆对圆柱振动的抑制效果，评价了控制杆个数、直径比、间距比及来流速度对抑制效果的影响，发现 9 根均匀分布的控制杆在直径比为 0.15 和间距比为 0.6 时可以起到最佳的抑制作用。

上述的分离盘、整流罩、螺旋列板和附属控制杆属于典型的涡激振动抑制装置，是人们研究较多的几种结构，其中螺旋列板在实际工程中有一些运用，其余的装置应用还较少。根本原因在于，这些装置均需要被动地安装在海洋管柱上，可以适应一定条件下的振动抑制，不能随着海洋工况发生自适应调整，因而存在增强振动的风险。

### 6.2.5 抑制装置的分类

现有的抑制装置可根据 6.2.4 节内容分类，如整流罩、螺旋列板、喷射、抽吸(图 6.24)、固定附属控制杆、旋转控制杆等对边界层分离点产生了影响，归为改变边界层分离点的抑制装置；分离盘、背侧波状表面、整流罩、固定附属控制杆、螺旋列板等对尾流旋涡的发展产生了影响，可看作旋涡抑制控制装置。可见，有些装置可以同时改变边界层分离点和破坏尾流旋涡的发展。

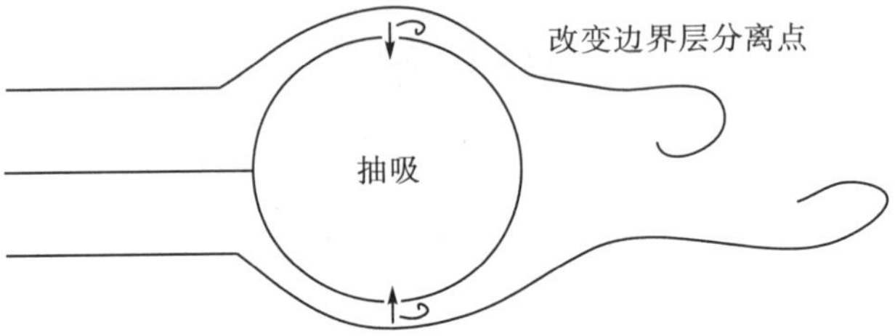


图 6.24 在圆柱表面设抽吸装置改变边界层分离点

Choi 等(2008)根据抑制装置是否需要外部提供能量，将涡激振动抑制装置分为主动控制和被动控制两大类。主动控制需要消耗外部能量来达到抑制效果，如抽吸、喷射、旋转控制杆等，其中抽吸和喷射需要泵来完成，旋转控制杆需要电机带动，故都需要消耗外部电能。被动控制不需要消耗外部能量，如 6.2.4 节所述的分离盘、整流罩、螺旋列板、附属控制杆等。引入主动控制方法的原因，一方面是它们确实可以起到振动抑制的效果，如抽吸和喷射可以改变边界层分离点、旋转控制杆可以向边界层中注入动量从而推迟边界层分离，另一方面是将控制权始终掌握在手里，即抽吸和喷射的流量、旋转控制杆的转速可以人为控制，这样就变被动为主动，可以视具体的海洋环境进行调整。而为了监测海洋实时环境，就需要安装提供反馈信息的传感器，因而主动控制又可细分为主动开环控制和主动闭环控制。主动闭环控制就是安装有监测传感器的控制方式，由传感器返回实时信号，根据信号决定下一步主动调整参数的大小，这样就可以及时地调整装置的状态，保证持续的抑制效果，也克服了被动控制装置只能在一定的工况条件下起作用的局限。然而，主动闭环控制需要安装多个部件，包括能量供给装置和通信电缆等，在实际工程运用中无疑增加了安装难度和运营成本，推广使用还存在一定的困难。

由于主动控制装置需要消耗额外的能量，为了达到主动控制装置的抑制效果又不额外增加能量消耗的负担，朱红钧等(2013，2016)设计了一些抑制装置(图 6.25～

图 6.30)。严格意义上讲，这些装置属于被动控制范畴，但实现了主动控制的功能，所以将其定义为主被动结合的综合抑制装置。

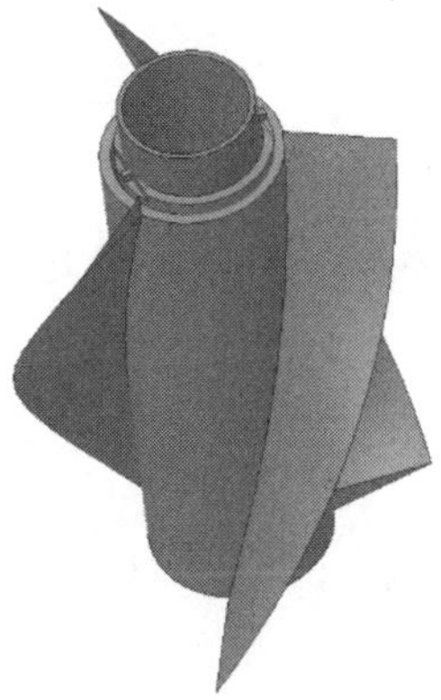

图 6.25　可旋转的螺旋板振动抑制装置

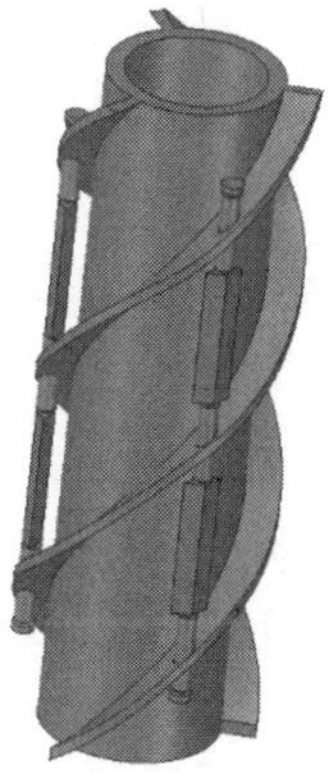

图 6.26　螺旋列板间安有可旋叶片的振动抑制装置

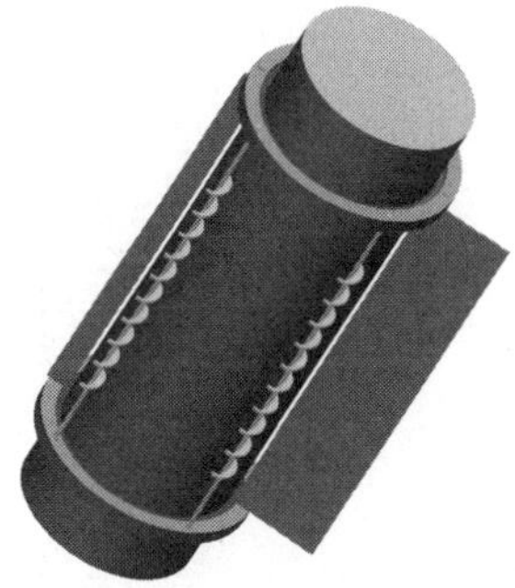

图 6.27　分隔板与螺旋肋条控制杆组合式涡激振动抑制装置

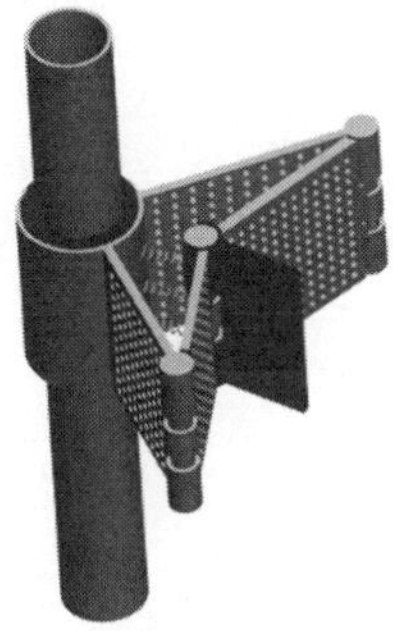

图 6.28　分隔板与孔板组合式涡激振动抑制装置

图 6.29　可旋尾板与叶轮组合式涡激振动抑制装置

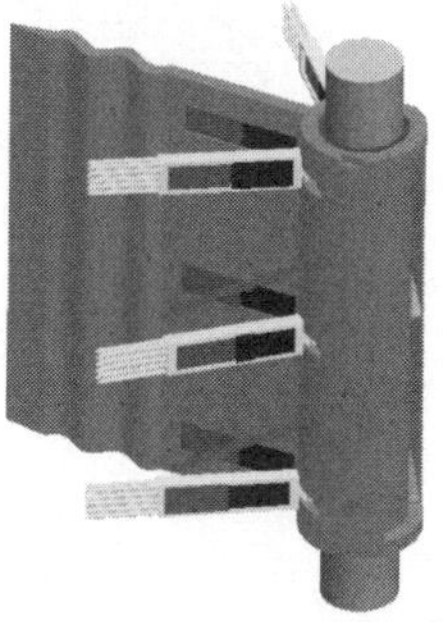

图 6.30　波浪板与磁力摆动臂组合式旋摆涡激振动抑制装置

## 思考题与习题

1.什么是边界层?边界层分离的条件是什么?

2.涡激振动属于流致振动的一种，那么还有哪些情况属于流致振动？请举例。

3.多个柱体布置在一起时(如海洋多根立管集束布置)，对各个柱体的涡激振动是否会产生影响?如有，会产生什么样的影响?

4.调研现有的尾流振子模型，对比描述利用尾流振子模型开展管道涡激振动响应预测的计算方法。

5.设计一种新型涡激振动抑制装置，画图并描述抑制原理。

6.设计一个圆柱体涡激振动实验，描述所需要的实验装置、测试仪器、结果的分析对象等，绘图说明。

# 第 7 章　海冰与冰载荷

海冰是海水因温度降至冰点以下而发生相变凝结并悬浮于海面上的固体，主要发生在中、高纬度地区的海洋区域，如图 7.1 所示。漂浮于海面上的海冰严重威胁着海洋工程结构物的服役安全，在以往设计和建造海洋工程结构物时，由于对海冰作用力估计不足而致使结构物被毁坏的实例颇多，如阿拉斯加库克湾的两座海上钻井平台就是因为在设计建造时未考虑到冬季海冰的作用而于 1964 年冬被摧毁的。

图 7.1　海冰俯视图

每年冬季，在北方冷空气的影响下，我国渤海和黄海北部均会出现不同程度的冰情，冰情严重时，就会形成海冰灾害。例如，1969 年 2～3 月，我国整个渤海地区，除海峡附近外，几乎全被海冰覆盖，港口被封冻，航道被阻塞，海上航船被挤毁，海上石油钻井平台也被挤压倾覆，海上活动基本停止，如图 7.2 所示。因此，海冰对海洋工程结构物的作用力是高纬度海洋区域海洋工程结构物设计需要重点控制的载荷，对海冰物理力学性能的研究是海冰载荷研究的热点之一。

图 7.2　渤海湾的严重冰灾(摄于秦皇岛海岸)

# 7.1 海冰的形成、分类及其特性

## 7.1.1 海冰的形成

海冰的形成除了受热力因素(温度)的影响，还一定程度地受到洋流、波浪、风暴和潮汐等动力因素的影响。这些因素一方面增强了海水的混合作用，另一方面也使冰晶难以形成。因此，在热力因素、海洋区域的地理位置和海洋动力环境因素的综合作用下，海冰的形成过程十分复杂。

总的来说，海冰的形成需要具备以下三个必要条件：

(1) 气温比水温低，水中的热量大量散失。

(2) 相对于水开始结冰时的温度(冰点)，已有少量的过冷却现象。

(3) 水中有悬浮微粒、雪花等杂质凝结核。

可见，海水结冰的首要条件是低气温。当含有凝结核的海水温度降低至冰点，而海水周围的气温仍低于海水温度时，海水热量散失，温度将继续降低，从而结冰。海冰的内部结构是一个个由氢离子和氧离子组成的六边形冰晶的排列，海水结冰就是离析盐分、纯水结成冰晶的过程。这个过程往往比较快，所以有些没有及时排除的盐分和气体被残留在冰晶的间隙之中，分别形成了“盐水泡”和“气泡”。因此，海冰是固、液、气三相并存的混合物。海冰的形态在海冰形成的整个过程中不断变化：海冰初始形成时，呈针状或薄片状冰晶；继而形成糊状或海绵状；进一步冻结后，成为漂浮于海面的冰皮或冰饼，也叫莲叶冰；海面布满冰皮后，便向厚度方向延伸，形成覆盖海面的灰冰和白冰。

海水结冰时的盐分离析需要消耗额外的热量，这一点正好解释了海水比纯水冰点低的原因。因此海水的结冰温度与海水的含盐度有关，海水盐度越高，海水的结冰温度越低，即两者成反比。同时，“盐水泡”在冰晶中缓慢移动，因为“盐水泡”比周围的冰晶浓度高且密度大，所以在其自身重力的作用下，“盐水泡”会沿冰晶之间的间隙向下移动。因此，随着海冰冰龄的增长，海冰中“盐水泡”排泄时间越长，从海冰中渗出的越多，海冰顶部的盐度越来越低，从而造成海冰厚度越大，盐度越低，密度越小。根据长期的辽东湾破冰船冰情调查结果和沿岸平整固定冰分层盐度的测试分析，该海域海冰平均盐度 $S$ 与海冰厚度 $H$ 满足经验公式：

$$S = \frac{19.077}{H^{0.387}} \tag{7-1}$$

因此，如图 7.3 所示，海冰形成的时间越久，海冰冰层的厚度越大，盐度越小。

如上所述，海冰的密度与海冰的盐度以及气泡的含量有关，如果海冰的含盐量越小或气泡的含量越大，那么海冰的密度就越小，反之则密度越大。海冰最大密度对应的温度与其含盐量存在函数关系，如图 7.4 所示，海冰最大密度对应的温度随海水盐度的增大而减小，且其下降速度比冰点随盐度增大而下降的速度还要快。两者交点的盐度为 24.695‰。当海水的盐度小于 24.695‰时，海水的结冰过程与淡水的结冰过程相同，即温度一旦降至冰点，海水就会结冰；而当盐度大于此盐度值时，两者的结冰过程便不再一样，这时海水冰点高于最大密度温度值，故在温度降至冰点的过程中海水的密度反而增大，致使海水发生垂向对流混合，妨碍海冰的形成，直至整个对流混合层的温度降至冰点后才可能开始结冰，最终形成自表层到对流混合层可达深度的冰层。

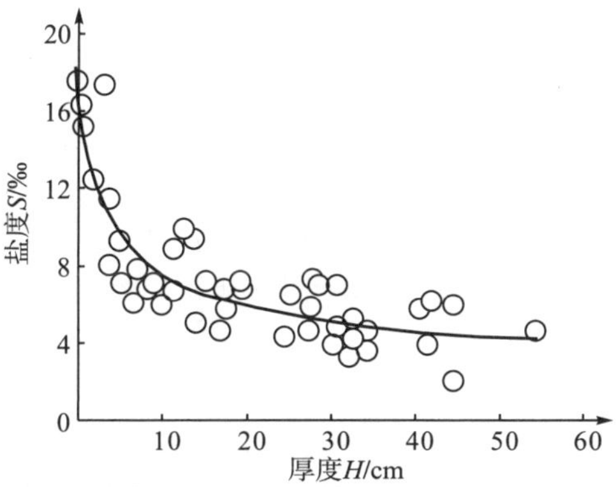


图 7.3　海冰盐度随厚度的变化

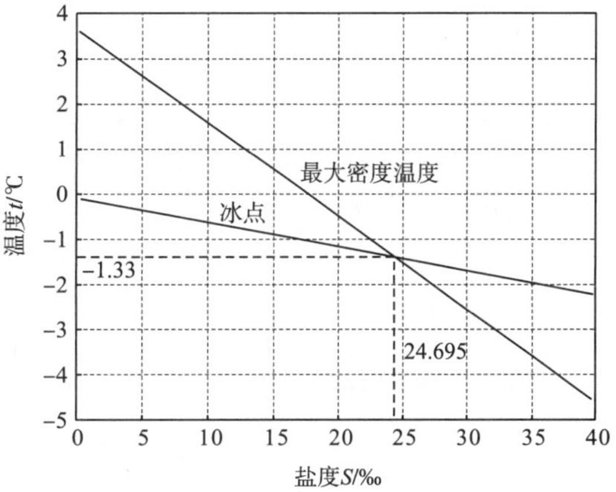


图 7.4　海水最大密度对应的温度及其含盐量(盐度)的关系

## 7.1.2　海冰的分类

由于海冰形成受温度、盐度、海水运动等多方面因素的影响，其形成过程复杂，故处在不同结冰时期的海冰特征不同，可按其成长过程、表面特征及运动状态等进行分类，如表 7.1 所示。

**表 7.1　海冰分类**

| 分类依据 | 成长过程 | 表面特征 | 运动状态 | 晶体结构 | 运动形态 | 密集程度 | 融解过程 |
|---|---|---|---|---|---|---|---|
| 海冰类型 | 初生冰<br>尼罗冰<br>冰皮<br>莲叶冰<br>灰冰<br>灰白冰<br>白冰 | 平整冰<br>重叠冰<br>堆积冰<br>冰脊<br>冰丘<br>冰山<br>裸冰<br>雪帽冰 | 固定冰<br>浮冰 | 原生冰<br>次生冰<br>层叠冰<br>集块冰 | 大冰原<br>中冰原<br>小冰原<br>浮冰区<br>冰群<br>浮冰带<br>浮冰舌 | 密结浮冰<br>非常密集浮冰<br>密集浮冰<br>稀疏浮冰<br>非常稀疏浮冰<br>无冰区 | 有水坑冰<br>水孔冰<br>干燥冰<br>蜂窝冰<br>覆水冰 |

注：浮冰为海冰存在的一种形式。

## 7.1.3　海冰的特性

### 7.1.3.1　海冰的物理性质

#### 1. 海冰的密度

海冰的密度是指单位体积内的海冰质量，其大小主要取决于海冰的温度、盐度和气泡的含量。由于海冰中气泡的存在，其密度一般小于 0℃时纯水冰的密度值($917kg/m^3$)，新海冰的密度大致为 914～$915kg/m^3$，且随着海冰冰龄的增长，“盐水泡”的渗出，海冰密度不断减小。我国渤海和黄海北部等地的海冰密度一般介于 750～$950kg/m^3$，主要集中于 840～$900kg/m^3$。

### 2. 海冰的盐度

海冰融化后得到的海水盐度就是海冰的盐度。结冰前的海水盐度、结冰速度以及海冰冰龄等均会对海冰的盐度产生影响。南极大陆附近海域，海水结冰时的气温较低，结冰速度较快，并且较多的“盐水泡”来不及离析，所以该海域的海冰盐度高达 22‰～23‰。据统计，我国渤海和黄海北部海域的平整冰盐度通常为 3.0‰～12.0‰，主要集中于 4.0‰～7.0‰，对应河口浅滩附近的海冰盐度相对较小，主要为 1.0‰～4.0‰。

### 3. 海冰的热物理性质

海冰的比热容与海冰的盐度成正比，较纯水冰大，同时，海冰的比热容随温度的升高而增大。但在低温条件下，由于“盐水泡”的含量低，温度和盐度对海冰比热容的影响均不明显，此时的海冰比热容可近似等于纯水冰的比热容。相反，当海冰处于高温条件时，尤其在冰点(−2℃)附近时，海冰中的“盐水泡”因温度的变化存在相变(即升温时冰晶融化与“盐水泡”混合，降温时纯水从“盐水泡”中析出并结冰)，海冰的比热容即会发生相应的升高和降低。同时，比热容的变化量因盐度的不同而不同，且差异较大。当盐度较高时，海冰的比热容甚至可以比纯水冰的比热容高十几倍。

当海冰存留气泡时，因存留的空气热传导系数较小，因而海冰的热传导系数比纯水冰的热传导系数小。同时，海冰的热传导系数略大于海水的分子热传导系数，因而海洋向大气的热量输送受到了海冰的阻碍，海洋的蒸发失热现象变弱，最终形成了一道海上保护层。此外，在海冰的垂直方向上，上部空隙比下层多，热传导系数由冰面向下逐渐增大。对于厚度超过 1m 的海冰而言，热传导系数与纯水冰相差不大，但在其表面附近的热传导系数只有纯水冰的 1/3 左右。

海冰的热膨胀系数也会随着海冰温度和盐度的变化而变化。对低盐度海冰而言，温度降低时海冰先膨胀后收缩。其中，海冰由膨胀转为收缩时所对应的温度称为临界温度，其数值随海冰盐度的升高而降低。然而，高盐度海冰则始终随温度的降低而膨胀，且其膨胀系数逐渐变小。

### 4. 海冰的温度

冰层内部的温度值代表海冰温度，而冰层表面的温度(表层温度)有时则可以用海上日平均温度代替。以我国渤海和黄海北部的平整冰为例，其表层温度通常为−9～−2℃，而表层下 20cm 以下的海冰温度基本保持不变，约为−1.8～−1.6℃，由表层到表层下 20cm 处的海冰温度基本符合线性变化。

海冰的温度主要取决于海冰自身的厚度、海冰的传热系数以及其周围的气温。为了确定这些因素产生的综合影响，工程中常用等效海冰温度代替真实的海冰温度。在

极端低气温条件下，海冰在垂直方向上的传热近似为稳态传热(图 7.5)，该条件下的传热量为

$$Q = K(T_w - T_a) = \lambda(T_{iw} - T_{ia}) / h = \alpha_1(T_w - T_{iw}) = \alpha_2(T_{ia} - T_a) \tag{7-2}$$

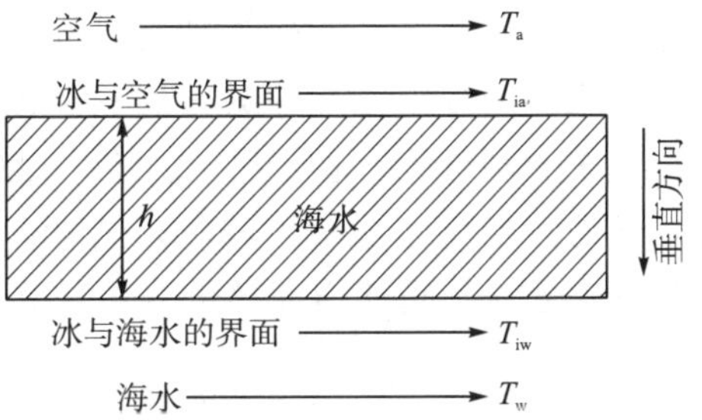


图 7.5　海冰所处环境的温度分布情况示意图

可求得等效冰温为

$$T_i = 0.5(T_{iw} + T_{ia}) \tag{7-3}$$

其中，

$$T_{iw} = T_w - K(T_w - T_a) / \alpha_1 \tag{7-4}$$

$$T_{ia} = T_a + K(T_w - T_a) / \alpha_2 \tag{7-5}$$

$$K = (1/\alpha_1 + h/\lambda + 1/\alpha_2)^{-1} \tag{7-6}$$

式中，$Q$ 为热通量，$kJ \cdot m^{-2} \cdot h^{-1}$；$K$ 为总传热系数，$kJ \cdot m^{-2} \cdot h^{-1} \cdot ℃^{-1}$；$T_w$ 为海水的温度，℃；$T_a$ 为空气的温度，℃；$T_{iw}$ 为冰与海水界面温度，℃；$T_{ia}$ 为冰与空气界面温度，℃；$\alpha_1$、$\alpha_2$ 为对流换热系数，$kJ \cdot m^{-2} \cdot h^{-1} \cdot ℃^{-1}$；$\lambda$ 为海冰的导热系数，$kJ \cdot m^{-1} \cdot h^{-1} \cdot ℃^{-1}$；$h$ 为海冰的厚度，m。

#### 5. 海冰的厚度

不同时期的年最大平整冰厚度是海冰区构筑物设计的关键指标之一。目前，实测的海冰厚度数据资料可能所需要的年份不完整，相对而言，气温的数据资料可获取的年份较多，可以利用已有的气温数据资料推算得到对应年份下的海冰厚度，再进行统计计算，分析得出多年冰的厚度。其经验公式如下：

$$h = \alpha\left[(\text{FDD} - 3 \cdot \text{TDD}) - K\right]^{1/2} \tag{7-7}$$

式中，$h$ 为海冰的厚度，cm；$\alpha$ 为冰厚增长系数，$cm \cdot ℃^{-1/2} \cdot d^{-1/2}$；FDD 为在冰厚增长期内−2℃以下的累积冻冰度日，℃·d；TDD 为在冰厚增长期内 0℃以上的累积冻冰度日，℃·d；$K$ 为开始出现初生冰时所需要的冻冰度日，℃·d。

#### 6. 其他物理性质

有研究表明，海水的反射率平均为 0.07，而海冰的反射率则为 0.5～0.7，不难看

出，海冰对太阳辐射的反射率比海水大得多。相对于陆冰的覆盖面积，海冰的覆盖面积也大得多，所以海冰所能反射的能量对整个地球来说具有不可小觑的影响。

#### 7.1.3.2 海冰的结构特征

要想了解海冰的强度特性，首先要了解其结构特征。海冰一般是由纯水结成的冰晶(固态的纯水冰)、部分存留于冰晶间隙之中而未被及时排除的液态“盐水泡”以及被圈闭在冰晶空隙间的“气泡”组成的混合物。由于“盐水泡”的存在，相同温度下海冰的强度要比淡水冰的强度低。但是，当海冰温度下降时，“盐水泡”中的溶解盐分会从液体中析出而生成固态盐，固态盐分的升高使得海冰的强度随之增大。图 7.6 显示了降温过程中海冰的这种多相组分变化。

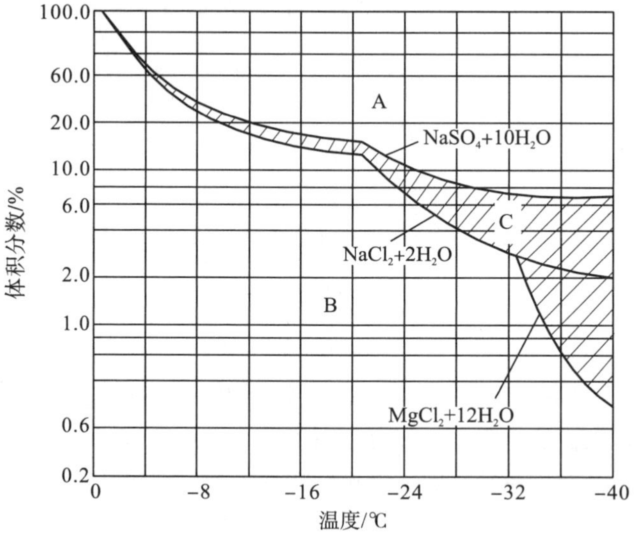


图 7.6 海冰在降温过程中的多相组分变化

A 为纯冰；B 为盐水；C 为固态盐

图 7.7 为海冰的结构示意图，其中图 7.7(a)呈现的是海冰的侧面外观，由上至下分别为细粒区(编号 1)、过渡区(编号 2)和柱状区(编号 3)。细粒区的冰晶都是细小的粒状冰晶，它们聚集排列在一起就构成了海冰的上表层，其厚度与海冰结冰时所处的海洋环境有关，一般为几厘米至 20cm 左右；过渡层的冰晶沿生长方向逐渐变长；柱状区形成的柱状冰是冰排的基本结构层，称为柱状冰层，如图 7.7(c)所示。图 7.7(b)显示的是单个冰晶的排列情况。其中，冰晶晶格上若干个互相平行的平面为“基面”，该基面垂直于晶格的对称轴(*C* 轴)。从图中不难看出，晶格对称轴(*C* 轴)位于与水面平行的平面内，而冰的晶体沿生长方向变长。另外必须指出的是，图 7.7(a)中柱状区 3-2 处 *C* 轴沿水平面的方向是相同的，而 3-1 处的 *C* 轴沿水平面的方向则不定。综上所述，这种有序排列方式和结构特征使得海冰变形和强度存在必然的各向异性。

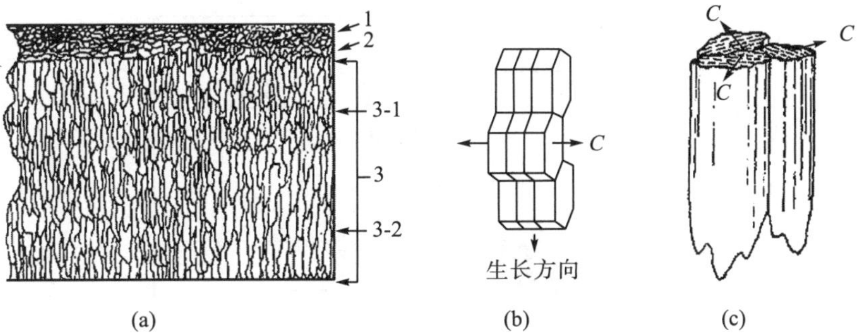


图 7.7　海冰的结构

### 7.1.3.3　海冰的强度特性

#### 1. 压缩强度

海冰的无侧限压缩强度指的是在受压破坏单轴无侧限条件下，单位面积海冰所承受的极限载荷值，其值主要受海冰的盐度、温度，施加应力的方向、应变率和应变速率以及海冰结构特征等影响。

图 7.8 显示的是海冰的最大压缩强度($\sigma_{max}$)与应变速率($\dot{\varepsilon}$)和温度的关系。可以看出，当海冰温度下降时，其最大压缩强度将随之变大，而临界应变速率相应地有所降低，同时表现出由延性向脆性的转变，这也反映出温度较低时，海冰主要表现的是脆性特性。

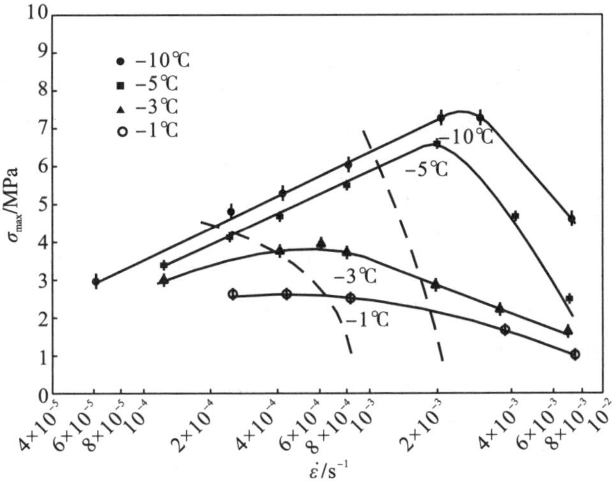


图 7.8　海冰的最大压缩强度与应变速率和温度的关系

图 7.9 反映出海冰的压缩强度和应变速率之间的变化关系也十分密切，主要表现为三个不同的阶段。

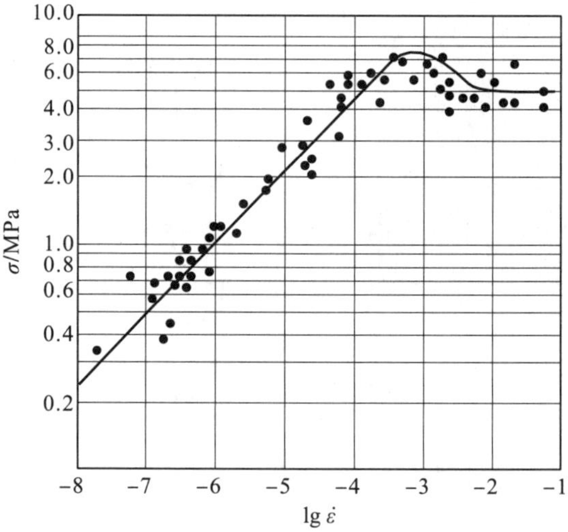


图 7.9 海冰的压缩强度与应变速率对数的关系

第一阶段为延性阶段，该阶段发生在应变速率较低($\dot{\varepsilon} < 5\times10^{-4}\text{s}^{-1}$)的情况下，此时海冰呈现出延性特性，且变形时不会出现裂纹，同时其强度随应变速率的增大而变大。

第三阶段为脆性阶段，该阶段发生在应变速度较高($\dot{\varepsilon} > 10^{-2}\text{s}^{-1}$)时，此时海冰体现的是脆性特性，其断裂方式为随机性较大的脆性断裂，但其强度值基本不随应变速率的变化而改变。

在两个阶段之间的部分称为过渡阶段，也就是第二阶段，处于这一阶段中的海冰同时兼顾了前后两个阶段的压缩强度特性，即同时表现出不同程度的延性和脆性特性。另外，压缩强度的最大值也出现在这一阶段。

由于海冰结构复杂，目前还没有统一的压缩强度公式。以我国鲅鱼圈固定冰区的平整冰为例，其水平方向单轴压缩强度$\sigma_c$(单位：MPa)可由如下经验公式计算得出：

$$\sigma_c = 4.42 - 0.30\sqrt{V_b} \tag{7-8}$$

式中，$V_b$为平整冰盐水体积比。

另外，Varudrey(1977)也曾提出过计算单轴压缩强度$\sigma_c$的经验公式，如下：

$$\sigma_c = 5.8 - 0.423\sqrt{V_b} \tag{7-9}$$

平整冰的侧限压缩强度$\sigma_A$可近似由$\sigma_c$估算：

$$\sigma_A = (1.5\sim2.5)\sigma_c \tag{7-10}$$

### 2. 拉伸强度

单位面积海冰单轴受拉破坏时所承受的极限载荷即为海冰的拉伸强度。应变速率低于 $10^{-6}\text{s}^{-1}$ 时为韧性破坏，拉伸破坏一般为脆性破坏。海冰温度对其影响微弱，但盐水体积对其影响明显，可参照 Dykins(1971)实验测得的海冰拉伸强度与盐水体积比的关系曲线(图 7.10)和经验公式：

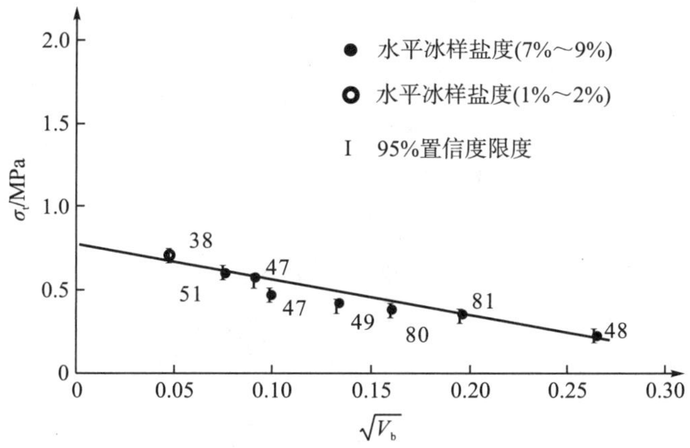


图 7.10　海冰的拉伸强度与盐水体积比的关系

$$\sigma_t = 0.82(1 - \sqrt{V_b / 0.142}) \tag{7-11}$$

其中，

$$V_b = S_i\left(0.532 - 49.185/T_i\right) \tag{7-12}$$

式中，$\sigma_t$ 为海冰的拉伸强度，MPa；$V_b$ 为平整冰盐水体积比，即海冰内盐囊总体积与海冰总体积的比值；$S_i$ 为平整冰盐度；$T_i$ 为平整冰温度，且−0.5℃≥$T_i$≥−22.9℃。

### 3. 弯曲强度

海冰的弯曲强度通常指现场开展悬臂梁弯曲实验测得的海冰抗弯强度。实验时，直接向试样梁的自由端施加载荷直至其弯曲破坏。与室内三点弯曲法相比，这种实验方法虽然能够获得实际的海冰抗弯强度，但是其工作量大、易受环境限制，且无法获得系统的研究结果，所以通常采用室内三点弯曲法获得海冰的弯曲强度，其实验过程如下。

(1) 现场取出大冰块，在实验室加工成 7.0cm×7.0cm×6.5cm 的试样，放入电冰柜内恒温 24h 以上，以备实验。

(2) 通过海冰压力机配以加载梁和三个支点进行实验，并用记录仪同时记录载荷-时间、跨中挠度-时间的全过程曲线。

(3) 利用式(7-13)计算海冰的弯曲强度$\sigma_f$(单位：MPa)：

$$\sigma_f = \frac{3Fl}{2bh^2} \times 10^{-6} \tag{7-13}$$

式中，$F$ 为梁的破坏载荷，N；$l$ 为梁的跨度，m；$h$ 为梁的截面高度，m；$b$ 为梁的宽度，m。

图 7.11 是 Dykins(1971)和 Vaudrey(1977)现场测试的结果，他们的实验样品盐度为 7‰～9‰。在实测资料不足的情况下，可按 Vaudrey(1977)提出的经验公式估算平整冰的弯曲强度$\sigma_f$：

$$\sigma_f = 0.96(1 - 0.063\sqrt{V_b}) \tag{7-14}$$

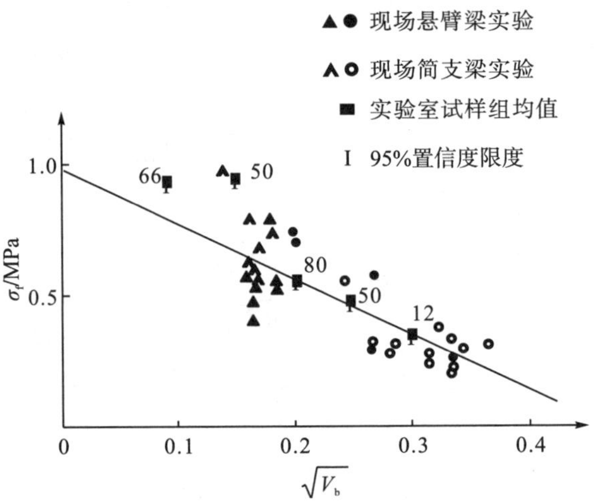


图 7.11　海冰的弯曲强度与盐水体积比的关系

## 4. 剪切强度

海冰剪切强度的实验报道相对较少。Paige 和 Lee(1967)通过为数不多的小试样剪切实验得到了一条关于海冰剪切强度与盐水体积比的关系曲线，如图 7.12 所示。

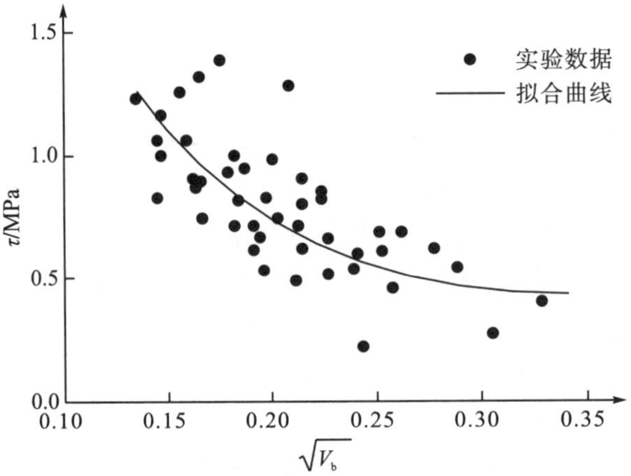


图 7.12　海冰剪切强度与盐水体积比的关系曲线

通过该曲线可近似获得海冰的剪切强度$\tau$。在无实测资料的情况下，还可利用式(7-15)近似估算海冰的剪切强度：

$$\tau = 0.5\sigma_c \tag{7-15}$$

式中，$\sigma_c$为海冰水平方向单轴压缩强度，MPa。

## 5. 弹性模量与泊松比

图 7.13 是 Vaudrey(1977)通过静力测量得到的海水弹性模量与盐水体积比的关系曲

线。我国工程设计中多采用他提出的经验公式：

$$E = 5320(1 - 0.077\sqrt{V_b}) \tag{7-16}$$

式中，$E$ 为海冰的弹性模量，MPa。

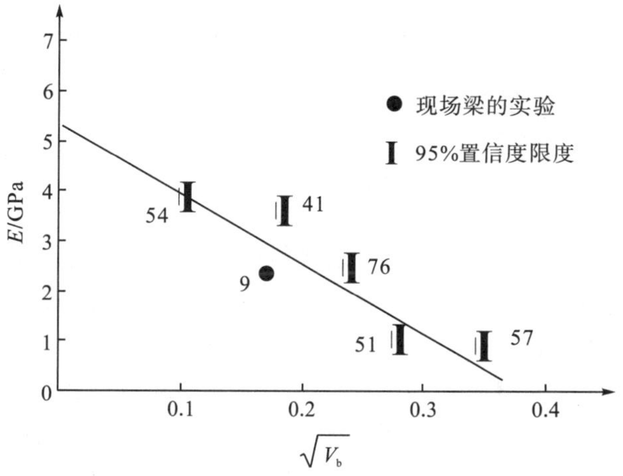


图 7.13　海冰弹性模量与盐水体积比的关系曲线

# 7.2　海冰载荷的计算

## 7.2.1　海冰载荷的主要形式及影响因素

### 7.2.1.1　海冰载荷的主要形式

将海冰对海洋工程构筑物的作用力定义为海冰载荷，主要有挤压力、冲击力、膨胀力、阻力、摩擦力、垂直作用力 6 种形式，其中挤压力和冲击力是造成结构物损坏或毁坏的主要原因，如表 7.2 所示。

**表 7.2　海冰载荷的主要形式和表现**

| 名称 | 表现 |
|---|---|
| 挤压力 | 在海流与海风的双重作用下，海冰可能包围海上构筑物，并因其移动而对构筑物造成挤压 |
| 冲击力 | 流冰冲击海上结构物造成的冲击力 |
| 膨胀力 | 整体冰盖层由于温度变化引起膨胀而对结构物施加膨胀力 |
| 阻力 | 与结构物相连的冰层发生移动时对结构物的阻力 |
| 摩擦力 | 冰与结构物相对运动时产生的摩擦力 |
| 垂直作用力 | 与结构物相连的冰层随水流的涨落而给结构物向上或向下的拔力 |

### 7.2.1.2　海冰载荷的影响因素

海冰载荷主要受自身的力学特性、结构特性和作用形式的影响，如表 7.3 所示。

表 7.3 海冰载荷的影响因素

| 类型 | 影响因素 |
|---|---|
| 力学特性 | 抗压强度、抗弯刚度、弹性模量 |
| 结构特性 | 形状、刚度 |
| 作用形式 | 撞击、挤压、黏附 |

## 7.2.2 作用在构筑物上的冰载荷

### 7.2.2.1 直立桩柱式构筑物上的冰载荷

以直立桩柱为主的海洋工程结构物在设计和建造时应考虑的海冰作用力，包括海冰的挤压力 $F_H$、海冰的撞击力 $F_I$、海冰的垂向附着力 $F_U$。如图 7.14 所示，当海冰已固结在桩柱周围时，风或海流将迫使海冰向构筑物挤压，形成一个水平力，这就是海冰的挤压力 $F_H$；而海水潮位的变化则使得原固结于桩柱周围的海冰对桩柱施加一个垂向附着力 $F_U$。海冰的撞击力 $F_I$ 则是浮冰在风或海流的推动下作用于构筑物之上的撞击力，它在垂直桩柱的潮差段可能出现，但不会与 $F_H$ 同时出现。另外，图中 $F_G$ 为结构物平台上雨、雪、冰施加的重力，$F_V$ 为海冰垂向移动施加于结构物中倾斜构件上的垂向力。

由于海冰对构筑物作用力与海冰和构筑物之间的作用状况有关，所以构筑物的自振特性直接影响其所受的冰压，且海冰的抗压强度随海冰应变率(或加载率)的变化而变化，故严格的海冰作用力应是冰与构筑物共同作用下的动力。

依据海冰动力分析中的自激振动理论，如图 7.15 所示，当加载率超过某一临界数值后，加载率与海冰抗压强度成反比关系，这说明结构振动过程中出现了负阻尼效应。此时，仅在不大的外力激发下，结构都可能由于非线性负阻尼的影响而出现较大振幅的动态响应。

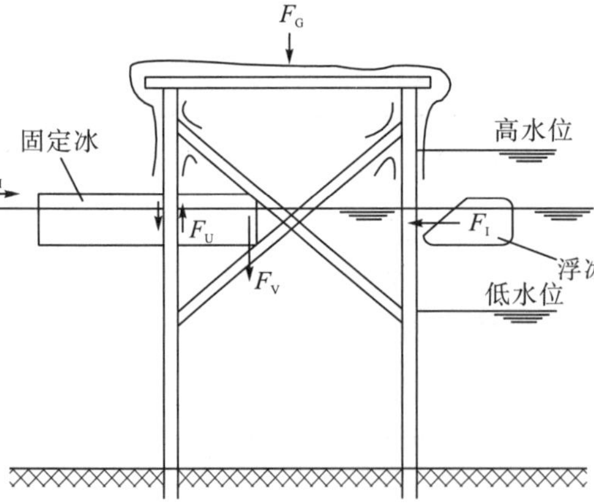


图 7.14 海冰对海洋结构物的作用力

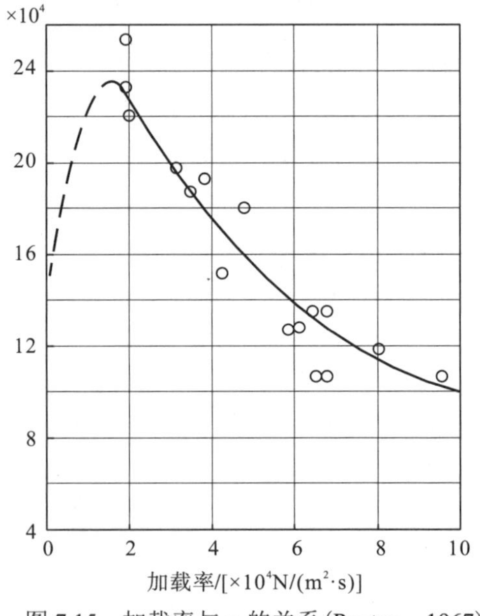


图 7.15 加载率与 $\sigma_c$ 的关系(Peyton，1967)

下面给出工程设计中常用的海冰作用在直立桩柱上的水平挤压力 $F_H$ 计算公式。

(1) API，RP-2A (1979)：

$$F_{\mathrm{H}} = C\sigma_{\mathrm{c}}hB \tag{7-17}$$

式中，$\sigma_c$ 为海冰的抗压强度，$N/m^2$；$h$ 为冰厚，m；$B$ 为桩柱构件在海冰上的投影宽度，m；$C$ 为系数，与加载率等因素有关，取值范围为 0.3～0.7。

(2) 苏联 CH-76 (1959)：

$$F_{\mathrm{H}} = mAK_1\sigma_{\mathrm{c}}hK_2b \tag{7-18}$$

式中，$m$ 为桩柱结构迎冰面的形状系数；$A$ 为温度系数，当解冰期的最低温度为 0℃时，$A$=1.0，若解冰温度低于 0℃，且解冰期最低温度低于−10℃时，$A$=2.0；$K_2$ 为冰层与建筑物迎冰面之间的接触系数；$b$ 为冰与桩柱接触面的投影宽度，m；$K_1$ 为局部挤压系数，即局部挤压强度与标准试块挤压强度之比值，一般为 2.0～3.0；$\sigma_c$ 为海冰的抗压强度，$N/m^2$。

若桩柱存有棱角(图 7.16)，形状系数 $m$ 随棱角 $2\alpha$ 的变化规律如表 7.4 所示。$K_2$ 与冰的硬度、构筑物迎冰面的平整度有关，当冰层接触面凹凸不平时，冰层与建筑物非完全接触，一般可取值 0.2～0.4；当冰层硬度大且建筑物接触表面不平整时，取较小值。

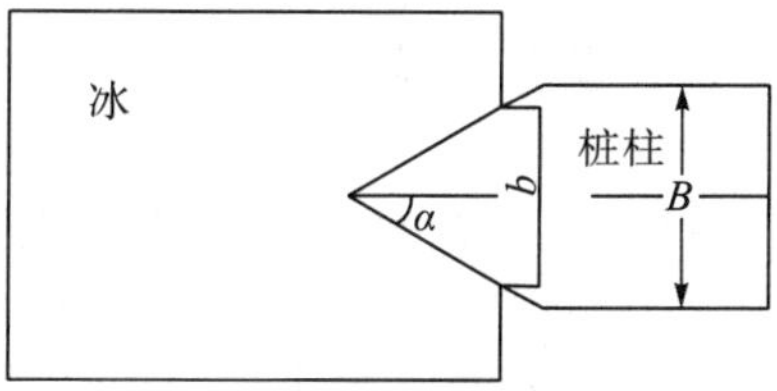


图 7.16　冰对桩柱三角形端部的挤压

**表 7.4　形状系数 $m$ 随建筑物的形状的变化**

| 建筑物形状 | | 形状系数 $m$ |
|---|---|---|
| 半圆形 | | 0.90 |
| 尖角形(夹角为 $2\alpha$) | 45° | 0.60 |
| | 60° | 0.65 |
| | 75° | 0.69 |
| | 90° | 0.73 |
| | 120° | 0.81 |
| | 180° | 1.00 |

除此以外，为了合理确定系数 $K_1$，部分学者以渤海地区的海冰作为研究对象，对该地区的海冰实测资料进行了论证分析，得出在海流和海风等因素的作用下，海上桩柱形构筑物周围的固定海冰挤压桩柱时的挤压强度为

$$R_{\mathrm{J}} = K_1\sigma_{\mathrm{c}} \tag{7-19}$$

式中，$\sigma_c$ 为标准样本的抗压强度，$N/m^2$。渤海湾冰样的$\sigma_c$ 为 $5\times10^4$～$19\times10^4 N/m^2$。在提取

冰样的同时，于同一地点海上钻井平台的直立圆柱构件上用刻痕压力计测得的原体冰挤压强度约为 $10\times10^4\sim30\times10^4\text{N/m}^2$，最大为 $45\times10^4\text{N/m}^2$，由此可得 $K_1$ 的值介于 2.0～3.0。

(3) 加拿大 Neill (1976) 建议单个桩柱上的冰作用力为

$$F_H = \sigma_c D\left(1+5\frac{h}{D}\right)^{1/2} = \sigma_c hDf(h/D) \tag{7-20}$$

式中，$h$ 为冰厚，m；$D$ 为桩柱直径，m；$f(h/D)$ 为关于 $h$ 和 $D$ 的函数，由实验数据拟合的变化曲线如图 7.17 所示。

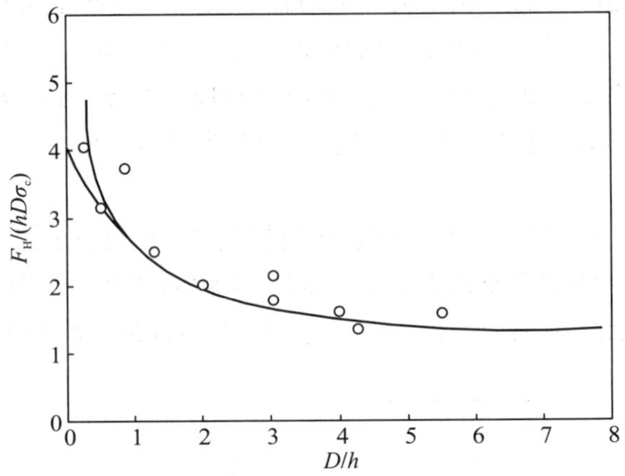


图 7.17 $f(h/D)$ 的变化趋势曲线示意图

(4)《中国海岸工程》的圆柱实验经验公式为

$$\frac{F_H}{\sigma_c}Dh = 3.57\left(\frac{D}{h}\right)^{-1/2} h^{-2/5} \tag{7-21}$$

(5) 我国《海上固定平台入级与建造规范》(2012) 的推荐公式为

$$F_H = mK_1K_2\sigma_c bh \tag{7-22}$$

式中，符号的意义与式(7-18)相同，且建议 $K_1$ 和 $K_2$ 的取值分别为 2.5 和 0.45。

#### 7.2.2.2 锥形构筑物上的冰载荷

海冰在具有倾斜面的结构物上容易受弯破坏，故在建造海上构筑物时可采用锥形构筑物，以减小海冰作用力的破坏。在海流等动力因素的影响下，海冰与锥形构筑物接触后将进一步挤向构筑物，冰层沿锥面呈现上爬趋势，到达一定程度后会出现放射性裂缝，继而出现同心圆状裂纹，最终冰层呈半圆受弯破坏，如图 7.18 所示。

海冰之所以出现受弯破坏是因为锥面对冰层有垂向分力的作用(垂向分力记作 $F_V$)。通常，海冰的抗弯强度 $\sigma_f$ 仅约为抗压强度的 0.3 倍。在冰层沿锥面上爬的过程中，冰层与锥面材料之间发生摩擦(摩擦系数记为 $\mu$)，海冰对斜面作用力 $N$ 的两个分力为

$$\begin{cases} F_H = N\sin\alpha + \mu N\cos\alpha \\ F_V = N\cos\alpha - \mu N\sin\alpha \end{cases} \tag{7-23}$$

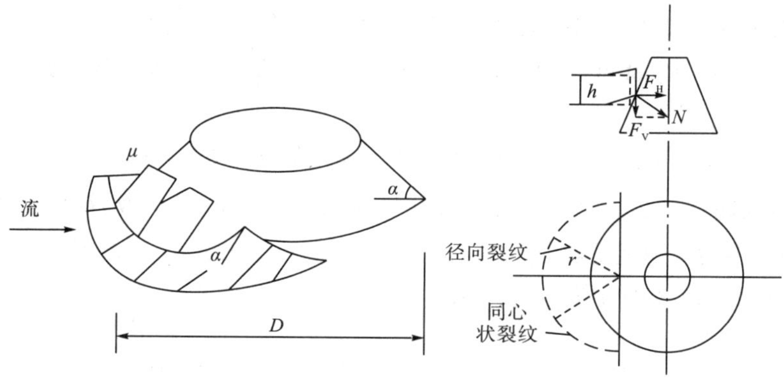


图 7.18　锥面冰层演示示意图

可见，

$$F_H = \frac{\sin\alpha + \mu\cos\alpha}{\cos\alpha - \mu\sin\alpha} F_V \tag{7-24}$$

若将摩擦系数 $\mu$ 用摩擦角 $\beta$ 表示($\mu$=tan$\beta$)，有

$$\frac{F_H}{F_V} = \tan(\alpha + \beta) \tag{7-25}$$

式(7-25)的物理意义是：当构筑物斜面角度 $\alpha$ 与物面、冰面的摩擦角 $\beta$ 合成后的角度，即 $\alpha+\beta$=40°时，垂直分力 $F_V$ 与水平分力 $F_H$ 为同一量级；当 $\alpha+\beta\to$90°时，海冰的抗压能力达到极限。

图 7.19 显示的是水平分力 $F_H$ 与垂直分力 $F_V$ 的比值($F_H/F_V$)随斜面角度($\alpha$)的变化规律，在已知构筑物摩擦系数 $\mu$ 的情况下，可以通过该图判断锥形构筑物的受力特性。

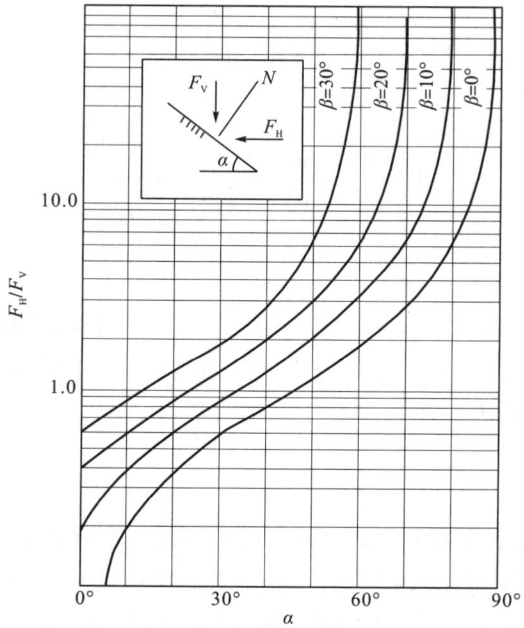


图 7.19　$F_H/F_V$ 与 $\alpha$ 的关系曲线

下面给出工程设计中常用的海冰在锥形构筑物上作用力的计算公式。

(1) 加拿大学者 Ralston(1980)基于塑性力学理论推导出锥面结构物上海冰的水平力 $F_{\mathrm{H}}$ 的半经验公式:

$$F_{\mathrm{H}}=\left[A_1\sigma_{\mathrm{f}}h^2+A_2\gamma_{\mathrm{w}}hD^2+A_3\gamma_{\mathrm{w}}h(D^2-D_{\mathrm{r}}^2)\right]A_4 \tag{7-26}$$

式中,$\gamma_{\mathrm{w}}$ 为海水的重度,$\mathrm{N/m^3}$;$D_{\mathrm{r}}$ 为锥体顶端的直径,m;$h$ 为海冰的厚度,m;$\sigma_{\mathrm{f}}$ 为抗弯强度,$\mathrm{N/m^2}$;$D$ 为锥形结构物水线处的直径,m;$A_1$、$A_2$、$A_3$ 及 $A_4$ 为锥体冰力系数,如图 7.20 所示,图中 $\alpha$ 为锥面的斜度,(°)。

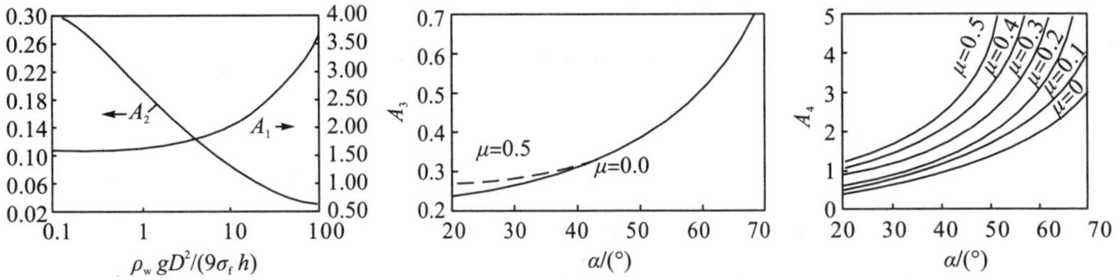


图 7.20 锥体冰力系数

(2) 日本北海道大学学者(Saeki et al.,1985)通过分析实验资料得出:当锥形构筑物斜面角度 $\alpha\leqslant 62°$ 时,垂向分力 $F_{\mathrm{V}}$ 与冰层厚度的平方 $h^2$ 成正比,而与锥体的直径无关,为

$$F_{\mathrm{V}}=0.65h^2\sigma_{\mathrm{f}} \tag{7-27}$$

当锥形构筑物斜面角度 $62°\leqslant\alpha<90°$ 时,有

$$\begin{cases} F_{\mathrm{H}}=\sigma_{\mathrm{f}}h^2\pi\left[\dfrac{\tan\alpha}{6-4\left(\dfrac{h}{r}\right)\tan\alpha}\right] \\[2ex] F_{\mathrm{V}}=\sigma_{\mathrm{f}}h^2\dfrac{\pi}{6}\left[\dfrac{1}{1-\dfrac{2}{3}\left(\dfrac{r}{h}\right)\tan\alpha}\right] \end{cases} \tag{7-28}$$

式中,$r$ 为锥体水线处的半径,m。

事实上,海冰作用力除 $F_{\mathrm{H}}$ 和 $F_{\mathrm{V}}$ 外,还存在浮冰对构筑物的撞击力 $F_{\mathrm{I}}$ 以及桩柱周围固结冰的垂向附着力 $F_{\mathrm{U}}$ 等,只不过这些力的数量级均小于挤压力,且尚未有成熟的理论或经验公式计算,这里不再详述。

#### 7.2.2.3 破冰船

破冰船是一种专门用于在结冰的水面上开辟航道的特种船舶,具有船体宽、船壳厚、马力大等特点,主要采用对称的多轴、多螺旋桨配置。目前,许多高纬度国家都拥有破冰船。我国极地科考船是新一代破冰科考船,为我国自主设计建造的破冰船。这艘科考船的船艏能够破除 0.8~1m 厚的冰层,在 1m 厚的冰层中破冰航速可达 2 节。该科考船还具备夏季极地海域科学考察能力，搭载了国产无人机、无人船和水下自主机器人等高科技装备，保障科研人员能够立体探索海洋。

破冰船的发展和应用体现了人类对于极端环境的探索和适应能力的提升，对促进极地科学研究、资源开发以及应对全球气候变化具有重要意义。

## 思考题与习题

1.指出海水结冰与淡水结冰的区别，并分析造成这些区别的原因。

2 影响海冰载荷的因素主要有哪些?指出这些因素产生的具体影响。

3.海冰与结构物之间有哪几种作用形式(画图说明)?其中，哪几个是造成结构物损坏或毁坏的主要原因?

4.收集整理目前有关海冰冲击力的研究成果，包括理论分析或实验研究结果、经验或半经验公式等，形成综述报告。

5.求图 1 所示我国鲅鱼圈固定冰区的平整冰作用在平台直立圆柱桩腿上的水平挤压力，平整冰厚为 0.2m，盐水体积占 4%，圆柱直径为 20.16m(利用我国规范公式计算)。

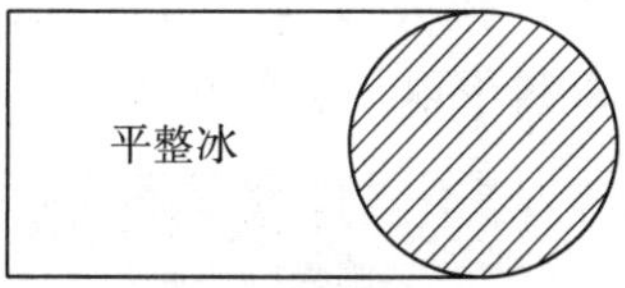


图 1

6.求如图 2 所示的刚度无穷大的尖角迎冰面结构冲击载荷。

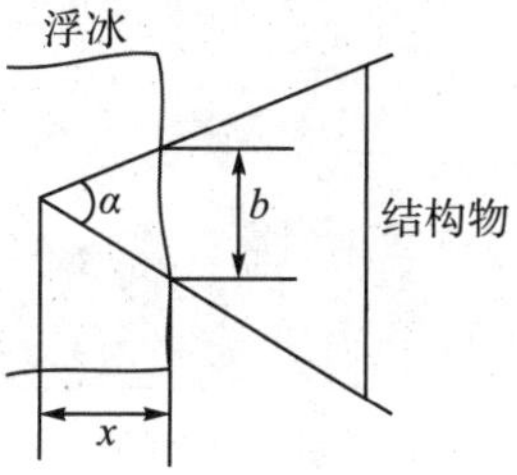


图 2

7.求如图 3 所示的锥形结构物的冰载荷(冰与斜面的摩擦系数为 $\mu$)。

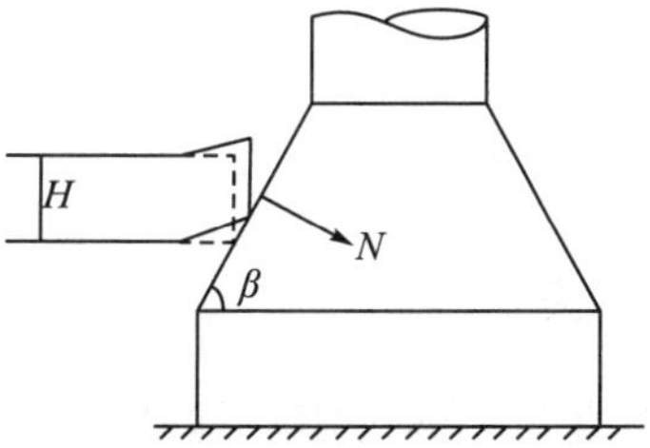


图 3

# 第 8 章　地震与海啸

地震是地壳快速释放能量过程中造成的大地震动，古时人们又把地表的这种快速震动称为地动。地震是地球上常见的一种自然灾害，全世界每年约发生 550 万次地震。虽然绝大多数地震属于微震或无感地震，但一旦出现大地震，其带来的损失是难以估计的。因此，为了确保人类生命及建筑物的安全，在地震多发区建造构筑物时，必须充分考虑地震的影响。

当海底或滨海地区发生强烈地震时，海面将会在短时间内骤涨，形成波高达十几米，甚至几十米不等的大浪，称为海啸。海啸对海洋工程构筑物及沿海城镇造成了严重的威胁。例如，2004 年 12 月 26 日，印度尼西亚苏门答腊岛附近海域发生了里氏 8.7 级的强烈地震，并引发海啸。10m 高的海浪呼啸着席卷了灾区村庄和海滨度假区，波及了包括印度尼西亚在内的十来个国家，损失惨重，如图 8.1 所示。因此，在海岸与近海工程的规划建设中，必须对地震与海啸予以足够的重视。

图 8.1　海啸带来的危害

## 8.1　地　　震

### 8.1.1　地震的成因及分布

#### 8.1.1.1　地震的成因及分类

地震分为构造地震、火山地震与陷落地震。地球上 90%以上的地震属于构造地震，火山地震与陷落地震较少。

依据板块构造学说，构造地震是由板块构造运动引起的，是岩石圈岩层中长期积累的变形在极短时间内转变为动能的结果。板块构造学说把岩石圈分为亚欧板块、太平洋板块、美洲板块、非洲板块、印度洋板块和南极洲板块六大板块，六大板块之间还分布着若干较小的板块。当两个相向运动的板块相互冲撞时，其中一个板块插入另一板块之下，上部板块在剪力作用下产生剪切变形从而积累应变能，当变形超过极限值时，某处比较薄弱的岩层即突然断裂。断裂后的板块急速向未变形前的位置回弹，从而将地球内部积累的弹性应变能转变为动能释放出来，形成地震。地震一般发生在岩石圈上部的地壳中。大陆地震的震源深度一般为几千米到几十千米。一次地震释放能量的断层面积很大，走向长达几千米到几百千米，纵深可达几千米到几十千米。

构造地震并非都发生在板块边缘，在板块内部有断裂构造活动时也会发生地震。发生在板块内的地震活动称为板内地震，震源深度大都在 10～30km，容易造成严重灾害。

地震有多种分类方式，可按形成原因、震源深度、震中距、震级以及破坏程度等进行分类，如表 8.1 所示。

**表 8.1　地震的分类和标准**

| 分类依据 | 名称 | 标准或描述 |
|---|---|---|
| 形成原因 | 构造地震 | 地下岩层的快速破裂和错动所造成的地震(占全球地震总数的 90%以上) |
| | 火山地震 | 火山作用引起的地震(占全球发生地震数的 7%左右)，火山地震都发生在活火山地区，震级一般不大 |
| | 陷落地震 | 地层陷落引起的地震(占全球地震总数的 3%左右)，其破坏范围有限 |
| | 诱发地震 | 在特定的地区因某种地壳外界因素诱发而引起的地震，如陨石坠落、水库蓄水、深井注水 |
| 震源深度 | 浅源地震 | 震源深度小于 60km 的地震，也称正常深度地震，占总数的 3% |
| | 中源地震 | 震源深度在 60～300km 的地震 |
| | 深源地震 | 震源深度大于 300km 的地震 |
| 震中距 | 地方震 | 震中距小于 100km 的地震 |
| | 近震 | 震中距为 100～1000km 的地震 |
| | 远震 | 震中距大于 1000km 的地震 |
| 震级 | 小震 | 4 级以下的地震 |
| | 中强震 | 5～6 级的地震 |
| | 强震 | 7 级以上的地震，其中 8 级以上的地震又称为特大地震 |
| 破坏程度 | 一般破坏性地震 | 造成数人至数十人死亡或直接经济损失在一亿元(包含)以下的地震 |
| | 中等破坏性地震 | 造成数十人至数百人死亡或直接经济损失在一亿元以上、五亿元以下的地震 |
| | 严重破坏性地震 | 人口稠密地区发生的 7 级以上地震、大中城市发生的 6 级以上地震，或造成数百至数千人死亡，或直接经济损失在五亿元以上、三十亿元以下的地震 |
| | 特大破坏性地震 | 大中城市发生的 7 级以上地震，或造成万人以上死亡，或直接经济损失在三十亿元以上的地震 |

#### 8.1.1.2　地震的分布

地震的地理分布受一定的地质条件限制，具有一定的规律。地震大多分布在地壳不稳定的部位，特别是板块之间的消亡边界，是地震活动活跃的地震带。全球主要有三个地震带。

(1)环太平洋地震带，是地球上地震最活跃的地区，集中了全世界 80%以上的浅源地震(0～70km)。它像一个巨大的环，围绕着太平洋分布，沿北美洲太平洋东岸的美国阿拉斯加向南，经加拿大西部、美国加利福尼亚和墨西哥西部地区，到达南美洲的哥伦比亚、秘鲁和智利，然后从智利转向西，穿过太平洋抵达大洋洲东边界附近，在新西兰东部海域折向北，再经斐济、印度尼西亚、菲律宾、中国台湾岛、琉球群岛、日本列岛、千岛群岛、堪察加半岛、阿留申群岛，回到美国的阿拉斯加，环绕太平洋一周。环太平洋地震带处于太平洋板块、美洲板块及亚欧板块、印度洋板块的消亡边界，以及南极洲板块和美洲板块的消亡边界上。

(2)欧亚地震带，大致从印度尼西亚西部，缅甸经我国横断山脉，喜马拉雅山脉，越过帕米尔高原，经中亚细亚到达地中海及其沿岸。该地震带处于亚欧板块、非洲板块及印度洋板块的消亡边界上。

(3)中洋脊地震带，包含延绵世界三大洋(即太平洋、大西洋和印度洋)和北冰洋的中洋脊。中洋脊地震带仅含全球约 5%的地震，且地震几乎都是浅层地震。

按时间分布规律来看，地震活动在时间上具有一定的周期性，表现为在一定时间段内地震活动频繁，强度大，称为地震活跃期；而另一时间段内地震活动相对而言频率低，强度小，称为地震平静期。

我国地处环太平洋地震带与地中海-喜马拉雅山地震带之间，是一个地震多发的国家。地震的特点是震源浅、烈度高、分布广、区域性差异大。我国地震活动区主要有台湾省及其附近海域、喜马拉雅山脉地带、秦岭南北地带、天山地震活动区、华北地震活动区以及东南沿海地震活动区。这些区域从地质构造来看，都是断裂构造剧烈活动地区。

## 8.1.2 地震波及其特性

### 8.1.2.1 地震波

地震发生的过程其实是累积于岩石中的能量突然释放的过程，所释放出的能量一部分会转化为热能，另一部分则以地震波的形式向四周传播。如图 8.2 所示，地震波可分为两种波，即体波和面波，其中，体波又可细分为纵波和横波。

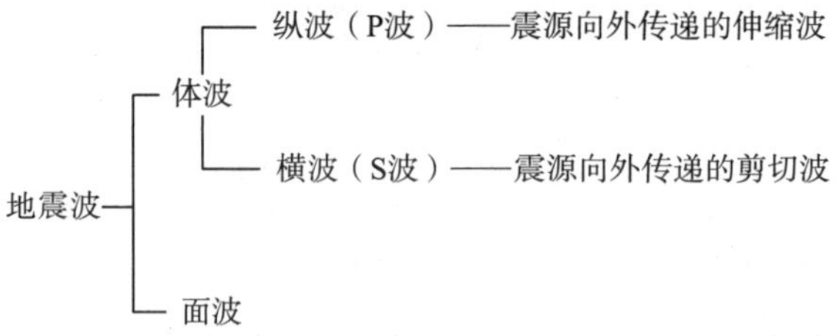


图 8.2 地震波的简介示意图

纵波，又称 P 波，是震源向外传递的伸缩波，其特点是周期短、振幅小，在地壳内的传播速度一般为 5～6km/s，且介质质点的运动方向与波的前进方向一致。

横波，又称 S 波，是由震源向外传递的剪切波，其特点是周期长、振幅大，衰减也较纵波慢，在地壳内的传播速度一般为 3～4km/s，且介质质点的运动方向与波的前进方向垂直。在横波传播的过程中，质点在与传播方向相平行的平面内运动时形成的波称 SH 波；质点在与传播方向相垂直的平面内运动时形成的波称为 SV 波。

横波的面波是沿地面传播的波，分为瑞利(Rayleigh，R)波和勒夫(Love，L)波两种，如图 8.3 所示。R 波传播时，介质质点在波传播方向与地面法线所组成的平面内做椭圆运动，其形成与体波在地表面的反射有关，故 R 波不会在震中附近出现。L 波是体波在地表面反射和两层介质界面上的反射与折射后产生的次生波，其在地表面呈蛇形运动形式。

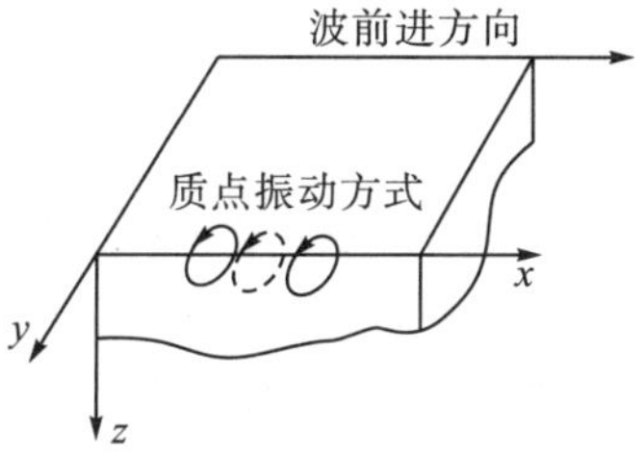


(a) R波

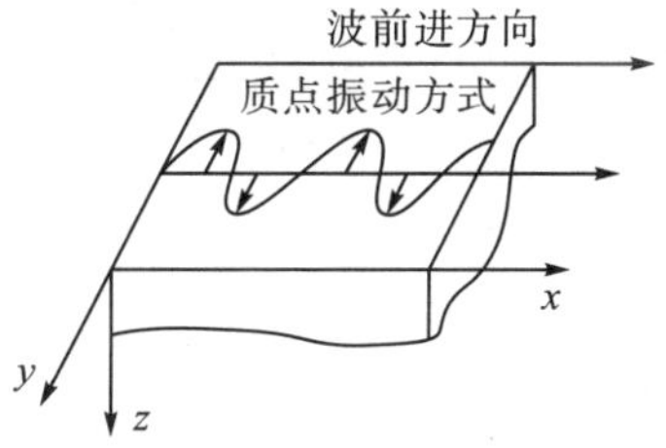


(b) L波

图 8.3　横波的面波传播的两种方式

面波的周期长、振幅大且衰减较慢，其速度为 S 波的 0.9 倍左右，故传播距离较远。总之，P 波传播最快，S 波次之，面波最慢。

### 8.1.2.2　震级和烈度特性

为了更好地理解震级和烈度特性，我们首先介绍一下震源、震中、震源深度、震源距和震中距的概念。

发生地震的点即震源，它是地震能量释放的中心。震源在地面的垂直投影则是震中。震源与震中之间的垂直距离称为震源深度。震中距就是地面某处到震中的距离，如图 8.4 所示。

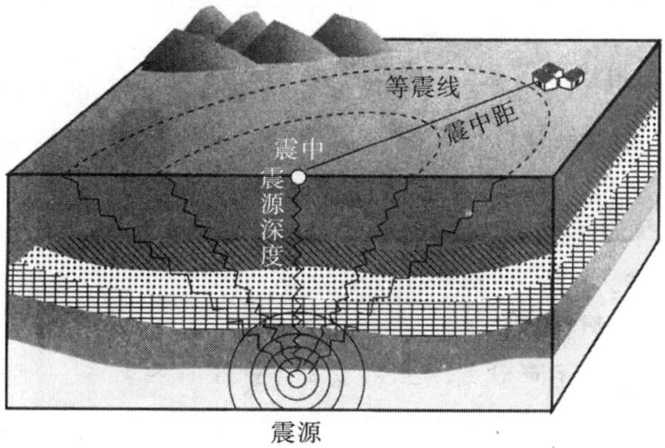


图 8.4　地震构造示意图

### 1. 地震震级

地震震级是反映地震大小的等级，用符号 $M$ 表示。目前，测量震级普遍采用的仪器是伍德-安德森(Wood-Anderson)标准地震仪(摆的自振周期为 0.8s，阻尼为 0.8，放大倍数为 2800 倍)，测量人员需要利用这一仪器在离震中 100km 的地方测取该处最大水平位移的对数值，这里的最大水平位移就是振幅 $A$(单位：μm)。

国际上一般采用美国地震学家里克特和古登堡于 1935 年共同提出的震级划分法，即通常所说的里氏震级：

$$M = \lg A \tag{8-1}$$

地震震级反映了地震时释放的能量大小。一次地震释放的能量越多，地震级别就越大。震级与震源释放的能量 $E$(单位：J)之间的关系为

$$\lg E = 4.8 + 1.5M \tag{8-2}$$

一般来说，2 级以下的地震，人是感觉不到的，称为微震；2～4 级的地震称为有感地震；5 级以上的地震会在表面造成不同程度的破坏，称为破坏地震；7 级以上的地震称为强烈地震或大地震；8 级以上的地震称为特大地震。目前，人类已有记录中震级最大的地震是 1960 年 5 月 22 日智利发生的 9.5 级地震，所释放的能量相当于一颗 1800 万 t 炸药量的氢弹，或者相当于一个 100 万 kW 的发电厂 40 年的发电量。

### 2. 地震烈度

地震烈度是指某一地区的地面及建筑物遭受一次地震影响和破坏的强弱程度。一个地区的一次地震烈度与其所在地震区的位置、震源深度等因素有关。简单来说，对于任何一次地震，震中区的烈度总是最强的，距震中区越远则越低；对于同级地震，震源越浅烈度越大。

在我国，地震烈度被分为基本烈度和设防烈度。一个地区的基本烈度是指该地区在今后一定时期(100 年)内可能遭遇的最大地震烈度，即现行全国地震区划烈度图所规定的烈度。设防烈度是经国家抗震主管部门审定在某个地区抗震的防御目标，是抗震设计时实际采用的烈度。

震害调查表明：烈度为 6 度时，港口中小型建筑物会有轻微损坏；烈度为 7 度时，建筑物损坏比较显著。故 7 度烈度值被我国相关部门设定为抗震设防的起点，《水运工程抗震设计规范》(JTS 146—2012)认为烈度小于 7 度的地区的港口建筑物设计时一般不需要抗震设防。对于烈度大于 9 度的地区，地震影响非常大，应对构筑物的抗震性进行专门研究。我国《海上固定平台入级与建造规范》(2012)规定，在海洋平台的地震作用分析中，设防烈度一般采用所在海域的基本烈度，而对于次生灾害严重的平台和特殊重要的平台，可将基本烈度提高 1 度作为设防烈度。

## 8.1.3 地震力的计算

地震力是指发生地震时地表(层)的惯性力以及动水压力。中国船级社规定，地震基

本烈度为 7 度、8 度、9 度的地震力可按其规范中推荐的计算方法计算，对于基本烈度超过 9 度或海上工程结构非常重要的情况，需要另行专门计算。下面介绍一下推荐的计算方法。

### 8.1.3.1　单质点体系计算法

应用该方法计算水平总地震惯性力 $P_H$ 时，需要将被研究的工程结构视为一个单质点体系。此时 $P_H$ 满足：

$$P_H = CK_H \beta mg \tag{8-3}$$

式中，$m$ 为工程结构的单点质量，kg，以海洋石油平台为例，即指位于平台甲板处的质量(包括甲板上部结构质量、甲板上的设备质量和 75%的设备品及供应品质量、甲板下部结构质量、其他质量对于平台甲板处的折算质量)；$K_H$ 为水平方向地震系数，地震烈度为 7 度、8 度、9 度时，对应的 $K_H$ 分别为 0.1、0.3、0.4；$\beta$ 为动力放大系数，如图 8.5 所示；$g$ 为重力加速度，m/s$^2$；$C$ 为综合影响系数，由于地震的重现期较长，建议取 0.9。

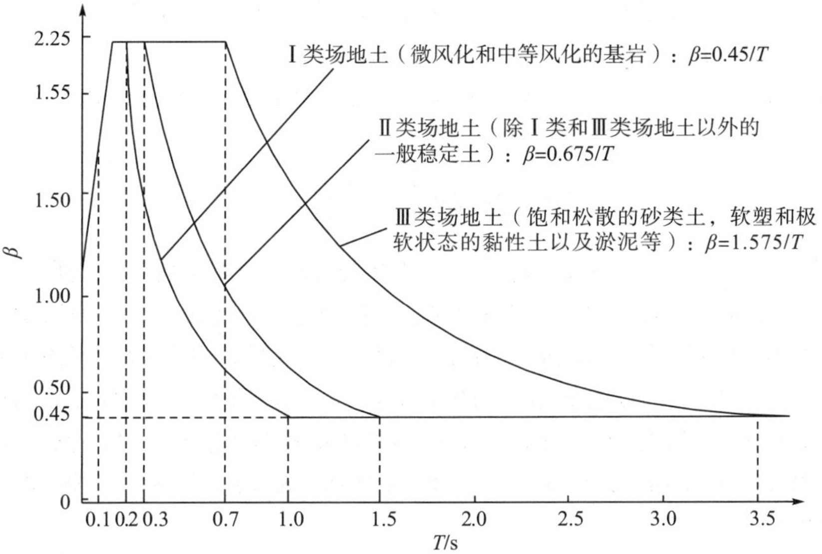


图 8.5　计算地震力时的动力放大系数(T 为自振周期)

### 8.1.3.2　多质点体系计算法

假设构筑物上有 $n$ 个质点，每个质点 $i$ 处堆聚的质量为 $m_i$，此时，可以由(8-4)计算结构上质点 $i$ 在 $j$ 阶模态振型中水平方向的地震惯性力 $P_{ij}$：

$$P_{ij} = CK_H \gamma_j \varphi_{ij} \beta_j m_i g \tag{8-4}$$

其中，

$$\gamma_j = \frac{\sum_{i=1}^{n} \varphi_{ij} m_i}{\sum_{i=1}^{n} \varphi_{ij}^n m_i} \tag{8-5}$$

式中，$\gamma_j$ 为结构 $j$ 振型的参与系数；$\varphi_{ij}$ 为结构上质点 $i$ 在 $j$ 阶模态振型中的水平位移，需要根据地震的动力响应分析求得；$\beta_j$ 为结构 $j$ 振型的动力放大系数。

#### 8.1.3.3 动水压力的计算方法

假设地震的振动方向 $i$ 与构件 $l$ 之间的夹角为 $\varphi(i,l)$，构件浸没于水中部分的体积为 $V$，那么细长构件在水平方向上所受到的动水压力 $p$(单位：kN)为

$$p = CK_{\mathrm{H}}\beta(C_{\mathrm{M}}-1)V\gamma\sin^2\varphi(i,l) \tag{8-6}$$

式中，$C_{\mathrm{M}}$ 为惯性力系数；$\gamma$ 为海水的重度，kN/m$^3$。

### 8.1.4 载荷组合计算方法

前面所述地震力的计算都只单纯地求解了地震力(地震作用于结构上的水平总地震惯性力 $P_{\mathrm{H}}$)，而现实环境中，风、浪、流以及海冰会同时作用于构筑物。因此，在计算载荷时就需要考虑多种载荷的组合问题。然而，这种组合并不是载荷极值的简单叠加，而是考虑它们重现期的不同，按有关规范进行组合。

所谓载荷组合就是构筑物所承受外力的组合，《建筑结构荷载规范》(GB 5009—2012)规定：

$$P = K\left[G_{\mathrm{k}} + \varPhi_0\left(W_{\mathrm{k}} + \sum_{i=1}^{n} Q_{i\mathrm{k}}\right)\right] \tag{8-7}$$

式中，$G_{\mathrm{k}}$ 为恒定载荷，亦是固定载荷，不随时间而改变，如结构本身的自重、结构上面的设备及其他物体的重量施加于结构上的载荷等；$W_{\mathrm{k}}$ 为风载荷；$Q_{i\mathrm{k}}$ 为活动载荷，分为持久性活动载荷和临时性活动载荷，海冰载荷属于持久性活动载荷，应该按照设计基准期内该载荷的最大值(极值)的概率分布来计算，而地震载荷属于临时性活动载荷，该载荷是无论在设计基准期内出现多少次，其持续时间均较短的载荷；$\varPhi_0$ 为载荷组合系数，有两种或两种以上载荷($n \geqslant 2$)的组合时，$\varPhi_0$ 取 0.85；$K$ 为安全系数，按一般工程上采用的方法确定即可。

#### 8.1.4.1 内力(载荷效应)组合的计算方法

载荷效应组合是指各种外力施加于构筑物后产生的内力，如剪力、弯矩、扭矩以及轴向内力等。在石油天然气行业标准《海上固定平台规划、设计和建造的推荐作法 工作应力设计法》(SY/T 10030—2018)中，对于地震力与其他载荷组合时总内力的计算，可分为以下两种情况。

(1)当地震载荷引起的内力方向与结构的重力载荷引起的惯性力方向相同时，计算组合后的总内力为

$$Q = 1.1D_1 + 1.1D_2 + 1.1L_1 + 0.9E \tag{8-8}$$

式中，$D_1$ 为第一类固定载荷，指结构的自重，即设计尺寸与标准质量密度的乘积；$D_2$ 为第二类固定载荷，指结构上面的设备及其他物体的重量施加于结构上的固定载荷，计算

方法同上，但其属于永久载荷，在设计基准期内的概率等于 1，可视为服从正态分布；$L_1$ 为活动载荷，分为持久性活动载荷(如冰载荷、风载荷以及波浪和潮流的合成载荷)与临时性活动载荷(持续时间较短的活动载荷，如变化的重量)两种，按设计基准期内的最大值(极值)的概率分布来计算，临时性活动载荷的最大值的概率分布一般可取服从极值Ⅰ型分布；$E$ 为地震载荷，按设计基准期内最大值的概率分布计算。

(2) 地震载荷引起的内力方向与结构的重力载荷引起的惯性力方向相反时，计算组合后的总内力为

$$Q = 0.9D_1 + 0.9D_2 + 0.8L_1 + 0.9E \tag{8-9}$$

### 8.1.4.2　计算载荷组合时活动载荷的概率分布

由于在进行载荷组合的计算过程中，需要按照相应活动载荷在设计基准期内最大值的概率分布来计算，所以在此介绍计算载荷组合时活动载荷的概率分布的求解方法。

**1. 海冰载荷 $F_{LI}$ 的概率分布**

由于 $F_{LI}$ 服从对数正态分布，其概率密度函数为

$$P(F_{LI}) = \frac{1}{S_{\lg F_{LI}}\sqrt{2\pi}} \exp\left[-\frac{1}{2}\left(\frac{\lg F_{LI} - \mu_{\lg F_{LI}}}{S_{\lg F_{LI}}}\right)^2\right] \tag{8-10}$$

式中，$\mu_{\lg F_{LI}}$ 为海冰载荷 $F_{LI}$ 对数值的均值；$S_{\lg F_{LI}}$ 为海冰载荷 $F_{LI}$ 对数值的标准差。

**2. 地震载荷 $F_{LE}$ 的概率分布**

由于 $F_{LE}$ 服从指数分布，其概率密度函数为

$$P(F_{LE}) = \lambda e^{-\lambda F_{LE}} \tag{8-11}$$

式中，$\lambda$ 为系数，当地表加速度大于 $0.1\text{m/s}^2$ 时，$\lambda$ 取 3。

**3. 波浪及潮流力的概率分布**

由于水质点的速度直接影响波浪力及潮流力，故取波高的概率分布来表达波浪力及潮流力的概率密度函数：

$$P(F_{LW}) = \frac{F_{LW}}{\sigma_{F_{LW}}^2} \exp\left(-\frac{1}{2}\frac{F_{LW}}{\sigma_{F_{LW}}^2}\right) \tag{8-12}$$

式中，$F_{LW}$ 为波浪力及潮流力，N；$\sigma_{F_{LW}}^2$ 为波浪力及潮流力的方差。

**4. 重量变化对应重力的概率分布**

此概率分布函数 $P(F_{LV})$ 可按极值Ⅰ型分布计算：

$$P(F_{LV}) = \exp\{-\exp[-\alpha(F_{LV} - K)]\} \tag{8-13}$$

式中，$\alpha$、$K$ 为极值Ⅰ型的分布参数，通过观测及统计确定。

### 5. 风载荷的概率分布

风速的概率分布决定了风载荷的概率分布，则其计算公式为

$$P(F_{\mathrm{W}})=\frac{F_{\mathrm{W}}}{20.72}\exp\left(-\frac{F_{\mathrm{W}}^{2}}{41.44}\right) \tag{8-14}$$

式中，$F_{\mathrm{W}}$为风载荷，N。

根据长期观测统计，渤海石油公司及国家海洋局第一海洋研究所绘制出了一张渤海风速的概率分布函数曲线，如图 8.6 所示。

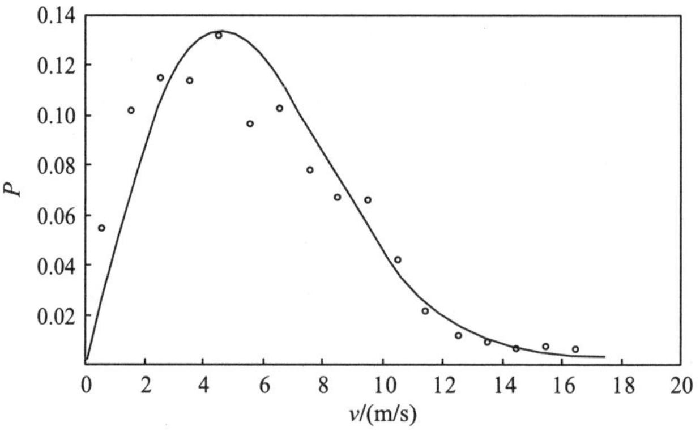


图 8.6　渤海风速 $v$ 的概率分布曲线

# 8.2　海　　啸

## 8.2.1　海啸的形成与分布

### 8.2.1.1　海啸的形成

海啸是海底地震、火山爆发、塌陷和滑坡等活动激起的水体波动，并在波浪涌入海湾内或海港时形成极具破坏性的大浪。根据海啸形成情况的不同，可将其分为三种类型：海底地震引发的地震海啸、火山爆发诱发的火山海啸和海底滑坡带来的滑坡海啸。其中，地震海啸是由海底激烈的地形变化造成大片水域突然上升或者下降而引起的海洋巨浪，且巨浪的波长很长，可传播数千公里而只损失很小的能量。因此，地震海啸的杀伤力极强。研究发现，并不是所有的地震都会引发海啸，但大约 95%的海啸都是由地震引发的。具体来说，里氏 6.5 级以上的地震均有可能触发海啸。

另外，断层垂直错动方式最易引发海啸。断层强烈的垂直上下运动会带动地面和海面产生强烈的浪涌，致使震荡波以不断扩大的圆圈方式向远距离扩散，变形地区附近的水体产生巨大波动，最终形成海啸，如图 8.7 所示。

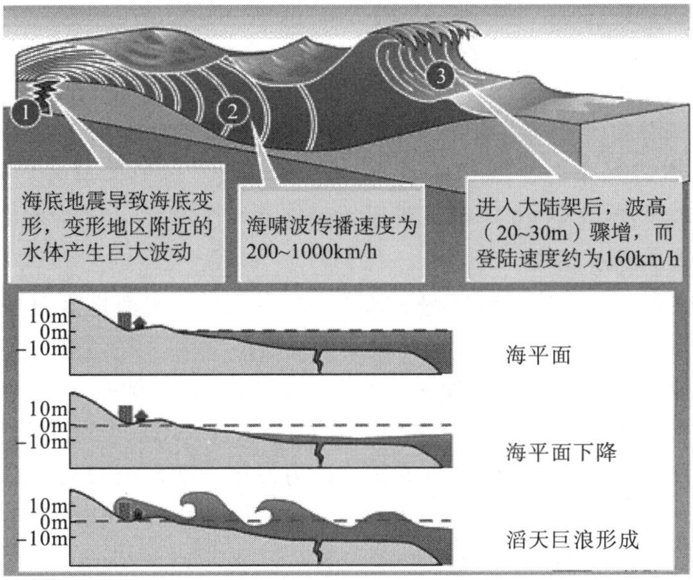


图 8.7　海啸的形成示意图

在水面开阔的海面区域，海啸的波高还较小，仅为 1m 左右，但波长很大，可达数十米甚至数百千米，运动周期为 2～200min。海啸对深海区的船只和构筑物不会造成危害，但当海啸进入大陆架后，其移行深度急剧变浅，波高急剧增加，可达 20～30m，将会携带海底沉积物、船只、树木等重物一直冲入海岸线以上几百米的地方，给沿岸带来毁灭性的破坏。同时，海啸产生的巨浪可能有多个，其间隔可能是几分钟或几小时。地面震动并伴随突然退潮是海啸发生的先兆。需要说明的是，海啸并不总以巨浪的形式登陆，也有可能是快速涨潮，伴随着水下漩涡，能将人和重物卷入水下，有时可以吞噬整个海滩(图 8.8)。

图 8.8　海啸形成的漩涡

#### 8.2.1.2 海啸的分布

全球地震海啸发生区的分布基本上与地震带的分布是一致的。由于发生在太平洋海底的大地震占全球海底大地震总数的 90%，所以太平洋沿岸毫无疑问成为海啸的高发区域，如库页岛、堪察加半岛、阿留申群岛和智利等地，频繁地遭受海啸的冲击。据统计，从 20 世纪初到 20 世纪 80 年代，太平洋地区总共发生了 405 次海啸，其中 84 次造成人员伤亡和显著的经济损失。

从地质构造上看，我国除渤海穿越了郯庐大断裂带外，沿海地区很少有大的断裂带，海区内也很少有岛弧和海沟，加之我国海域很少发生 6 级以上的地震，因此，我国不具备发生海啸的大地震条件。从海区深度来看，我国海区的大陆架宽广，发育良好，水位较浅，大都在 200m 以内，特别是渤海(平均深度为 18m)和黄海(平均深度为 40m)，不利于地震海啸的形成与传播。所以，即使世界其他地方发生海啸，海浪从深海传播到我国海区后，对我国沿海地区也构不成威胁。比如，智利大海啸发生时，菲律宾乃至日本遭受重大灾害，但海啸传至我国上海时，只在吴淞口验潮站记录到 15～20cm 的海啸波高。

然而，我们也不能完全忽视海啸。两千年来，我国发生过十次地震海啸，平均两百年左右出现一次。1992 年 1 月 4～5 日，南海西南方海域海底发生群震，最大震级为 3.7 级，震源深度为 8～12km，受其影响，海南榆林观测站 5 日 16 时记录到波高 0.78m 的海啸，周期为 17min，这是我国近海浅源地震诱发海啸的首次仪器记录。这说明我国近海地震引发海啸的可能性还是存在的。

### 8.2.2 海啸的传播

#### 8.2.2.1 海底隆起引起的海啸波

海啸波由海底地形隆起引起，满足拉普拉斯方程：

$$\frac{\partial^2\varphi}{\partial x^2}+\frac{\partial^2\varphi}{\partial y^2}+\frac{\partial^2\varphi}{\partial z^2}=0 \tag{8-15}$$

海面($z$=0)边界条件为

$$\begin{cases}\dfrac{\partial\eta}{\partial t}=\dfrac{\partial\varphi}{\partial z}\\ \eta=-\dfrac{1}{g}\dfrac{\partial\varphi}{\partial t}\end{cases} \tag{8-16}$$

海底($z$=$-h$)边界条件为

$$\begin{cases}\dfrac{\partial\varphi}{\partial z}=W_{\mathrm{B}}, & |x|<b,|y|<c,0<t<T\\ \dfrac{\partial\varphi}{\partial z}=0, & |x|>b,|y|>c,t>T\end{cases} \tag{8-17}$$

式中，$\varphi$ 为速度势函数，$m^2/s$；$\eta$ 为水面高程，m；$h$ 为海水深度，m；$W_B$ 为海底地面隆起的速度，m/s；$T$ 为隆起的持续时间，s；$2b\times2c$ 为海底发生地壳运动的矩形区域，$m^2$。

由于海底全部隆起的高度$\int_0^\infty W_B \mathrm{d}t$远远小于水深，所以水面高程 $\eta$ 也远远小于水深。基于这一假设，可导出二维条件下海底隆起速度为

$$W_B = A\exp\left(-\frac{x^2}{b^2}\right)\exp\left(-\frac{t^2}{T^2}\right) \tag{8-18}$$

1951 年，本多和中村取 $h$=4000m、$b$=50km、$T$=2s，计算得到海底最大隆起高度为 3m，如图 8.9 所示。由图 8.9 可见，海底隆起先是引起水面水平上升，然后中心处的水位下降，周围形成孤立波，最后逐渐变成周期波动，波速 $C=\sqrt{gh}$。

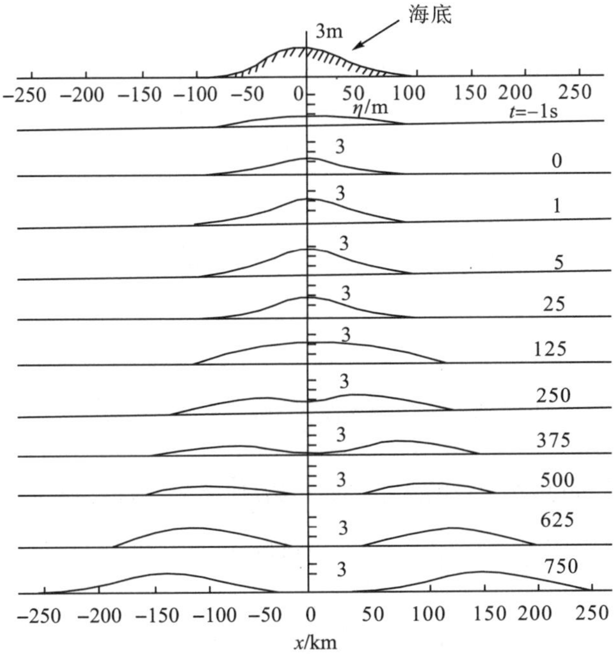


图 8.9　海底隆起引起的海啸波

### 8.2.2.2　海啸传播的波动振幅

二维条件下，假设海水无限深，当海面上升 $Q_0$ 或海面处点压力为 $p_0$ 时，在作用点的周围将会形成柯西-泊松(Cauchy-Poisson)波。对于 Cauchy-Poisson 波，可利用下式计算距离作用点 $x$ 处的波振幅：

$$\begin{cases} \eta_e \approx \dfrac{Q_0}{\sqrt{\pi}}\dfrac{k^{1/2}}{x^{1/2}}\cos\left(kx-\dfrac{\pi}{4}\right) \\ \eta_i \approx -\dfrac{p_0}{\sqrt{\pi}}\dfrac{k^{1/2}\sigma}{\rho g x^{1/2}}\cos\left(kx+\dfrac{\pi}{4}\right) \\ k = \dfrac{gt^2}{4x^2} \\ \sigma = \dfrac{gt}{2x} \end{cases} \tag{8-19}$$

式中，$\eta_e$为海面上升 $Q_0$以后的波动振幅，m；$\eta_i$为海面受到点压力 $p_0$以后的波动振幅，m；$t$为时间，s；$x$为距作用点的水平距离，m。

图 8.10 为式(8-19)的计算结果。可见，在二维条件下，波周期随着时间的推移而缩短，但波高则逐渐增加；在海啸产生一定时间 $t_1$ 后，波高随 $x$ 的增加而减小，但波长的变化正好相反。

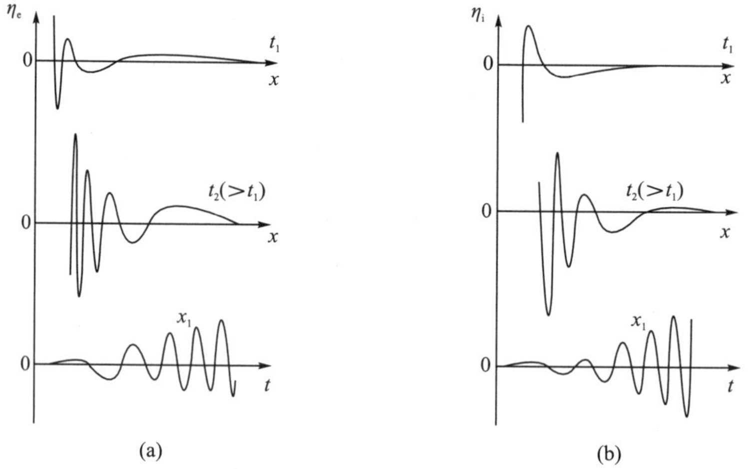


图 8.10 二维条件下点波源的海啸传播

在三维条件下，用 $r$(距作用点的水平径向距离)代替 $x$，可得距离波源较远处的波振幅为

$$\begin{cases} \eta_e \approx \dfrac{Q_0 k}{\sqrt{2}\pi r}\cos(kr) \\ \eta_i \approx -\dfrac{p_0 k\sigma}{\sqrt{2}\pi\rho g r}\sin(kr) \\ k = \dfrac{gt^2}{4r^2} \\ \sigma = \dfrac{gt}{2r} \end{cases} \tag{8-20}$$

事实上，三维条件下的波动情况与二维条件下的波动情况相似，只不过三维条件下的波动振幅是随着 $r$ 的增加而减小，而二维情况下的波动振幅是随着 $x^{1/2}$ 的增加而减小，并且相位相差 $\pi/4$。

### 8.2.2.3 海啸传播的波高变化

海啸从发源地向周围传播的波速为 $C=\sqrt{gh}$ 。海啸波在传播的过程中可能会发生折射，这主要取决于海水深度的变化，特别是海啸波在海洋深处存在山脊的地方以及海啸波在大陆架上传播时，是不能忽略折射的影响的。但在 $\dfrac{h}{L} \gg \dfrac{\partial h}{\partial x}$ ($L$ 表示海啸波的波长)时，海啸波可近似视为不发生折射。另外，侵入大陆架的海啸波在到达海岸之前，不仅存在折射，还会发生反射和绕射，同时引起大陆架的水体振动。

若不考虑海啸波从深水区进入浅水区的能量损失，根据格林(Green)定律，可计算海湾内的波高为

$$H = H_0\left(\frac{b_0}{b}\right)^{1/2}\left(\frac{h_0}{h}\right)^{1/4} \tag{8-21}$$

式中，$H$ 为海湾内某处的波高，m；$b$ 为海湾内某处的海面宽度，m；$h$ 为海湾内某处的水深，m；$H_0$ 为深水区的波高，m；$b_0$ 为深水区的海面宽度，m；$h_0$ 为深水区的水深，m。

由式(8-21)可见，在不考虑海啸波从深水区进入浅水区的能量损失的情况下，海啸波进入浅水区或是大陆架后，其波高将会增加，同时水面宽度的变化也会对波高产生影响。

## 思考题与习题

1.某地震测量人员在离震中 100km 的地方测得该处最大水平位移为 80m，试计算此次地震的震级及释放的能量。

2.地震波有哪些类型?请分析它们的区别。

3.应用单质点体系计算法计算水平总地震惯性力 $P_H$，已知地震烈度为 8 度，平台上部结构质量为 20t，甲板上设备质量为 40t，后备品及供应品质量为 20t，甲板下部结构质量为 25t，其他质量对于平台甲板处的折算质量为 10t，海底为 II 类场地土。

4.分析我国沿海不易遭受海啸侵袭的原因。

5.收集并整理近五年世界上发生的大地震引发海啸的资料，应包括地震的基本情况(震中位置、震源深度、震级、烈度等)和海啸的基本情况(海啸的传播范围、海啸到达海岸的高度等)，给出你对海啸的认识。

# 主要参考文献


包从喜, 2002. 海洋工程基础. 上海: 上海交通大学出版社.

陈春福, 2002. 海南省海岸带和海洋资源与环境问题及对策研究. 海洋通报, 21(2): 62-68.

陈建民, 朱红钧, 纪大伟, 2016. 海洋工程环境. 北京: 石油工业出版社.

楚泽涵, 任平, 2006. 碧水蓝天工程: 石油环境保护. 北京: 石油工业出版社.

董胜, 孔令双, 2005. 海洋工程环境概论. 青岛: 中国海洋大学出版社.

董胜, 于亚群, 余海静, 2004. 海岸带风暴潮减水的统计分析. 自然灾害学报, 13(4): 70-74.

方华灿, 2010. 海洋石油工程. 北京: 石油工业出版社.

冯士筰, 1999. 海洋科学导论. 北京: 高等教育出版社.

盖斯维特 J, 1992. 海洋环境与建筑物设计. 吴宜侗, 译. 北京: 海洋出版社.

宫敬, 王玮, 2016. 海洋油气混输管道流动安全保障. 北京: 科学出版社.

和达清夫, 2001. 海洋百科辞典. 于夫, 吕彩霞, 译. 北京: 海洋出版社.

姜锡瑞, 2000. 船舶与海洋工程材料. 哈尔滨: 哈尔滨工程大学出版社.

蒋德才, 刘百桥, 韩树宗, 2005. 工程环境海洋学. 北京: 海洋出版社.

李冠国, 范振刚, 2004. 海洋生态学. 北京: 高等教育出版社.

李维仲, 姜远新, 2011. 小木球在固液两相流中上升规律研究及 Magnus 力测量. 大连理工大学学报, 51(5): 653-657.

李玉成, 滕斌, 2002. 波浪对海上建筑物的作用. 2 版. 北京: 海洋出版社.

李允武, 2008. 海洋能源开发. 北京: 海洋出版社.

李长俊，贾文龙，2015. 油气管道多相流. 北京: 化学工业出版社.

刘东升, 曹云森, 2006. 油田环境保护技术综述. 北京: 石油工业出版社.

刘翔宇, 2007. 循环水处理自动加药装置监控技术研究. 大庆: 大庆石油学院.

刘小兵，程良骏，1996. Basset 力对颗粒运动的影响. 四川工业学院学报, 15(2): 55-63.

马英杰, 2012. 海洋环境保护法概论. 北京: 海洋出版社.

马粤, 2015. 内外流共同作用下立管流固耦合振动数值模拟. 成都: 西南石油大学.

潘金培, 王肇鼎, 吴信忠, 2001. 海湾生态环境与生物资源持续利用. 北京: 科学出版社.

戚兴, 2014. 隔水管流固耦合涡激振动数值模拟研究. 成都: 西南石油大学.

覃建新, 2017. 附属圆柱对海洋立管涡激振动抑制效果研究. 成都: 西南石油大学.

邱大洪, 1999. 工程水文学. 3 版. 北京: 人民交通出版社.

任铁, 2011. 实尺度雷诺数复杂来流条件下的立管涡激振动试验研究. 上海: 上海交通大学.

塞尔维亚・厄尔勒, 艾伦・普拉格尔, 2003. 海洋的故事. 王桂芝, 等译. 海口: 海南出版社.

沈国英, 施并章, 2002. 海洋生态学. 2 版 北京: 科学出版社.

史建刚, 2010. 海洋环境保护概论. 东营: 中国石油大学出版社.

侍茂宗, 2004. 物理海洋学. 济南: 山东教育出版社.

宋吉宁, 2011. 立管涡激振动的实验研究与离散涡法数值模拟. 大连: 大连理工大学.

苏纪兰, 2005. 中国近海水文. 北京: 海洋出版社.

孙丽萍, 聂武, 2000. 海洋工程概论. 哈尔滨: 哈尔滨工程大学出版社.

孙意卿, 1989. 海洋工程环境条件及其载荷. 上海: 上海交通大学出版社.

孙英杰, 黄尧, 赵由才, 2011. 海洋与环境:大海母亲的予与求. 北京: 冶金工业出版社.

唐国强, 吕林, 滕斌, 等, 2011. 大长细比柔性杆件涡激振动实验. 海洋工程, 29(1): 18-25.

田冷, 2015. 海洋石油开采工程. 东营: 中国石油大学出版社.

王来华, 2004. 海洋油气开采与海洋环境保护. 节能与环保, 21(6): 12-14.

文圣常, 余宙文, 1984. 海浪理论与计算原理. 北京: 科学出版社.

吴辉碇, 杨国金, 张方俭, 等, 2001. 中国近海气候. 北京: 海洋出版社.

吴学敏, 2013. 考虑大变形的深水立管涡激振动非线性分析方法研究. 青岛: 中国海洋大学.

相建海, 2003. 海洋生物学. 北京: 科学出版社.

徐德伦, 于定勇, 2001. 随机海浪理论. 北京: 高等教育出版社.

徐万海, 栾英森, 余杨, 等, 2018. 大倾角附螺旋列板倾斜圆柱涡激振动抑制分析. 工程力学, 35(1): 236-245.

徐兴平, 2007. 海洋石油工程概论. 东营: 中国石油大学出版社.

薛鸿超, 2003. 海岸及近海工程. 北京: 中国环境科学出版社.

严恺, 2002. 海岸工程. 北京: 海洋出版社.

杨加栋, 张晓灵, 杜宝银, 等, 2010. 螺旋列板:深水立管涡激振动抑制装置. 海洋技术, 29(4): 88-92, 116.

杨加栋, 相政乐, 张晓灵, 等, 2023. 柔性柱体结构涡激振动研究进展及难点. 科技通报, 39(1): 10-17.

姚泊, 2007. 海洋环境概论. 北京: 化学工业出版社.

姚杰, 2017. 柔性海管悬跨段涡激振动实验研究. 成都: 西南石油大学.

尹衍升, 黄翔, 董丽华, 2008. 海洋工程材料学. 北京: 科学出版社.

于志刚, 2009. 海洋环境. 北京: 海洋出版社.

俞聿修, 张宁川, 赵群, 1998. 三维随机波浪对桩柱的作用. 海洋学报, 20(4): 121-132.

曾一非, 2007. 海洋工程环境. 上海: 上海交通大学出版社.

曾中强, 王春生, 谭刻明, 2007. 井下节流技术应用. 油气井测试, 16(S1): 78-80, 99.

赵洪南, 2016. 风浪流多场耦合作用下海洋立管振动响应研究. 成都: 西南石油大学.

舟丹, 2015. 可燃冰开发面临的挑战. 中外能源, 20(4): 101-101.

周建平, 余世建, 2010. 中国海洋国土知识地图集. 长沙: 湖南地图出版社.

朱红钧, 2017. 海洋立管涡激振动抑制方法. 北京: 石油工业出版社.

朱红钧, 2018. 海洋钻采管柱涡激振动抑制装置. 北京: 科学出版社.

朱红钧, 林元华, 戚兴, 等, 2013. 一种可旋转螺旋列板涡激振动抑制装置: 2013200084281[P]. 2013-01-09.

朱红钧, 马粤, 林元华, 等, 2016a. 一种带旋转叶片的螺旋列板涡激振动抑制装置及方法: 2013104788762[P]. 2013-10-15.

朱红钧, 姚杰, 熊友明, 等, 2016b. 一种主动与被动控制协同作用的立管振动抑制装置及方法: 2015100078918[P]. 2015-01-08.

朱庆林, 郭佩芳, 张越美, 2011. 海洋环境保护. 青岛: 中国海洋大学出版社.

竺艳蓉, 1991. 海洋工程波浪力学. 天津: 天津大学出版社.

Assi G R S, Bearman P W, Kitney N, et al., 2010. Suppression of wake-induced vibration of tandem cylinders with free-to-rotate control plates. Journal of Fluids and Structures, 26(7-8): 1045-1057.

Assi G R S, Bearman P W, Tognarelli M A, 2014. On the stability of a free-to-rotate short-tail fairing and a splitter plate as suppressors of vortex-induced vibration. Ocean Engineering, 92: 234-244.

Baarholm G S, Martin Larsen C, Lie H, 2005. Reduction of VIV using suppression devices—An empirical approach. Marine Structures, 18 (7-8) : 489-510.

Blevins R D, 1990. Flow-Induced Vibration. New York: Van Nostrand Reinhold Co., Inc.

Bourguet R, Karniadakis G E, Triantafyllou M S, 2013. Multi-frequency vortex-induced vibrations of a long tensioned beam in linear and exponential shear flows. Journal of Fluids and Structures, 41: 33-42.

Chen W L, Zhang Q Q, Li H, et al., 2015. An experimental investigation on vortex induced vibration of a flexible inclined cable under a shear flow. Journal of Fluids and Structures, 54: 297-311.

Choi H, Jeon W P, Kim J, 2008. Control of flow over a bluff body. Annual Review of Fluid Mechanics, 40: 113-139.

De Nayer G, Breuer M, 2014. Numerical FSI investigation based on LES: Flow past a cylinder with a flexible splitter plate involving large deformations (FSI-PfS-2a) . International Journal of Heat and Fluid Flow, 50: 300-315.

De Nayer G, Breuer M, 2014. Numerical FSI investigation based on LES: Flow past a cylinder with a flexible splitter plate involving large deformations (FSI-PfS-2a) . International Journal of Heat and Fluid Flow, 50: 300-315.

De Nayer G, Kalmbach A, Breuer M, et al., 2014. Flow past a cylinder with a flexible splitter plate: A complementary experimental-numerical investigation and a new FSI test case (FSI-PfS-1a) . Computers & Fluids, 99: 18-43.

Ding L, Zhang L, Kim E S, et al., 2015. URANS vs. experiments of flow induced motions of multiple circular cylinders with passive turbulence control. Journal of Fluids and Structures, 54: 612-628.

Ding L, Zhang L, Bernitsas M M, et al., 2016. Numerical simulation and experimental validation for energy harvesting of single-cylinder VIVACE converter with passive turbulence control. Renewable Energy, 85: 1246-1259.

Dykins J E, 1971. Ice engineering-material properties of saline ice for a limited range of conditions. U.S. Naval Civil Engineering Laboratory. Technical Report R720.

Fan D X, Wang Z C, Triantafyllou M S, et al., 2019. Mapping the properties of the vortex-induced vibrations of flexible cylinders in uniform oncoming flow. Journal of Fluid Mechanics, 881: 815-858.

Feng C C, 1968. The measurements of vortex induced effects in flow past a stationary and oscillating circular and D-section cylinders. Vancourver: University of British Columbia.

Feng L H, Wang J J, 2010. Circular cylinder vortex-synchronization control with a synthetic jet positioned at the rear stagnation point. Journal of Fluid Mechanics, 662: 232-259.

Feng L H, Wang J J, 2012. Synthetic jet control of separation in the flow over a circular cylinder. Experiments in Fluids, 53 (2) : 467-480.

Feng L H, Wang J J, Pan C, 2011. Proper orthogonal decomposition analysis of vortex dynamics of a circular cylinder under synthetic jet control. Physics of Fluids, 23 (1) : 14106-14106-13.

Gao Y, Fu S X, Ren T, et al., 2015. VIV response of a long flexible riser fitted with strakes in uniform and linearly sheared currents. Applied Ocean Research, 52: 102-114.

Gao Y, Yang J D, Xiong Y M, et al., 2016. Experimental investigation of the effects of the coverage of helical strakes on the vortex-induced vibration response of a flexible riser. Applied Ocean Research, 59: 53-64.

Gao Y, Yang B, Zou L, et al., 2019. vortex-induced vibrations of a long flexible cylinder in linear and exponential shear flows. China Ocean Engineering, 33 (1) : 44-56.

Gu F, Wang J S, Qiao X Q, et al., 2012. Pressure distribution, fluctuating forces and vortex shedding behavior of circular cylinder with rotatable splitter plates. Journal of Fluids and Structures, 28: 263-278.

Hasselmann K, Barnett T P, Bouws E, et al., 1973. Measurements of wind-wave growth and swell decay during the Joint North Sea Wave Project (JONSWAP). Deutsche Hydrographische Zeitschrift, 12: 1-95.

Houmb O G, Overvik T, 1976. Parameterization of wave spectra and long term joint distribution of wave height and period. 1st BOSS conference, Trondheim, Norway.

Huang S, Su X H, Qiu G Q, 2015. Transient numerical simulation for solid-liquid flow in a centrifugal pump by DEM-CFD coupling. Engineering Applications of Computational Fluid Mechanics, 9 (1): 411-418.

Huera-Huarte F J, 2014. On splitter plate coverage for suppression of vortex-induced vibrations of flexible cylinders. Applied Ocean Research, 48: 244-249.

Jauvtis N, Williamson C H K, 2003. Vortex-induced vibration of a cylinder with two degrees of freedom. Journal of Fluids and Structures, 17 (7): 1035-1042.

Kalmbach A, Breuer M, 2013. Experimental PIV/$V_3$V measurements of vortex-induced fluid-structure interaction in turbulent flow-A new benchmark FSI-PfS-2a. Journal of Fluids and Structures, 42: 369-387.

Kawamoto J, Sunder S S, Connor J J. 1982. An assessment of uncertainties in fatigue analyses of steel jacket offshore platforms. Applied Ocean Research, 4 (1): 9-16.

Keulegan G H, 1950. Wave Motion.//Rouse H. Engineering hydraulics: Proceedings of the Fourth Hydraulics Conference. New York: Wiley: 711-768.

Keulegan G H, Patterson G W, 1940. Mathematical theory of irrotational translation waves. Journal of Research of the National Bureau of Standards, 24 (1): 47.

Khalak A, Williamson C H K, 1996. Dynamics of a hydroelastic cylinder with very low mass and damping. Journal of Fluids and Structures, 10 (5): 455-472.

Khalak A, Williamson C H K, 1999. Motions, forces and mode transitions in vortex-induced vibrations at low mass-damping. Journal of Fluids and Structures, 13 (7-8): 813-851.

Khorasanchi M, Huang S, 2014. Instability analysis of deepwater riser with fairings. Ocean Engineering, 79: 26-34.

Korkischko I, Meneghini J R, 2010. Experimental investigation of flow-induced vibration on isolated and tandem circular cylinders fitted with strakes. Journal of Fluids and Structures, 26 (4): 611-625.

Li H F, Wang J J, Pan C, 2010. Effect of novel synthetic jet on wake vortex shedding modes of a circular cylinder. Journal of Fluids and Structures, 26 (6): 900-917.

Littman W, 1957. On the existence of periodic waves near critical speed. Communications on Pure and Applied Mathematics, 10 (2): 241-269.

Ma B W, Srinil N, 2023. Prediction model for multidirectional vortex-induced vibrations of catenary riser in convex/concave and perpendicular flows. Journal of Fluids and Structures, 117: 103826.

Mader C L. 2004. Numerical modeling of Water. Computer in Physics, 3 (4): 141-147.

Mastin, G A, Watterberg P A, Mareda J F, 1987. Fourier synthesis of ocean scenes. IEEE Computer Graphics and Applications, 7 (3): 16-23.

Morse T L, Williamson C H K, 2010. Steady, unsteady and transient vortex-induced vibration predicted using controlled motion data. Journal of Fluid Mechanics, 649: 429-451.

Neill C R, 1976. Dynamic ice forces on piers and piles. An assessment of design guidelines in the light of recent research. Canadian Journal of Civil Engineering, 3 (2) : 305-341.

Owen J C, Bearman P W, Szewczyk A A, 2001. Passive control of VIV with drag reduction. Journal of Fluids and Structures, 15 (3-4) : 597-605.

Paige R A, Lee C W, 1967. Preliminary studies on sea ice in McMurdo sound, *Antarctica*, during "deep freeze 65". Journal of Glaciology, 6 (46) : 515-528.

Peyton H R, 1967. Sea ice strength. Fairbanks: University of Alaska Fairbanks.

Pierson W J Jr, Moskowitz L, 1964. A Proposed spectral form for fully developed wind seas based on the similarity theory of S. A. Kitaigorodskii. Journal of Geophysical Research, 69 (24) : 5181-5190.

Qu Y, Wang P G, Fu S X, et al., 2023. Vortex-induced vibrations of a top tensioned riser subjected to flows with spanwise varying directions. International Journal of Mechanical Sciences, 242: 107954.

Quen L K, Abu A, Kato N, et al., 2014. Investigation on the effectiveness of helical strakes in suppressing VIV of flexible riser. Applied Ocean Research, 44: 82-91.

Ralston T D, 1980. Plastic limit analysis of sheet ice loads on conical structures//Physics and Mechanics of Ice. Berlin, Heidelberg: Springer Berlin Heidelberg: 289-308.

Reyton H R. 1966. Sea ice strength. Final Report of Naval Research Arctic Project Period, 1958-1965.

Saeki H, Ono T, Zong N E, et al., 1985. Experimental study on direct shear strength of sea ice. Annals of Glaciology, 6: 218-221.

Seyed-Aghazadeh B, Edraki M, Modarres-Sadeghi Y, 2019. Effects of boundary conditions on vortex-induced vibration of a fully submerged flexible cylinder. Experiments in Fluids, 60 (3) : 38.

Shukla S, Govardhan R N, Arakeri J H, 2009. Flow over a cylinder with a hinged-splitter plate. Journal of Fluids and Structures, 25: 713-720.

Srinil N, Wiercigroch M, O'Brien P, 2009. Reduced-order modelling of vortex-induced vibration of catenary riser. Ocean Engineering, 36 (17-18) : 1404-1414.

Sui J, Wang J S, Liang S P, et al., 2016. VIV suppression for a large mass-damping cylinder attached with helical strakes. Journal of Fluids and Structures, 62: 125-146.

Tognarelli M A, Slocum S T, Frank W R, et al., 2004. VIV response of a long flexible cylinder in uniform and linearly sheared currents. May 3-6, 2004. Houston, Texas. OTC,16338.

Trim A D, Braaten H, Lie H, et al., 2005. Experimental investigation of vortex-induced vibration of long marine risers. Journal of Fluids and Structures, 21: 335-361.

Tytell E D, Standen E M, Lauder G V, 2008. Escaping flatland: Three-dimensional kinematics and hydrodynamics of median fins in fishes. Journal of Experimental Biology, 211 (Pt 2) : 187-195.

Vandiver J K, 1983. Drag coefficients of long flexible cylinders. May 2-5, 1983. Houston, Texas. OTC, 4490.

Vandiver J K, Ma L X, Rao Z B, 2018. Revealing the effects of damping on the flow-induced vibration of flexible cylinders. Journal of Sound and Vibration, 433: 29-54.

Vaudrey K, 1977. Ice engineering-study of related properties of floating sea ice sheets and summary of elastic and viscoelastic analyses. U.S. Naval Civil Engineering Laboratory, Report TR860.

Wang J S, Zheng H X, Tian Z X, 2015. Numerical simulation with a TVD-FVM method for circular cylinder wake control by a fairing. Journal of Fluids and Structures, 57: 15-31.

Wang Y Y, 1988. Investigation of design wave parameters for Chinese coastal areas. China Ocean Engineering, 2(4):74-81.

Williamson C H K, 1997. Advances in our understanding of vortex dynamics in bluff body wakes. Journal of Wind Engineering and Industrial Aerodynamics, 69: 3-32.

Williamson C H K, Govardhan R, 2004. Vortex-induced vibrations. Annual Review of Fluid Mechanics, 36: 413-455.

Williamson C H K, Govardhan R, 2008. A brief review of recent results in vortex-induced vibrations. Journal of Wind Engineering and Industrial Aerodynamics, 96(6-7): 713-735.

Wu H, Sun D P, Lu L, et al., 2012. Experimental investigation on the suppression of vortex-induced vibration of long flexible riser by multiple control rods. Journal of Fluids and Structures, 30: 115-132.

Xie F F, Yu Y, Constantinides Y, et al., 2015. U-shaped fairings suppress vortex-induced vibrations for cylinders in cross-flow. Journal of Fluid Mechanics, 782: 300-332.

Xu C Y, Chen L W, Lu X Y, 2010. Large-eddy simulation of the compressible flow past a wavy cylinder. Journal of Fluid Mechanics, 665: 238-273.

Yu Y, Xie F F, Yan H M, et al., 2015. Suppression of vortex-induced vibrations by fairings: A numerical study. Journal of Fluids and Structures, 54: 679-700.

Zang Z P, Gao F P, 2014. Steady current induced vibration of near-bed piggyback pipelines: Configuration effects on VIV suppression. Applied Ocean Research, 46: 62-69.

Zdravkovich M M, 1981. Review and classification of various aerodynamic and hydrodynamic means for suppressing vortex shedding. Journal of Wind Engineering and Industrial Aerodynamics, 7(2): 145-189.

Zhou T, Mohd Razali S F, Hao Z, et al., 2011. On the study of vortex-induced vibration of a cylinder with helical strakes. Journal of Fluids and Structures, 27(7): 903-917.

Zhu H J, Yao J, 2015. Numerical evaluation of passive control of VIV by small control rods. Applied Ocean Research, 51: 93-116.

Zhu H J, Wang J, Chen X Y, et al., 2014. Numerical analysis of the effects of fluctuations of discharge capacity on transient flow field in gas well relief line. Journal of Loss Prevention in the Process Industries, 31: 105-112.

Zhu H J, Yao J, Ma Y, et al., 2015. Simultaneous CFD evaluation of VIV suppression using smaller control cylinders. Journal of Fluids and Structures, 57: 66-80.

Zhu H J, Lin P Z, Yao J, 2016. An experimental investigation of vortex-induced vibration of a curved flexible pipe in shear flows. Ocean Engineering, 121: 62-75.

Zhu H J, Lin P Z, Gao Y, 2019. Vortex-induced vibration and mode transition of a curved flexible free-hanging cylinder in exponential shear flows. Journal of Fluids and Structures, 84: 56-76.

Zhu H J, Hu J, Gao Y, et al., 2021. Spatial-temporal mode transition in vortex-induced vibration of catenary flexible riser. Journal of Fluids and Structures, 102: 103234.

Zhu H J, Liu W L, Gao Y, et al., 2023. An experimental investigation on the vortex-induced vibration mode transition and response interaction of a fixed－hinged catenary flexible riser, 35(1): 014106.